普通高等教育"十三五"规划教材
河南科技大学"千人计划"科研基金资助项目
河南科技大学教材出版基金资助项目

环境科学与工程实验

魏学锋　汤红妍　牛青山　主编

苗　娟　薛念杰　副主编

马军营　主审

化学工业出版社

·北京·

《环境科学与工程实验》是根据教育部环境科学与工程教学指导委员会制定的基本教学要求编写而成的。全书按照实验基础、环境监测、水污染控制工程、大气污染控制工程、固体废物处理与处置、环境化学、环境工程微生物七个章节进行编排，为配合理论教学，每一章不仅选取了具有代表性的基础性实验，还补充了一些综合性设计性实验。

本教材可作为高等院校环境工程专业、环境科学专业及相关专业本科生的实验教材，也可作为从事环境监测、环境分析、环境保护等工作的研究人员和技术人员的参考用书。

图书在版编目(CIP)数据

环境科学与工程实验/魏学锋，汤红妍，牛青山主编.
北京：化学工业出版社，2018.9
普通高等教育"十三五"规划教材
ISBN 978-7-122-32229-6

Ⅰ.①环… Ⅱ.①魏…②汤…③牛… Ⅲ.①环境科学-实验-高等学校-教材②环境工程-实验-高等学校-教材
Ⅳ.①X-33

中国版本图书馆 CIP 数据核字（2018）第 112876 号

责任编辑：满悦芝   文字编辑：陈　雨
责任校对：边　涛   装帧设计：张　辉

出版发行：化学工业出版社（北京市东城区青年湖南街 13 号　邮政编码 100011）
印　　装：三河市双峰印刷装订有限公司
787mm×1092mm　1/16　印张 16　字数 395 千字　2018 年 9 月北京第 1 版第 1 次印刷

购书咨询：010-64518888（传真：010-64519686）　售后服务：010-64518899
网　　址：http://www.cip.com.cn
凡购买本书，如有缺损质量问题，本社销售中心负责调换。

定　　价：49.80 元

前　言

　　在高等院校本科专业教学过程中，实践技能的培养是很重要的一项内容。环境科学与工程实验是环境科学、环境工程专业的一门核心实践课程，内容涵盖环境监测、水污染控制工程、大气污染控制工程、固体废物处理与处置、环境化学、环境工程微生物的各主要实用技术和部分新技术，是环境科学与工程专业理论和原理在工程领域的具体实施和理论概念的具体化。本书根据教育部环境科学与工程教学指导委员会制定的基本教学要求，结合多年"环境科学与工程实验"教学实践，同时在参考各校教材的基础上，编写而成。

　　本书分为七个章节，第一章介绍了环境工程专业实验的基础知识、实验室管理制度、数据处理的基本方法和原则，第二～七章为环境科学与工程各个专业课程的实践教学内容。本书的实验内容以现有的较为成熟的实用技术为主，结合部分新技术设计了79个实验，基本包括了环境监测、污染处理设施、微生物培养等通用的各类技术、方法、仪器、设备和工艺，以实验室小型化和模拟化的手段，实现了理论到实践的过渡。实验设计以模拟工程设施的运行、监督和维护为主线贯穿环境专业的主要专业理论，旨在培养工艺设备的运行管理及使用仪器、设备的技能，可加强学生对环境科学与工程的基本原理的理解和掌握，强化学生的分析和动手能力。实践过程中，力求使学生学习如何使用实验方法判断和监控控制过程的性能和规律，锻炼学生对实验数据的分析和处理能力，使他们初步掌握设备实际运行状况的分析和技能评价，了解实验在环境科学与工程实际应用中的重要作用。

　　本书共39.5万字。牛青山教授撰写前言并负责统稿，其他编者撰写内容分别为：魏学锋（第一、五、六、七章），汤红妍（第一、二、三章），苗娟（第三、四、六章），薛念杰（第一、二章）。全书文献查阅与资料收集工作由马建华、万晓阳完成，绘图工作和部分文字修改工作由张瑞昌、张军杰完成，最后由魏学锋定稿，马军营教授主审，在此一并表示感谢。

　　本书可作为高等院校环境科学、环境工程及相关专业的实验教学用书，也可作为科研、设计及管理人员的参考用书，由于编者水平及知识深度有限，书中难免有错误和不当之处，敬请各位读者批评指正。

编　者

2018 年 6 月

目　　录

第一章　环境工程专业实验基础知识

第一节　教学目的和要求

一、教学目的

1.通过实验教学促使学生理论联系实际，以培养学生观察问题、分析问题和解决问题的能力。

2.本课程旨在加深学生对环境工程主要技术、工艺流程和基本原理的理解和掌握，巩固所学基本理论知识，并培养一定的操作、分析技能。

3.培养学生设计和组织相关实验方案的初步能力，促进学生掌握主要工艺设备的运行管理技能及使用实验仪器、设备的能力。

4.掌握分析、采集数据的基本方法，建立数据与设备运行状况之间的基本关系，初步掌握对所掌握的污染治理流程进行综合分析的基本技能。

5.加强学生对实验数据的分析和处理能力，训练学生根据实验数据来分析、判断、评价工艺设备运行状况。

6.通过一系列设计型实验提高学生分析问题和解决问题的能力。

二、教学要求

1.课前预习

本实验课程是相关理论课程的延伸。实验前，学生应认真阅读实验材料中相关的实验内容，复习理论教材中有关基本理论和原理，并需进一步查阅其他的相关参考文献和资料。实验前要求做到：明确所有实验的目的、要求和实验内容；理解所涉及的专业知识和原理；明确具体实验的测试项目和测试方法；准备好实验记录表格和计算用具；熟悉相关实验的系统流程图，明确实验的基本流程和步骤；明确实验重点设备的操作重点和注意事项。

2.实验设计

不同的工艺流程具有不同的实验手段和实验流程，实验设计是实验手段和实验流程的细化，是实验研究的重要环节，是获得满足要求的实验结果的基本保障。学生应在熟悉基本工艺设备运行原理和流程的基础上，依据实验目的进行实验设计。在实验教学中，应将此环节反复训练，使学生掌握实验设计的基本方法。

3.实验操作

学生实验前应仔细检查实验设备、仪器仪表是否完整齐全，实验所用器具是否灵活可用，测试设备是否准备就绪。实验时要严格按照操作规程认真操作，仔细观察实验现象，精心测定实验数据，详细真实地进行数据记录。实验结束后，要将实验设备和仪器仪表恢复原状，检查实验装置是否完好，将实验室周围环境整理干净。学生应注意培养自己严谨的科学态度，培养自己的良好习惯。

4. 实验数据的记录和处理

实验过程中及时取样分析并获得实验数据具有非常重要的作用。不同的数据反映不同的现象或工程设备的不同运行状况，必须对所获得的实验数据进行科学、及时的分析整理，并进行数据处理，根据所获得的实验数据对该次实验进行评价、总结，并对污染治理设备的运行状况进行评价和判断，并分析结论的可靠性。

5. 编写实验报告

实验报告是对整个实验的全面总结，是实验教学必不可少的组成部分。要求全篇报告文字通顺，字迹端正，图表整齐，结果正确，讨论认真。实验报告包括以下组成部分：实验名称；实验目的；实验原理；实验装置和流程图；实验步骤和方法；实验数据以及分析处理；实验结果及问题讨论。

三、成绩评定

1. 优秀（很好）

能正确理解实验目的和要求，能独立、顺利且正确地完成各项实验操作，会分析和处理实验中遇到的问题，能掌握所学的各项实验技能，能较好地完成实验报告及其他各项实验作业，具有创造精神和能力。有良好的实验习惯。

2. 良好（较好）

能理解实验的目的和要求，能认真而正确地完成各项实验操作，能分析和处理实验中遇到的一些问题。能掌握所学实验技能的绝大部分，对难点较大的操作完成有一定的困难。能较好地完成实验报告和其他实验作业。有较好的实验习惯。

3. 中等（一般）

能粗浅地理解实验目的和要求，能认真努力地进行各项实验操作，但技能较差。能分析和处理实验中一些较容易的问题，掌握实验技能的大部分。能基本完成各项实验作业和报告。处理问题缺乏条理。能认真遵守各项规章制度。

4. 及格（较差）

只能机械地了解实验内容，能按照实验步骤"照方抓药"完成实验操作，完成 60% 所学的实验技能。遇到问题通常缺乏解决的办法，在别人的启发下能做简单处理，但效果不理想。能基本完成实验报告，认真遵守实验室各项规章制度。

5. 不及格（很差）

实验技能掌握不全面，有些实验虽能完成，但一般效果不好，操作不正确。工作忙乱无条理。一般能遵守实验室规章制度，但常有小的错误。实验报告上只能简单地描述实验结果，遇到问题时无法清楚地了解原因，在教师指导下也很难完成各项实验作业。

第二节　实验室管理制度和安全守则

一、实验室的管理制度

上课按时进入实验室，不允许迟到、早退、缺席。进入实验室后要服从指导、保持肃静、遵守纪律，不准动用与本实验无关的仪器设备；保证室内清洁，不得随地吐痰、扔碎纸；不准吸烟、吃零食和饮水。

① 学生应按编定的组别和指定的位置做实验，不准任意调动实验台位。

② 实验开始时，学生应先检查仪器、药品是否齐全，不得随意调换。如发现问题，及时报告。

③ 实验时，要细致观察、真实记录、独立思考，以实事求是为荣，以弄虚作假为耻，自觉培养科学严谨、勇于探索的学风。结束实验需要经过教师审阅实验数据，签字认可实验过程与结果。

④ 实验中要遵守操作规程，仪器设备如发生故障应立即停止使用，报告指导教师，不可自行拆卸修理。凡违反纪律或操作规程、破坏设备者，要填写损坏报告单，根据情节轻重、态度好坏进行教育、赔偿甚至处分。

⑤ 注意节水、节电、节约试剂。

⑥ 实验结束后，清理好仪器设备、工具、药品和周围环境，如数清点复位，清洁器具，打扫卫生，关水、断电。经指导教师验收允许后方可离开实验室，不得将实验室物品带出实验室。

⑦ 用过的有毒、有害物品及其污染物应放在指定处，由指导教师统一进行无害处理或深埋。

⑧ 加强实验室的安全。坚持"安全第一，预防为主"和"谁主管，谁负责"的原则。实验室应根据自身的特点，健全安全管理制度并定期检查、记录、报告。

⑨ 学生使用仪器设备，要严格按规程操作。由实验任课教师和实验室工作人员负责对学生进行安全教育和监督。

⑩ 当实验室发生事故时，应立即采取应急措施，控制现场，报告学校。

二、实验室安全常识

在进行实验时，经常用到腐蚀性的、易燃的、易爆炸的或有毒的化学试剂，大量使用易损的玻璃仪器和某些精密仪器，同时还会使用各种热电设备、高压或真空等器具和燃气、水、电等。如果不按照规则操作，就有可能造成中毒、火灾、爆炸、触电等事故。因此，为确保实验的正常进行和实验人员的安全，必须严格遵守实验室的安全规则。

① 必须了解和熟悉实验的环境，要熟悉安全用具，如灭火器、灭火毯、沙桶及急救箱的放置地点、使用方法，并经常检查，妥善保管。

② 绝对禁止在实验室饮食、吸烟。一切化学药品禁止入口。养成实验完毕洗手后再离开实验室的习惯。

③ 水、电、燃气等使用完毕后，应立即关闭。离开实验室时，应仔细检查水、电、燃气、门、窗是否均已关好。

④ 实验室内的药品严禁任意混合，以免发生意外事故。注意试剂、溶剂的瓶盖、瓶塞不能互相混淆使用。

⑤ 使用电气设备时，应特别细心，切不可用湿润的手去开启电闸和电器开关。禁止使用有漏电嫌疑的仪器设备。

⑥ 任何试剂瓶和药品都要贴有标签，注明药品名称、浓度、配制日期等。剧毒药品必须严格遵守保管和使用制度。倾倒试剂时，手掌要遮住标签，以保证标签的完整。试剂一经倒出，严禁倒回。

⑦ 禁止用手直接取用任何化学药品，使用毒物时除用药匙、量器外，必须佩戴橡皮手套，原则上应避免药品与皮肤接触，实验后应立即清洗仪器用品，立即用肥皂洗手。

⑧ 为了防止火灾的发生，应避免在实验室中使用明火。大量的易燃品（如溶剂）不要放在试验台附近。实验台要整齐、清洁，不得放与本次实验无关的仪器和药品。不要把食品放在实验室。严禁在实验室吸烟、喝水和进食，严禁赤脚穿拖鞋。

⑨ 不要一个人单独在实验室里工作，同事（或同学）在场可以保证紧急情况下互相救助。一般不应把实验室的门关上。

第三节　误差分析与数据处理

一、误差分析

1.误差的基本概念

在任何一种测量中，无论所用仪器多么精密，方法多么完善，实验者多么细心，所得结果常常不能完全一致而会有一定的误差和偏差。严格地说，误差是指观测值与真值之差，偏差是指观测值与平均值之差。但习惯上常将两种混用而不加区别。根据误差的种类、性质以及产生的原因，可将误差分为系统误差、偶然误差和过失误差三种。

（1）系统误差

这种误差是由于某种特殊原因所造成的恒定偏差，或者偏大或者偏小，其数值总可设法加以确定，因而一般来说，它们对测量结果的影响可用改正量来校正。系统误差起因很多，例如：

① 仪器误差。这是由于仪器构造不够完善，每种仪器都有其灵敏度和测量范围，示数部分的刻度划分得不够准确，如天平零点的移动，气压表的真空度不高，温度计、移液管、滴定管的刻度不够准确等。

② 测定方法本身的限制。如根据理想气体方程式测量某蒸气的分子量时，由于实际气体对理想气体有偏差，不用外推法求得的分子量总较实际的分子量大。

③ 个人习惯性误差。这是由于观测者有自己的习惯和特点，如记录某一信号的时间总是滞后、有人对颜色的感觉不灵敏、滴定等当点总是偏高等。

系统误差决定测量结果的准确度。它恒偏于一方，或偏正或偏负，测量次数的增加并不能使之消除。通常用几种不同的实验技术或用不同的实验方法或改变实验条件、调换仪器等以确定有无系统误差存在，并确定其性质，设法消除或使之减少，以提高准确度。

（2）偶然误差

在实验室即使采用了完善的仪器，选择了适当的方法，经过了精细的观测，仍会有一定的误差存在。这是由于实验者的感官的灵敏度有限或技巧不够熟练、仪器的准确度限制以及许多不能预料的其他因素对测量的影响。这类误差称为偶然误差。它在实验中总是存在的，无法完全避免，但它服从概率分布。偶然误差是可变的，有时大，有时小，有时正，有时负。

① 偶然误差的出现有规律。如果多次测量，便会发现数据的分布符合一般统计规律。这种规律可用图 1-1 中的典型曲线表示，此曲线称为误差的正态分布曲线，此曲线的函数形式为：

$$y = \frac{1}{\sqrt{2\pi}\sigma} e^{\frac{-x^2}{2\sigma^2}} \tag{1-1}$$

$$y = \frac{h}{\sqrt{\pi}} e^{-h^2 x^2} \tag{1-2}$$

式中　h——精确度指数；

σ——标准误差。

h 与 σ 的公式为：

$$h = \frac{1}{\sqrt{2}\sigma} \tag{1-3}$$

从图 1-1 中的曲线可以看出：误差小的比误差大的出现的机会多，故误差的概率与误差大小有关，个别特别大的误差出现的次数极少。

② 由于正态分布曲线与 y 轴对称，因此数值大小相同、符号相反的正、负误差出现的概率近于相等。

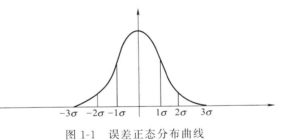

图 1-1　误差正态分布曲线

如以 m 代表无限多次测量结果的平均值，在没有系统误差的情况下，它可以代表真值。σ 为无限多次测量所得标准误差。由数理统计方法分析可以得出，误差在 $\pm 1\sigma$ 内出现的概率是 68.3%，在 $\pm 2\sigma$ 内出现的概率是 95.5%，在 $\pm 3\sigma$ 内出现的概率是 99.7%，可见误差超过 $\pm 3\sigma$ 的出现概率只有 0.3%。因此，如果多次重复测量中个别数据的误差之绝对值大于 $\pm 3\sigma$，则这个极端值可以舍去。偶然误差虽不能完全消除，但基于误差理论对多次测量结果进行统计处理，可以获得被测定的最佳代表值及对测量精密度作出正确的评价。在环境工程实验中，测量次数有限，若要采用这种统计处理方法进行严格计算可查阅有关参考书。

（3）过失误差

这是由实验过程中犯的某种不应有的错误所引起的，如标度看错、记录写错、计算弄错等。此类误差无规则可寻，只要多方警惕、细心操作，过失误差是可以完全避免的。

2. 准确度和精确度

准确度表示测定值与真值的接近程度，它反映偶然误差和系统误差的大小，一个分析方法和分析系统的准确度是反映该方法和该测量系统存在的系统误差和偶然误差的综合指标，它决定这个分析结果的可靠性。

准确度用绝对误差或相对误差表示。分析工作中可通过测量标准物质做加标试验测定回收率的方法评价分析方法和测量系统的准确度。

精密度表示各测量值相互接近的程度，它反映偶然误差的大小。测试的偶然误差越小，测试的精密度越高。可通过考察测试方法的平行性、重复性和再现性来说明其精密度。

精密度通常用极差、算术平均偏差和相对平均偏差、标准偏差和相对标准偏差表示。

在一组测量中，尽管精密度很高，但准确度不一定很好；相反，若准确度好，精密度也不一定高。

准确度与精密度的区别，可用图1-2加以说明。例如甲、乙、丙三人同时进行一次化学分析，各分析四次，其测定结果在图中以小圈表示。从图1-2上可见，甲的测定结果的精密度很高，但平均值与真值相差较大，说明其准确度低；乙的测定结果的精密度不高，准确度也低；只有丙的测定结果的精密度和准确度均高。必须指出的是科学测量中，只有设想的真值，通常是以运用正确测量方法并用校正过的仪器多次测量所得的算术平均值或载之于文献手册的公认值来代替的。

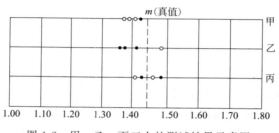

图1-2　甲、乙、丙三人的测试结果示意图

3. 绝对误差与相对误差

绝对误差是观测值与真值之差。相对误差是指绝对误差在真值中所占的百分数。它们分别可用下列两式表示：

$$绝对误差＝观测值－真值$$

$$相对误差＝绝对误差/真值×100\%$$

绝对误差的表示单位与被测量是相同的，而相对误差是无因次的，因此不同物理量的相对误差可以相互比较。这样，无论是比较各种测量的精密度还是评定测量结果的准确度，采用相对误差更为方便。

4. 平均误差与标准误差

为了说明测量结果的精密度，一般以单次测量结果的平均误差表示，即：

$$\bar{d} = \frac{|d_1| + |d_2| + \cdots + |d_n|}{n} \tag{1-4}$$

式中，d_1、d_2、$\cdots$、d_n为第1、2、$\cdots$、n次测量结果的绝对误差。

单次测量结果的相对平均误差为：

$$相对平均误差 = \frac{\bar{d}}{\bar{x}} \times 100\% \tag{1-5}$$

用数理统计方法处理实验数据时，常用标准误差来衡量精密度。标准误差又称均方根误差，其定义为 $\sigma = \sqrt{\dfrac{\sum d_i^2}{n}}$ （$i=1, 2, 3, \cdots, n$）。当测量次数不多时，测量的标准误差可用标准偏差代替，按下式计算：

$$\sigma = \sqrt{\frac{d_1^2 + d_2^2 + \cdots + d_n^2}{n-1}} = \sqrt{\frac{\sum d_i^2}{n-1}} \tag{1-6}$$

式中，d 为 X/X_i，X 是 n 个观测值的算术平均值。$n-1$ 称为自由度，是指独立测定的次数减去处理这些观测值时所用的外加关系条件的数目。因此在有限观测次数时，计算标准误差公式中，采用 $n-1$ 的自由度就起了除去这个外加关系条件（$\bar{x}$ 等式）的作用。

用标准误差表示精密度要比用平均误差好，因为单次测量的误差平方之后，较大的误差更显著地反映出来，这就更能说明数据的分散程度。例如甲、乙二人打靶，每人两次，甲击中处离靶中心为 1 寸❶和 3 寸，乙击中处则为 2 寸和 2 寸。这两人射击的平均误差都为 2。但乙的射击精密度要比甲的高些，因为按照最小二乘法原理，甲的误差乘方和是 $1^2 + 3^2 = 10$，而乙的是 $2^2 + 2^2 = 8$。甲的标准误差为 $\sqrt{10}$，而乙的标准误差却为 $\sqrt{8}$。因此化学工作者在精密地计算实验误差时，大多采用标准误差，而不用以百分数表示的算数平均误差。

二、实验数据处理

1. 有效数字与运算

在实验工作中，任一测试分析，其准确度都是有限的，我们只能以某一近似值表示之。因此测量数据的准确度就不能超过测量所允许的范围。如果任意将近似值保留过多的位数，反而歪曲测量结果的真实性。实际上有效数字的位数就指明了测量准确的幅度。现将有关有效数字和运算法则简述如下：

（1）记录测量数据时，一般只保留一位可疑数字。有效数字是指该数字在一个数量中所代表的大小。例如，一滴定管的读数为 32.47，其意义为十位数上为 3，个位数上为 2，十分位上为 4，百分位上为 7。从滴定管上的刻度来看，我们都知道要读到千分位是不可能的，因为刻度只刻到十分之一，百分之一已为估计值。故在末位上，上下可能有正负一个单位的出入。这一末位数可认为是不准确的或可疑的，而其前边各数所代表的数值，则均为准确测量的。通常测量时，一般均可估计到最小刻度的十分位，故在记录一数值时，只应保留一位不准确数字，其余数均为准确数字，我们称此时所记的数字均为有效数字。

在确定有效数字时，要注意 "0" 这个符号。紧接小数点后的 0 仅用来确定小数点的位置，并不作为有效数字。例如 0.00015g 中小数点后三个 0 都不是有效数字，而 0.150g 中的小数点后的 0 是有效数字。至于 350mm 中的 0 就很难说是不是有效数字，最好用指数来表示，以 10 的方次前面的数字表示，如写成 3.5×10^2 mm，则表示有效数字为两位；写成 3.50×10^2 mm，则有效数字为三位；其余类推。

（2）在运算中舍去多余数字时采用四舍五入法。凡末尾有效数字后面的第一位数大于 5，则在其前一位上增加 1，小于 5 则舍去。等于 5 时，如前一位为奇数，则增加 1，如前一位为偶数则舍去。例如，对 27.0235 取四位有效数字时，结果为 27.02；取五位有效数字时，结果为 27.024。但将 27.015 与 27.025 取为四位有效数字时，则都为 27.02。

（3）加减运算时，计算结果有效数字末位的位置应与各项中绝对误差最大的那项相同，或者说保留各小数点后的数字位数应与最小者相同。例如 13.75、0.0084、1.642 三个数据

---

❶　1 寸 ≈ 3.33cm。

相加，若各数末位都有 ±1 个单位的误差，则 13.75 的绝对误差 ±0.01 为最大的，也就是小数点后位数最少的是 13.75 这个数，所以计算结果的有效数字的末位应在小数点后第二位。

$$
\begin{array}{c}
13.75 \\
0.0084 \\
+1.642 \\
\hline
\end{array}
\quad \text{舍去多余位数后得} \quad
\begin{array}{c}
13.75 \\
0.01 \\
+1.64 \\
\hline
15.40
\end{array}
$$

（4）若第一位有效数字等于 8 或大于 8，则有效数字位数可多计 1 位。例如 9.12 实际上虽然只有三位，但在计算有效数字时，可作四位计算。

（5）乘除运算时，所得的积或商的有效数字，应以各值中有效数字最低者为标准。

例如，$2.3 \times 0.524 = 1.2$。

又如，$1.751 \times 0.0191 \div 91$，其中 91 的有效数字最低，但由于首位是 9，故把它看成三位有效数字，其余各数都保留三位。因此上式计算结果为 3.68×10^{-4}，保留三位有效数字。

在比较复杂的计算中，要先后按加减、乘除的方法，计算中间各步可保留各数值位数较以上规则多一位，以免由于多次四舍五入引起误差的积累，对计算结果带来较大影响。但最后结果仍只保留其应有的位数。

例如

$$
\left[\frac{0.663(78.24+5.5)}{881-851}\right]^2 = \left(\frac{0.663 \times 83.7}{30}\right)^2 = 3.4
$$

（6）在所有计算式中，常数 π、e 及乘子（如 $\sqrt{2}$）和一些取自手册的常数，可无限制地按需要取有效数字的位数。例如，当计算式中有效数字最低者为两位，则上述常数可取两位或三位。

（7）在对数计算中，所取对数位数（对数首数除外）应与真数的有效数字相同。

① 真数有几个有效数字，则其对数的尾数也应有几个有效数字。如

$$
\lg 317.2 = 2.5013
$$

$$
\lg 7.1 \times 10^{28} = 28.85
$$

② 对数的尾数有几个有效数字，则其反对数也应有几个有效数字。如

$$
1.3010 = \lg 0.2000
$$

$$
0.652 = \lg 4.49
$$

（8）在整理最后结果时，要按测量的误差进行化整，表示误差的有效数字一般只取一位至多也不超过两位，例如，1.45 ± 0.01。当误差第一位数为 8 或 9 时，只需保留一位。

任何一个物理量的数据，有效数字的最后一位，在位数上应与误差的最后一位相对应。例如，测量结果为 1223.78 ± 0.054，化整记为 1223.78 ± 0.05。又如，测量结果为 14356 ± 86，化整记为 $(1.436 \pm 0.009) \times 10^4$。

（9）计算平均值时，若为四个数或超过四个数相平均，则平均值的有效数字位数可增加一位。

值得注意的是，环境工程中的一些公式中的系数不是用实验测得的，在计算中不考虑其位数。

2.可疑数据的取舍

在分析整理实验数据时，有时会发现个别测量值与其他测量值相差很大，通常称它为可疑值。可疑值可能是由偶然误差造成的，也可能是由系统误差引起的。如果保留这样的数

据，可能会影响平均值的可靠性。如果把属于偶然误差范围的数据任意舍去，可能暂时得到精密度较高的结果，但这是不科学的。以后在同样条件下再做实验时，超出该精密度的数据还会再次出现。因此，在整理数据时，应该注意正确地判断可疑值的取舍。

可疑值的取舍，实质上是区别离群较远的数据究竟是偶然误差还是系统误差造成的。因此，应该按照统计检验的步骤进行处理。

（1）格拉布斯检验法

用于一组测定值中离群数据的检验方法有格拉布斯（Grubbs）检验法、迪克逊（Dixon）检验法、消维涅（Chauvenet）准则等。下面介绍其中的格拉布斯检验法。

设有一组测定值 x_1、x_2、x_3、x_4、$\cdots$、x_n，测定次数为 n，其中 x_i 可疑，检验步骤如下：

① 计算 n 个测定值的平均值 $\overline{x}$（包括可疑值）；

② 计算标准差 s；

③ 计算 T 值，公式为：

$$T_i = \frac{x_i - \overline{x}}{s} \tag{1-7}$$

根据给定的显著性水平 a 和测定的次数 n，由手册查出格拉布斯检验临界值 T_a。

若 $T_i > T_{0.01}$，则该可疑值为离群数组，可舍去；$T_{0.05} < T_i < T_{0.01}$，则该可疑值为偏离数值；若 $T_i \leqslant T_{0.01}$，则该可疑值为正常数值。

（2）多组测定值的均值中离群数据的检验

多组测定值均值的可疑值亦常用格拉布斯检验法，其步骤与一组测定值所用的格拉布斯检验法类似：

① 计算 n 组测定值的平均值 $\overline{x}_1$、$\overline{x}_2$、$\cdots$、$\overline{x}_m$（其中 m 为组数）；

② 计算上列平均值 $\overline{\overline{x}}$（称为总平均值）和标准差 $S_{\overline{x}}$，公式为：

$$\overline{\overline{x}} = \frac{1}{m} \sum_{i=1}^{m} \overline{x}_i \tag{1-8}$$

$$S_{\overline{x}} = \sqrt{\frac{1}{m-1} \sum_{i=1}^{m} (\overline{x}_i - \overline{\overline{x}})^2} \tag{1-9}$$

③ 计算 T 值，设 $\overline{x}_i$ 为可疑均值，则

$$T_i = \frac{\overline{x}_i - \overline{\overline{x}}}{S_{\overline{x}}} \tag{1-10}$$

查出临界值 T：用组数 m 查相关手册（将表中 n 改为 m 即可），得到 T，若 T_i 大于临界值 T，$\overline{x}_i$ 应弃去，反之则保留。

第二章　环境监测

第一节　基础性实验

实验一　化学需氧量的测定

一、实验目的

掌握重铬酸钾法测定化学需氧量的原理和方法。

二、实验原理

在水样中加入已知量的重铬酸钾溶液，并在强酸介质下以银盐作催化剂，经沸腾回流后以试亚铁灵为指示剂，用硫酸亚铁铵滴定水样中未被还原的重铬酸钾。由消耗的硫酸亚铁铵的量换算成消耗氧的质量浓度。

在酸性重铬酸钾条件下，芳烃及吡啶难以被氧化，其氧化率较低。在硫酸银的催化作用下，直链脂肪族化合物可有效地被氧化。无机还原性物质如亚硝酸盐、硫化物和二价铁盐等将使测定结果增大，其需氧量也是 COD_{Cr} 的一部分。

本方法的主要干扰物为氯化物，可加入硫酸汞溶液去除。经回流后，氯离子与硫酸汞结合成可溶性的氯汞配合物。硫酸汞溶液的用量可根据水样中氯离子的含量，按质量比 $m(HgSO_4):m(Cl^-) \geq 20:1$ 的比例加入，最大加入量为 2mL（按照氯离子最大允许浓度 1000mg/L 计）。

三、试剂和材料

1. 硫酸银（Ag_2SO_4），化学纯。

2. 硫酸汞（$HgSO_4$），化学纯。

3. 硫酸（H_2SO_4）：$\rho = 1.84g/mL$，优级纯。

4. 重铬酸钾（$K_2Cr_2O_7$）：基准试剂，取适量重铬酸钾在 105℃ 烘箱中干燥至恒重。

5. 邻苯二甲酸氢钾（$KHC_8H_4O_4$）：基准试剂。

6. 七水合硫酸亚铁（$FeSO_4 \cdot 7H_2O$）。

7. 硫酸亚铁铵[$(NH_4)_2Fe(SO_4)_2 \cdot 6H_2O$]。

8. 硫酸溶液：1+9（体积）。

9. 硫酸银-硫酸溶液：向 1L 硫酸（$\rho = 1.84g/mL$）中加入 10g 硫酸银，放置 1~2 天使之溶解，并混匀，使用前小心摇动。

10. 重铬酸钾标准溶液

（1）浓度为 $c(1/6K_2Cr_2O_7)=0.250mol/L$ 的重铬酸钾标准溶液：将 12.258g 在 105℃ 下干燥 2h 后的重铬酸钾溶于水中，稀释至 1000mL。

（2）浓度为 $c(1/6K_2Cr_2O_7)=0.0250mol/L$ 的重铬酸钾标准溶液：将上述（1）的溶液稀释 10 倍而成。

11. 硫酸汞溶液：$\rho=100g/L$。称取 10g 硫酸汞，溶于 100mL 硫酸溶液（1+9），混匀。

12. 硫酸亚铁铵标准溶液：$c[(NH_4)_2Fe(SO_4)_2 \cdot 6H_2O]\approx 0.05mol/L$

（1）浓度 $c[(NH_4)_2Fe(SO_4)_2 \cdot 6H_2O]\approx 0.05mol/L$ 的硫酸亚铁铵标准溶液：溶解 19.5g 硫酸亚铁铵 $[(NH_4)_2Fe(SO_4)_2 \cdot 6H_2O]$ 于水中，加入 10mL 硫酸（$\rho=1.84g/mL$），待其溶液冷却后稀释至 1000mL。

（2）每日临用前，必须用 0.250mol/L 重铬酸钾标准溶液准确标定此溶液（的浓度），标定时应做平行双样。

取 5.00mL 重铬酸钾标准溶液（0.250mol/L）置于锥形瓶中，用水稀释至约 50mL，缓慢加入 15mL 浓硫酸（$\rho=1.84g/mL$），混匀，冷却后，加 3 滴（约 0.15mL）试亚铁灵指示剂，用硫酸亚铁铵（0.05mol/L）滴定溶液的颜色由黄色经蓝绿色变为红褐色，即为终点。记录下硫酸亚铁铵的消耗量 V(mL)。

（3）硫酸亚铁铵标准滴定溶液浓度的计算：

$$c[(NH_4)_2Fe(SO_4)_2 \cdot 6H_2O]=\frac{5.00\times 0.250}{V}=\frac{2.50}{V} \tag{2-1}$$

式中，V 为滴定时消耗硫酸亚铁铵溶液的毫升数。

（4）浓度为 $c[(NH_4)_2Fe(SO_4)_2 \cdot 6H_2O]\approx 0.005mol/L$ 的硫酸亚铁铵标准溶液：将（1）中 0.05mol/L 的硫酸亚铁铵标准溶液稀释 10 倍，用重铬酸钾标准溶液（$c=0.0250mol/L$）标定，其滴定步骤及浓度计算分别与（2）及（3）类同。

13. 邻苯二甲酸氢钾标准溶液，$c(KHC_8H_4O_4)=2.0824mmol/L$：称取 105℃下干燥 2h 的邻苯二甲酸氢钾 0.4251g 溶于水，并稀释至 1000mL，混匀。以重铬酸钾为氧化剂，将邻苯二甲酸氢钾完全氧化的 COD_{Cr} 值为 1.176g 氧/g（即 1g 邻苯二甲酸氢钾耗氧 1.176g），故该标准溶液的理论 COD 值为 500mg/L。

14. 试亚铁灵指示剂溶液：1,10-菲绕啉（商品名为邻菲罗啉、1,10-菲罗啉等）指示剂溶液，溶解 0.7g 七水合硫酸亚铁（$FeSO_4 \cdot 7H_2O$）于 50mL 的水中，加入 1.5g 1,10-菲绕啉，搅动至溶解，加水稀释至 100mL。

15. 防暴沸玻璃珠。

四、实验仪器

常用实验室仪器和下列仪器。

（1）回流装置：带有 24 号标准磨口的 250mL 锥形瓶的全玻璃回流装置。回流冷凝管长度 300~500mm。若取样量在 30mL 以上，可采用带 500mL 锥形瓶的全玻璃回流装置。见图 2-1。

（2）加热装置。

（3）25mL 或 50mL 酸式滴定管。

图 2-1 加热回流装置

五、实验步骤

1. 样品的采集和保存

水样要采集于玻璃瓶中，应尽快分析。如不能立即分析时，应加入硫酸（$\rho=1.84\text{g/mL}$）至 pH<2，置 4℃下保存。但保存时间不多于 5 天。采集水样的体积不得少于 100mL。将试样充分摇匀，取出 10.0mL 作为测试样品。

2. COD 浓度≤50mg/L 的样品测定

（1）样品测定

取 10.0mL 水样于锥形瓶中，依次加入硫酸汞溶液（100g/L）、重铬酸钾标准溶液（0.0250mol/L）5.00mL 和几颗防暴沸玻璃珠，摇匀。硫酸汞溶液按质量比 $m(\text{HgSO}_4)$：$m(\text{Cl}^-)\geqslant20$：1 的比例加入，最大加入量为 2mL。

将锥形瓶连接到回流装置冷凝管下端，从冷凝管上端缓慢加入 15mL 硫酸银-硫酸溶液，以防止低沸点有机物的逸出，不断旋动锥形瓶使之混合均匀。自溶液开始沸腾起保持微沸回流 2h。若为水冷装置，应在加入硫酸银-硫酸溶液之前通入冷凝水。

回流并冷却后，自冷凝管上端加入 45mL 水冲洗冷凝管，取下锥形瓶。

溶液冷却至室温后，加入 3 滴试亚铁灵指示剂溶液，用硫酸亚铁铵标准溶液（0.005mol/L）滴定，溶液的颜色由黄色经蓝绿色变为红褐色即为终点。记录硫酸亚铁铵的消耗体积 V_1。

注：样品浓度低时，取样体积可适当增加，同时其他试剂量也应按比例增加。

（2）空白试验

按（1）相同的步骤以 10.0mL 实验用蒸馏水代替水样进行空白试验，记录空白滴定时消耗硫酸亚铁铵标准溶液的体积 V_0。空白试验中硫酸银-硫酸溶液和硫酸汞溶液的用量应与样品中的用量保持一致。

3. COD 浓度>50mg/L 的样品测定

（1）样品测定

取 10.0mL 水样于锥形瓶中，依次加入硫酸汞溶液（100g/L）、重铬酸钾标准溶液（0.250mol/L）5.00mL 和几颗防暴沸玻璃珠，摇匀。硫酸汞溶液按质量比 $m(\text{HgSO}_4)$：$m(\text{Cl}^-)\geqslant20$：1 的比例加入，最大加入量为 2mL。

将锥形瓶连接到回流装置冷凝管下端，从冷凝管上端缓慢加入 15mL 硫酸银-硫酸溶液，以防止低沸点有机物的逸出，不断旋动锥形瓶使之混合均匀。自溶液开始沸腾起保持微沸回流 2h。若为水冷装置，应在加入硫酸银-硫酸溶液之前通入冷凝水。

回流并冷却后，自冷凝管上端加入 45mL 水冲洗冷凝管，取下锥形瓶。

溶液冷却至室温后，加入 3 滴试亚铁灵指示剂溶液，用硫酸亚铁铵标准溶液（0.05mol/L）滴定，溶液的颜色由黄色经蓝绿色变为红褐色即为终点。记录硫酸亚铁铵的消耗体积 V_1。

注：对于污染严重的水样，可选取所需体积 1/10 的水样放入硬质玻璃管中，加入 1/10 的试剂，摇匀后加热至沸腾数分钟，观察溶液是否变成蓝绿色。如呈蓝绿色，应再适当少取水样，直至溶液不变蓝绿色为止，从而确定待测水样的稀释倍数。

（2）空白试验

按（1）相同的步骤以 10.0mL 实验用蒸馏水代替水样进行空白试验，记录空白滴定时消耗硫酸亚铁铵标准溶液的体积 V_0。空白试验中硫酸银-硫酸溶液和硫酸汞溶液的用量应与样品中的用量保持一致。

六、数据处理

1.计算

按下式计算样品中化学需氧量的质量浓度 ρ(mg/L)。

$$\rho = \frac{c(V_0 - V_1) \times 8000}{V_2} f \qquad (2\text{-}2)$$

式中　c——硫酸亚铁铵标准溶液的浓度，mol/L；

$\quad\quad V_0$——空白试验所消耗的硫酸亚铁铵标准滴定溶液的体积，mL；

$\quad\quad V_1$——水样测定所消耗的硫酸亚铁铵标准滴定溶液的体积，mL；

$\quad\quad V_2$——加热回流时所取水样的体积，mL；

$\quad\quad f$——样品稀释倍数；

$\quad\quad 8000$——$\frac{1}{4}O_2$ 的摩尔质量以 mg/L 为单位的换算值。

2.结果表示

当 COD 测定结果小于 100mg/L 时，保留至整数位；当测定结果大于或等于 100mg/L 时，保留三位有效数字。

七、注意事项

1.消解时应使溶液缓慢沸腾，不宜暴沸。如出现暴沸，说明溶液中出现局部过热现象，会导致测定结果有误。暴沸的原因可能是加热过于激烈，或是防暴沸玻璃珠的效果不好。

2.试亚铁灵指示剂的加入量虽然不影响临界点，但应尽量一致。当溶液的颜色先变为蓝绿色再变到红褐色即达到终点，几分钟后可能还会重现蓝绿色。

八、思考题

1.若样品的 COD＞700mg/L 时，如何确定稀释倍数？

2.若采用不同的稀释倍数，测定结果不一致，数据该如何处理？

实验二　五日生化需氧量（BOD₅）的测定

一、实验目的

1.掌握测定 BOD₅ 时样品的预处理方法。

2.掌握稀释倍数法测定 BOD₅ 的原理和方法。

二、实验原理

生化需氧量是指在规定的条件下，微生物分解水中的某些可氧化的物质，特别是分解有机物的生物化学过程消耗的溶解氧。通常情况下是指水样充满完全密闭的溶解氧瓶，在 (20 ± 1)℃的暗处培养 5d±4h 或 $(2+5)$d±4h[先在 0～4℃的暗处培养 2d，接着在 (20 ± 1)℃ 的暗处培养 5d，即培养 $(2+5)$d]，分别测定培养前后水样中溶解氧的质量浓度，由培养前后溶解氧的质量浓度之差，计算每升样品消耗的溶解氧量，以 BOD_5 形式表示。

若样品中的有机物含量较多，BOD_5 的质量浓度大于 6mg/L，样品需适当稀释后测定；对不含或含微生物少的工业废水，如酸性废水、碱性废水、高温废水、冷冻保存的废水或经过氯化处理等的废水，在测定 BOD_5 时应进行接种，以引进能分解废水中有机物的微生物。当废水中存在难以被一般生活污水中的微生物以正常的速度降解的有机物或含有剧毒物质时，应将驯化后的微生物引入水样中进行接种。

三、试剂和材料

1. 水：实验用水为符合 GB/T 6682 规定的 3 级蒸馏水，且水中铜离子的质量浓度不大于 0.01mg/L，不含有氯或氯胺等物质。

2. 接种液：可购买接种微生物用的接种物质，接种液的配制和使用按说明书的要求操作。也可按以下方法获得接种液。

（1）未受工业废水污染的生活污水：化学需氧量不大于 300mg/L，总有机碳不大于 100mg/L；

（2）含有城镇污水的河水或湖水；

（3）污水处理厂的出水；

（4）分析含有难降解物质的工业废水时，在其排污口下游适当处取水样作为废水的驯化接种液。也可取中和或经适当稀释后的废水进行连续曝气，每天加入少量该种废水，同时加入少量生活污水，使适应该种废水的微生物大量繁殖。当水中出现大量的絮状物时，表明微生物已繁殖，可用作接种液。一般驯化过程需 3～8d。

3. 盐溶液：

（1）磷酸盐缓冲溶液：将 8.5g 磷酸二氢钾（KH_2PO_4）、21.8g 磷酸氢二钾（K_2HPO_4）、33.4g 七水合磷酸二钠（$Na_2HPO_4 \cdot 7H_2O$）和 1.7g 氯化铵（NH_4Cl）溶于水中，稀释至 1000mL，此溶液在 0～4℃下可稳定保存 6 个月。此溶液的 pH 值为 7.2。

（2）硫酸镁溶液，$\rho(MgSO_4)=11.0$g/L：将 22.5g 七水合硫酸镁（$MgSO_4 \cdot 7H_2O$）溶于水中，稀释至 1000mL，此溶液在 0～4℃下可稳定保存 6 个月，若发现任何沉淀或微生物生长应弃去。

（3）氯化钙溶液，$\rho(CaCl_2)=27.6$g/L：将 27.6g 无水氯化钙（$CaCl_2$）溶于水中，稀释至 1000mL，此溶液在 0～4℃下可稳定保存 6 个月，若发现任何沉淀或微生物生长应弃去。

（4）氯化铁溶液，$\rho(FeCl_3)=0.15$g/L：将 0.25g 六水合氯化铁（$FeCl_3 \cdot 6H_2O$）溶于水中，稀释至 1000mL，此溶液在 0～4℃下可稳定保存 6 个月，若发现任何沉淀或微生物生长应弃去。

4. 稀释水：在 5～20L 的玻璃瓶中加入一定量的水，控制水温在 (20 ± 1)℃，用曝气装置至少曝气 1h，使稀释水中的溶解氧达到 8mg/L 以上。使用前每升水中加入上述四种盐溶液各 1.0mL，混匀，在 20℃下保存。在曝气的过程中防止污染，特别是防止带入有机物、金属、氧化物或还原物。

稀释水中氧的浓度不能过饱和，使用前需开口放置1h，且应在24h内使用。剩余的稀释水应弃去。

5.接种稀释水：根据接种液的来源不同，每升稀释水中加入适量接种液（城市生活污水和污水处理厂出水加1～10mL，河水或湖水加10～100mL），将接种稀释水存放在（20±1）℃的环境中，当天配制当天使用。接种的稀释水pH值为7.2，BOD_5应小于1.5mg/L。

6.盐酸溶液，$c(HCl)=0.5mol/L$：将40mL浓盐酸（HCl）溶于水中，稀释至1000mL。

7.氢氧化钠溶液，$c(NaOH)=0.5mol/L$：将20g氢氧化钠溶于水中，稀释至1000mL。

8.亚硫酸钠溶液，$c(Na_2SO_3)=0.025mol/L$：将1.575g亚硫酸钠（Na_2SO_3）溶于水中，稀释至1000mL。此溶液不稳定，需现用现配。

9.葡萄糖-谷氨酸标准溶液：将葡萄糖（$C_6H_{12}O_6$，优级纯）和谷氨酸（HOOC—CH_2—CH_2—$CHNH_2$—COOH，优级纯）在130℃下干燥1h，各称取150mg溶于水中，在1000mL容量瓶中稀释至标线。此溶液的BOD_5为（210±20）mg/L，现用现配。该溶液也可少量冷冻保存，融化后立刻使用。

10.丙烯基硫脲硝化抑制剂，$\rho(C_4H_8N_2S)=1.0g/L$：溶解0.20g丙烯基硫脲（$C_4H_8N_2S$）于200mL水中混合，4℃下保存，此溶液可稳定保存14天。

11.乙酸溶液，1+1。

12.碘化钾溶液，$\rho(KI)=100g/L$：将10g碘化钾（KI）溶于水中，稀释至100mL。

13.淀粉溶液，$\rho=5g/L$：将0.50g淀粉溶于水中，稀释至100mL。

四、实验仪器和设备

1.滤膜：孔径为$1.6\mu m$。

2.溶解氧瓶：带水封装置，容积250～300mL。

3.稀释容器：1000～2000mL的量筒或容量瓶。

4.虹吸管：供分取水样或添加稀释水。

5.溶解氧测定仪。

6.冷藏箱：0～4℃。

7.冰箱：有冷冻和冷藏功能。

8.带风扇的恒温培养箱：（20±1）℃。

9.曝气装置：多通道空气泵或其他曝气装置。曝气可能带来有机物、氧化剂和金属，导致空气污染，如有污染，空气应过滤清洗。

五、实验步骤

1.样品的采集和保存

样品采集按照《地表水和污水监测技术规范》（HJ/T 91）的相关规定执行。采集的样品应充满并密封于棕色玻璃瓶中，样品量不小于1000mL，在0～4℃的暗处运输和保存，并于24h内尽快分析。

2.样品的前处理

（1）pH值调节

若样品或稀释后样品的pH值不在6～8范围内，应用盐酸溶液或氢氧化钠溶液调节其

pH 值至 6～8。

（2）余氯和结合氯的去除

若样品中含有少量余氯，一般在采样后放置 1～2h，游离氯即可消失。对在短时间内不能消失的余氯，可加入适量亚硫酸钠溶液去除样品中存在的余氯和结合氯，加入的亚硫酸钠溶液的量由下述方法确定。

取已中和好的水样 100mL，加入乙酸溶液 10mL、碘化钾溶液 1mL，混匀，在暗处静置 5min。用亚硫酸钠溶液滴定析出的碘至淡黄色，加入 1mL 淀粉溶液呈蓝色。再继续滴定至蓝色刚刚褪去，即为终点，记录所用亚硫酸钠溶液体积，由亚硫酸钠溶液消耗的体积，计算出水样中应加亚硫酸钠溶液的体积。

（3）样品均质化

含有大量颗粒物、需要较大稀释倍数的样品或经冷冻保存的样品，测定前均需将样品搅拌均匀。

（4）样品中有藻类

若样品中有大量藻类存在，BOD_5 的测定结果会偏高。当分析结果精度要求较高时，测定前应用滤孔为 $1.6\mu m$ 的滤膜过滤，检测报告中注明滤膜滤孔的大小。

（5）含盐量低的样品

若样品含盐量低，非稀释样品的电导率小于 $125\mu S/cm$ 时，需加入适量相同体积的四种盐溶液，使样品的电导率大于 $125\mu S/cm$。每升样品中至少需加入各种盐的体积 V 按下式计算：

$$V = (\Delta K - 12.8)/113.6 \tag{2-3}$$

式中　V——需加入各种盐的体积，mL；

　　　ΔK——样品需要提高的电导率值，$\mu S/cm$。

3. 非稀释法测定样品

非稀释法分为两种情况：非稀释法和非稀释接种法。

若样品中的有机物含量较少，BOD_5 的质量浓度不大于 6mg/L，且样品中有足够的微生物，用非稀释法测定。若样品中的有机物含量较少，BOD_5 的质量浓度不大于 6mg/L，但样品中无足够的微生物，如酸性废水、碱性废水、高温废水、冷冻保存的废水或经过氯化处理等的废水，采用非稀释接种法测定。

（1）试样的准备

① 待测试样测定前温度达到 $(20\pm2)℃$，若样品中溶解氧浓度低，需要用曝气装置曝气 15min，充分振摇赶走样品中残留的空气泡；若样品中氧过饱和，将容器 2/3 体积充满样品，用力振荡赶出过饱和氧，然后根据试样中微生物含量情况确定测定方法。非稀释法可直接取样测定；非稀释接种法，每升试样中加入适量的接种液，待测定。若试样中含有硝化细菌，有可能发生硝化反应，需在每升试样中加入 2mL 丙烯基硫脲硝化抑制剂。

② 空白试样非稀释接种法，每升稀释水中加入与试样中相同量的接种液作为空白试样，需要时每升试样中加入 2mL 丙烯基硫脲硝化抑制剂。

（2）试样的测定

① 碘量法测定试样中的溶解氧　将上述待测试样充满两个溶解氧瓶中，使试样少量溢出，防止试样中的溶解氧质量浓度改变，使瓶中存在的气泡靠瓶壁排除。将一瓶盖上瓶盖，加上水封，在瓶盖外罩上一个密罩，防止培养期间水封水蒸发干，在恒温培养箱中培养

5d±4h 或 （2＋5)d±4h 后测定试样中溶解氧的质量浓度。另一瓶 15min 后测定试样在培养前溶解氧的质量浓度。溶解氧的测定按 GB/T 7489 进行操作。

② 电化学探头法测定试样中的溶解氧　将上述待测试样充满一个溶解氧瓶中，使试样少量溢出，防止试样中的溶解氧质量浓度改变，使瓶中存在的气泡靠瓶壁排除。测定培养前试样中的溶解氧的质量浓度。

盖上瓶盖，防止样品中残留气泡，加上水封，在瓶盖外罩上一个密封罩，防止培养期间水封水蒸发干。将试样瓶放入恒温培养箱中培养 5d±4h 或 （2＋5)d±4h。测定培养后试样中溶解氧的质量浓度。

溶解氧的测定按 GB/T 11913 进行操作。

空白试样的测定方法同上述两步骤。

4. 稀释与接种法测定样品

稀释与接种法分为两种情况：稀释法和稀释接种法。

若试样中的有机物含量较多，BOD_5 的质量浓度大于 6mg/L，且样品中有足够的微生物，采用稀释法测定；若试样中的有机物含量较多，BOD_5 的质量浓度大于 6mg/L，但试样中无足够的微生物，采用稀释接种法测定。

（1）试样的准备

① 待测试样　待测试样测定前的温度达到 （20±2)℃，若试样中溶解氧浓度低，需要用曝气装置曝气 15min，充分振摇赶走样品中残留的气泡；若样品中氧过饱和，将容器的 2/3 体积充满样品，用力振荡赶出过饱和氧，然后根据试样中微生物含量情况确定测定方法。稀释法测定，稀释倍数按表 2-1 和表 2-2 方法确定，然后用稀释水稀释。稀释接种法测定，用接种稀释水稀释样品，若样品中含有硝化细菌，有可能发生硝化反应，需在每升试样培养液中加入 2mL 丙烯基硫脲硝化抑制剂。

稀释倍数的确定：样品稀释的程度应使消耗的溶解氧质量浓度不小于 2mg/L，培养后样品中剩余溶解氧质量浓度不小于 2mg/L，且试样中剩余的溶解氧的质量浓度为开始浓度的 1/3～2/3 为最佳。

表 2-1　典型的比值

水样的类型	总有机碳 R （BOD_5/TOC）	高锰酸盐指数 R （BOD_5/I_{Mn}）	化学需氧量 R （BOD_5/COD_{Cr}）
未处理的废水	1.2～2.8	1.2～1.5	0.35～0.65
生化处理的废水	0.3～1.0	0.5～1.2	0.20～0.35

稀释倍数可根据样品的总有机碳 （TOC）、高锰酸盐指数 （I_{Mn}） 或化学需氧量 （COD_{Cr}） 的测定值，按照表 2-1 列出的 BOD_5 与总有机碳 （TOC）、高锰酸盐指数 （I_{Mn}） 或化学需氧量 （COD_{Cr}） 的比值 R 估计 BOD_5 的期望值 （R 与样品的类型有关），再根据表 2-2 确定稀释因子。当不能准确地选择稀释倍数时，一个样品做 2～3 个不同的稀释倍数。

由表 2-1 中选择适当的 R 值，按下式计算 BOD_5 的期望值：

$$\rho = RY \tag{2-4}$$

式中　ρ——五日生化需氧量浓度的期望值，mg/L；

Y——总有机碳 （TOC）、高锰酸盐指数 （I_{Mn}） 或化学需氧量 （COD_{Cr}） 的值，mg/L。

由估算出的 BOD_5 的期望值，按表 2-2 确定样品的稀释倍数。

表 2-2　BOD_5 测定的稀释倍数

BOD_5 的期望值/(mg/L)	稀释倍数	水样类型
6～12	2	河水、生物净化的城市污水
10～30	5	河水、生物净化的城市污水
20～60	10	生物净化的城市污水
40～120	20	澄清的城市污水或轻度污染的工业废水
100～300	50	轻度污染的工业废水或原城市污水
200～600	100	轻度污染的工业废水或原城市污水
400～1200	200	重度污染的工业废水或原城市污水
1000～3000	500	重度污染的工业废水
2000～6000	1000	重度污染的工业废水

② 空白试样　稀释法测定，空白试样为稀释水，需要时每升稀释水中加入 2mL 丙烯基硫脲硝化抑制剂。稀释接种法测定，空白试样为接种稀释水，必要时每升接种稀释水中加入 2mL 丙烯基硫脲硝化抑制剂。

（2）试样的测定

试样和空白试样的测定方法同上述步骤。

六、数据处理

1. 非稀释法

非稀释法按下式计算样品 BOD_5 的测定结果：

$$\rho = \rho_1 - \rho_2 \tag{2-5}$$

式中　ρ——五日生化需氧量质量浓度，mg/L；

ρ_1——水样在培养前的溶解氧质量浓度，mg/L；

ρ_2——水样在培养后的溶解氧质量浓度，mg/L。

2. 非稀释接种法

$$\rho = (\rho_1 - \rho_2) - (\rho_3 - \rho_4) \tag{2-6}$$

式中　ρ——五日生化需氧量质量浓度，mg/L；

ρ_1——接种水样在培养前的溶解氧质量浓度，mg/L；

ρ_2——接种水样在培养后的溶解氧质量浓度，mg/L；

ρ_3——空白试样在培养前的溶解氧质量浓度，mg/L；

ρ_4——空白试样在培养后的溶解氧质量浓度，mg/L。

3. 稀释与接种法

稀释与接种法按下式计算样品 BOD_5 的测定结果：

$$\rho = \frac{(\rho_1 - \rho_2) - (\rho_3 - \rho_4)f_1}{f_2} \tag{2-7}$$

式中　ρ——五日生化需氧量质量浓度，mg/L；

ρ_1——接种稀释水样在培养前的溶解氧质量浓度，mg/L；

ρ_2——接种稀释水样在培养后的溶解氧质量浓度，mg/L；

ρ_3——空白试样在培养前的溶解氧质量浓度，mg/L；

ρ_4——空白试样在培养后的溶解氧质量浓度，mg/L；

f_1——接种稀释水或稀释水在培养液中所占的比例；

f_2——原样品在培养液中所占的比例。

BOD_5测定结果以氧的质量浓度（mg/L）报出。对稀释与接种法，如果有几个稀释倍数的结果满足要求，结果取这些稀释倍数结果的平均值。结果小于 100mg/L，保留一位小数；100～1000mg/L，取整数位；大于 1000mg/L，以科学计数法报出。结果报告中应注明：样品是否经过过滤、冷冻或均质化处理。

七、注意事项

1. 空白试样

每一批样品做两个分析空白试样，稀释法空白试样的测定结果不能超过 0.5mg/L，非稀释接种法和稀释接种法空白试样的测定结果不能超过 1.5mg/L，否则应检查可能的污染来源。

2. 接种液、稀释水质量的检查

每一批样品要求做一个标准样品，样品的配制方法如下：取 20mL 葡萄糖-谷氨酸标准溶液于稀释容器中，用接种稀释水稀释至 1000mL，测定 BOD_5，BOD_5 测定结果应在 180～230mg/L 范围内，否则应检查接种液、稀释水的质量。

3. 平行样品

每一批样品至少做一组平行样。

八、思考题

1. BOD_5 测定中如何合理确定稀释倍数？

2. 怎样制备合格的接种稀释水？

实验三　溶解氧的测定

I　碘量法

一、实验目的

1. 掌握碘量法测定水中溶解氧的原理和方法。

2. 了解溶解氧测定的意义。

二、实验原理

水样中加入硫酸锰和碱性碘化钾，水中溶解氧将低价锰氧化成高价锰，生成四价锰的氢氧化物棕色沉淀。加酸后，氢氧化物沉淀溶解，并与碘离子反应而释放出碘。以淀粉作指示剂，用硫代硫酸钠滴定释出碘，可计算溶解氧的含量。反应式如下：

$$MnSO_4 + 2NaOH = Na_2SO_4 + Mn(OH)_2$$
$$2Mn(OH)_2 + O_2 = 2MnO(OH)_2$$
$$MnO(OH)_2 + 2H_2SO_4 = Mn(SO_4)_2 + 3H_2O$$
$$Mn(SO_4)_2 + 2KI = MnSO_4 + K_2SO_4 + I_2$$
$$2Na_2S_2O_3 + I_2 = Na_2S_4O_6 + 2NaI$$

三、试剂和材料

1. 硫酸锰溶液：称取 480g 硫酸锰（$MnSO_4 \cdot 4H_2O$）或 364g $MnSO_4 \cdot H_2O$ 溶于水，用水稀释至 1000mL。此溶液加到酸化过的碘化钾溶液中，遇淀粉不得产生蓝色。

2. 碱性碘化钾溶液：称取 500g 氢氧化钠溶解于 300～400mL 水中，另称取 150g 碘化钾（或 135g NaI）溶于 200mL 水中，待氢氧化钠溶液冷却后，将两溶液合并，混匀，用水稀释至 1000mL。如有沉淀，则放置过夜后，倾出上清液，储于棕色瓶中。用橡皮塞塞紧，避光保存。此溶液酸化后，遇淀粉不应呈蓝色。

3. （1+1）硫酸溶液：小心把 500mL 浓硫酸（$\rho = 1.84g/mL$）在不停搅拌下加入到 500mL 水中。

4. 1% 淀粉溶液：新配制，称取 1g 可溶性淀粉，用少量水调成糊状，再用刚煮沸的水冲稀至 100mL。冷却后，加入 0.1g 水杨酸或 0.4g 氯化锌防腐。

5. 重铬酸钾标准溶液 $c(1/6K_2Cr_2O_7) = 0.0250mol/L$：称取于 105～110℃ 下烘干 2h 并冷却的优级纯重铬酸钾 1.2258g，溶于水，移入 1000mL 容量瓶中，用水稀释至标线，摇匀。

6. 硫代硫酸钠溶液：称取 3.2g 硫代硫酸钠（$Na_2S_2O_3 \cdot 5H_2O$）溶于煮沸放冷的水中，加入 0.2g 碳酸钠，用水稀释至 1000mL。储于棕色瓶中，使用前用 0.0250mol/L 重铬酸钾标准溶液标定，标定方法如下。

于 250mL 碘量瓶中，加入 100mL 水和 1g 碘化钾，加入 10.00mL 的 0.0250mol/L 重铬酸钾标准溶液、5mL（1+1）硫酸溶液，密塞，摇匀。于暗处静置 5min 后，用硫代硫酸钠溶液滴定至溶液呈淡黄色，加入 1mL 淀粉溶液，继续滴定至蓝色刚好褪去为止，记录用量。

$$M = \frac{10.00 \times 0.0250}{V} \tag{2-8}$$

式中　M——硫代硫酸钠溶液的浓度，mol/L；

　　　V——滴定时消耗硫代硫酸钠溶液的体积，mL。

四、实验仪器

溶解氧瓶：细口玻璃瓶，容量在 250～300mL 之间，校准至 1mL，具塞温克勒瓶或任何其他适合的细口瓶，瓶肩最好是直的。每一个瓶和盖要有相同的号码。见图 2-2。

五、实验步骤

1. 样品的采集

将样品采集在溶解氧瓶中，测定就在溶解氧瓶内进行。注意水样应充满溶解氧瓶，且不要有气泡产生。

图 2-2　溶解氧瓶

2. 溶解氧的固定

用吸管插入溶解氧瓶的液面下，加入 1mL 硫酸锰溶液和 2mL 碱性碘化钾溶液，盖好瓶塞，颠倒混合数次，静置。待棕色沉淀物降至瓶内一半时，再颠倒混合一次，待沉淀物下降到瓶底。一般在取样现场固定。

3. 析出碘

轻轻打开瓶塞，立即用吸管插入液面下加入 2.0mL 硫酸。小心盖好瓶盖，颠倒混合摇匀至沉淀物全部溶解为止，放置暗处 5min。

4. 滴定

移取 100.0mL 上述溶液于 250mL 锥形瓶中，用硫代硫酸钠溶液滴定至溶液呈淡黄色，加入 1mL 淀粉溶液，继续滴定至蓝色刚好褪去为止，记录硫代硫酸钠溶液用量。

六、计算

溶解氧含量（mg/L）按下式计算

$$溶解氧(O_2,mg/L)=\frac{MV\times 8\times 1000}{100} \tag{2-9}$$

式中　M——硫代硫酸钠溶液的浓度，mol/L；

V——滴定时消耗硫代硫酸钠溶液的体积，mL。

七、注意事项

1. 当存在能固定或消耗碘的悬浮物，或者怀疑有这类物质存在时，最好采用电化学探头法测定溶解氧。

2. 如果水样中含有氧化性物质时（如游离氯浓度大于 0.1mg/L 时），应预先于水样中加入硫代硫酸钠去除。即用两个溶解氧瓶各取一瓶水样，在其中一瓶加入 5mL（1+1）硫酸和 1g 碘化钾，摇匀，此时游离出碘。以淀粉作指示剂，用硫代硫酸钠溶液滴定至蓝色刚褪，记下用量（相当于去除游离氯的量）。于另一瓶水样中，加入同样量的硫代硫酸钠溶液，摇匀。

3. 如果水样呈强酸性或强碱性，可用氢氧化钠或硫酸溶液调至中性后测定。

Ⅱ　电化学探头法

一、实验目的

掌握电化学探头法测定水中溶解氧的原理和方法。

二、实验原理

溶解氧电化学探头是一个用选择性薄膜封闭的小室，室内有两个金属电极并充有电解质。氧和一定数量的其他气体及亲液物质可透过这层薄膜，但水和可溶性物质的离子几乎不能透过这层膜。将探头浸入水中进行溶解氧的测定时，由于电池作用或外加电压在两个电极间产生电位差，使金属离子在阳极进入溶液，同时氧气通过薄膜扩散在阴极获得电子被还原，产生的电流与穿过薄膜和电解质层的氧的传递速度成正比，即在一定的温度下该电流与水中氧的分压（或浓度）成正比。

薄膜对气体的渗透性受温度变化的影响较大，要采用数学方法对温度进行校正，也可在电路中安装热敏元件对温度变化进行自动补偿。

若仪器在电路中未安装压力传感器不能对压力进行补偿时，仪器仅显示与气压有关的表观读数，当测定样品的气压与校准仪器时的气压不同时，应进行校正。

若测定海水、港湾水等含盐量高的水，应根据含盐量对测量值进行修正。

三、试剂和材料

1. 无水亚硫酸钠（Na_2SO_3）或七水合亚硫酸钠（$Na_2SO_3 \cdot 7H_2O$）。

2. 二价钴盐，例如六水合氯化钴（Ⅱ）（$CoCl_2 \cdot 6H_2O$）。

3. 零点检查溶液：称取 0.25g 亚硫酸钠和约 0.25mg 钴（Ⅱ）盐，溶解于 250mL 蒸馏水中。临用时现配。

4. 氮气：99.9%。

四、实验仪器

1. 溶解氧测量仪

（1）测量探头：原电池型（例如铅/银）或极谱型（例如银/金），探头上宜附有温度补偿装置。

（2）仪表：直接显示溶解氧的质量浓度或饱和百分率。

2. 磁力搅拌器。

3. 电导率仪：测量范围 2～100mS/cm。

4. 温度计：最小分度为 0.5℃。

5. 气压表：最小分度为 10Pa。

6. 溶解氧瓶。

五、实验步骤

1. 校准

（1）零点检查和调整

当测量的溶解氧质量浓度水平低于 1mg/L（或 10% 饱和度）时，或者当更换溶解氧膜罩或内部的填充电解液时，需要进行零点检查和调整。若仪器具有零点补偿功能，则不必调整零点。

零点调整：将探头浸入零点检查溶液中，待反应稳定后读数，调整仪器到零点。

（2）接近饱和值的校准

在一定的温度下，向蒸馏水中曝气，使水中氧的含量达到饱和或接近饱和。在这个温度下保持 15min，采用 GB 7489 规定的方法测定溶解氧的质量浓度。

将探头浸没在瓶内，瓶中完全充满按上述步骤制备并测定的样品，让探头在搅拌的溶液中稳定 2～3min 以后，调节仪器读数至样品已知的溶解氧质量浓度。

当仪器不能再校准，或仪器响应变得不稳定或较低时，及时更换电解质或（和）膜。

2. 测定

将探头浸入样品，不能有空气泡截留在膜上，停留足够的时间，待探头温度与水温达到平衡且数字显示稳定时读数。必要时，根据所用仪器的型号及对测量结果的要求，检验水温、气压或含盐量，并对测量结果进行校正。

探头的膜接触样品时，样品要保持一定的流速，防止与膜接触的瞬间将该部位样品中的溶解氧耗尽，使读数发生波动。

对于流动样品（例如河水）：应检查水样是否有足够的流速（不得小于 0.3m/s），若水流速低于 0.3m/s，需在水样中往复移动探头，或者取分散样品进行测定。

对于分散样品：容器能密封以隔绝空气并带有搅拌器。将样品充满容器至溢出，密闭后进行测定。

六、数据处理

1. 溶解氧的质量浓度

溶解氧的质量浓度以每升水中氧的毫克数表示。

（1）温度校正

测量样品与仪器校准期间温度不同时，需要对仪器读数按下式进行校正。

$$\rho(O)=\rho'(O)\frac{\rho(O)_m}{\rho(O)_c} \tag{2-10}$$

式中 $\rho(O)$ ——实测溶解氧的质量浓度，mg/L；

$\rho'(O)$ ——溶解氧的表观质量浓度（仪器读数），mg/L；

$\rho(O)_m$ ——测量温度下氧的溶解度，mg/L；

$\rho(O)_c$ ——校准温度下氧的溶解度，mg/L。

例如：

校准温度为 25℃ 时氧的溶解度为 8.3mg/L；

测量温度为 10℃ 时氧的溶解度为 11.3mg/L；

测量时仪器的读数为 7.0mg/L。

10℃ 时实测溶解氧的质量浓度：$\rho(O)=7.0\times\frac{11.3}{8.3}=9.5(\text{mg/L})$

上式中 $\rho(O)_m$ 和 $\rho(O)_c$ 值，可根据对应的大气压力和温度计算而得，也可以由相关表格中查得。

（2）气压校正

气压为 p 时，水中溶解氧的质量浓度 $\rho(O)_s$ 由下式求出：

$$\rho(O)=\rho'(O)_s\frac{p-p_w}{101.325-p_w} \tag{2-11}$$

式中 $\rho(O)$ ——温度为 t、大气压力为 p(kPa) 时，水中氧的质量浓度，mg/L；

$\rho'(O)_s$ ——仪器默认大气压力为 101.325kPa、温度为 t 时，仪器的读数，mg/L；

p_w ——温度为 t 时，饱和水蒸气的压力，kPa。

注：有些仪器能自动进行压力补偿。

（3）盐度修正

当水中含盐量大于等于 3g/kg 时，需要对仪器读数按下式进行修正。

$$\rho(O)=\rho''(O)_s-\Delta\rho(O)_s w\frac{\rho''(O)_s}{\rho(O)_s} \tag{2-12}$$

式中 w——水中含盐量，g/kg；

$\rho(O)$——p 大气压下和温度为 t 时，盐度修正后溶解氧的质量浓度，mg/L；

$\rho(O)_s$——p 大气压下和温度为 t 时，水中氧的溶解度，mg/L；

$\rho''(O)_s$——p 大气压下和摄氏温度为 t 时，盐度修正前仪器的读数，mg/L；

$\dfrac{\rho''(O)_s}{\rho(O)_s}$——$p$ 大气压下和温度为 t 时，水中溶解氧的饱和率；

$\Delta\rho(O)_s$——气压为 101.325kPa、温度为 t 时，水中溶解氧的修正因子，(mg/L)/(g/kg)

注：水中的含盐量可以用电导率值估算。使用 ISO 7888 电导率仪法测量水样的电导率，如果测定时水样的温度不是 20℃，应换算成 20℃时的电导率，测得结果以 mS/cm 表示。估计水中的含盐量到最接近的整数（w），代入上式中，计算盐度修正后水中溶解氧的质量浓度。

2.以饱和百分率表示的溶解氧含量

水中溶解氧的饱和百分率，按照下式计算：

$$S=\frac{\rho''(O)_s}{\rho(O)_s}\times100\% \tag{2-13}$$

式中 S——水中溶解氧的饱和百分率，%；

$\rho''(O)_s$——实测值，表示在 p 大气压和温度为 t 时水中溶解氧的质量浓度，mg/L；

$\rho(O)_s$——理论值，表示在 p 大气压和温度为 t 时水中氧的溶解度，mg/L。

七、注意事项

1.水中存在的一些气体和蒸气，例如氯、二氧化硫、硫化氢、胺、氨、二氧化碳、溴和碘等物质，通过膜扩散影响被测电流从而干扰测定。水样中的其他物质如溶剂、油类、硫化物、碳酸盐和藻类等物质可能堵塞薄膜、引起薄膜损坏和电极腐蚀，影响被测电流从而干扰测定。

2.新仪器投入使用前、更换电极或电解液以后，应检查仪器的线性，一般每隔 2 个月运行一次线性检查。

检查方法：通过测定一系列不同浓度蒸馏水样品中溶解氧的浓度来检查仪器的线性。向 3～4 个 250mL 完全充满蒸馏水的细口瓶中缓缓通入氮气泡，除去水中氧气，用探头时刻测量剩余的溶解氧含量，直到获得所需溶解氧的近似质量浓度，然后立刻停止通氮气，用 GB 7489 测定水中准确的溶解氧质量浓度。

若探头法测定的溶解氧浓度值与碘量法在显著性水平为 5% 时无显著性差异，则认为探头的响应呈线性。否则，应查找偏离线性的原因。

3.电极的维护和再生

（1）电极的维护

任何时候都不得用手触摸膜的活性表面。

电极和膜片的清洗：若膜片和电极上有污染物，会引起测量误差，一般 1～2 周清洗一次。清洗时要小心，将电极和膜片放入清水中涮洗，注意不要损坏膜片。

经常使用的电极建议存放在存有蒸馏水的容器中，以保持膜片的湿润。干燥的膜片在使用前应该用蒸馏水湿润活化。

（2）电极的再生

当电极的线性不合格时，就需要对电极进行再生。电极的再生约一年一次。

电极的再生包括更换溶解氧膜罩、电解液和清洗电极。

每隔一定时间或当膜被损坏和污染时，需要更换溶解氧膜罩并补充新的填充电解液。如果膜未被损坏和污染，建议 2 个月更换一次填充电解液。

更换电解质和膜之后，或当膜干燥时，都要使膜湿润，只有在读数稳定后，才能进行校准，仪器达到稳定所需的时间取决于电解质中溶解氧消耗所需要的时间。

4. 当将探头浸入样品中时，应保证没有空气泡截留在膜上。

样品接触探头的膜时，应保持一定的流速，以防止与膜接触的瞬时将该部位样品中的溶解氧耗尽而出现错误的读数。应保证样品的流速不致使读数发生波动，在这方面要参照仪器制造厂家的说明。

八、思考题

1. 溶解氧测定过程中，搅拌强度是否对测定结果有影响？
2. 如果测定含有活性污泥的水样中的溶解氧，怎么样才能准确测量？

实验四　高锰酸盐指数的测定

一、实验目的

1. 了解测定高锰酸盐指数的意义。
2. 掌握高锰酸盐指数测定的原理和方法。

二、实验原理

1. 酸性法

水样中加入硫酸使其呈酸性后，加入一定量的高锰酸钾溶液，并在沸水浴中加热 30min，高锰酸钾将水样中某些有机物和无机物还原性物质氧化，反应后加入过量的草酸钠溶液还原剩余的高锰酸钾，再用高锰酸钾标准溶液回滴过量的草酸钠，通过计算得到样品的高锰酸盐指数。

2. 碱性法

当水样中氯离子浓度高于 300mg/L 时，应采用碱性法。

水样中加入一定量的高锰酸钾溶液，加热前将溶液用氢氧化钠调至碱性，加热一定时间以氧化水中的还原性无机物和部分有机物。在加热反应之后加酸酸化，用草酸钠溶液还原剩余的高锰酸钾并加入过量，再用高锰酸钾溶液滴定过量的草酸钠至微红色，通过计算得到样品的高锰酸盐指数。

以下是酸性法所用的仪器、试剂和实验步骤。

三、试剂和材料

1. 不含还原性物质的水：将 1L 蒸馏水置于全玻璃蒸馏器中，加入 10mL 硫酸和少量高锰酸钾溶液，蒸馏。弃去 100mL 初馏液，余下馏出液储于具玻璃塞的细口瓶中。
2. 硫酸（H_2SO_4）：密度（ρ）为 1.84g/mL。

3.硫酸，1＋3溶液：在不断搅拌下，将100mL硫酸（$\rho_0=1.84g/mL$）慢慢加入到300mL水中。趁热加入数滴高锰酸钾溶液，直至溶液出现粉红色。

4.氢氧化钠，500g/L溶液：称取50g氢氧化钠溶于水并稀释至100mL。

5.草酸钠标准储备液，浓度$c(1/2Na_2C_2O_4)$为0.1000mol/L：称取0.6705g经120℃烘干2h并放冷的草酸钠（$Na_2C_2O_4$）溶解于水中。移入100mL容量瓶中，用水稀释至标线，混匀，置于4℃下保存。

6.草酸钠标准溶液，浓度$c_1(1/2Na_2C_2O_4)$为0.0100mol/L：吸取10.00mL草酸钠储备液（0.1000mol/L）于100mL容量瓶中，用水稀释至标线，混匀。

7.高锰酸钾标准储备液，浓度$c_2(1/5KMnO_4)$约为0.1mol/L：称取3.2g高锰酸钾溶解于水，并稀释至1000mL。于90～95℃水浴中加热此溶液两小时，冷却。存放两天后，倾出上清液，储于棕色瓶中。

8.高锰酸钾标准溶液，浓度$c_3(1/5KMnO_4)$约为0.01mol/L：吸取100mL高锰酸钾标准储备液（0.1mol/L）于1000mL容量瓶中，用水稀释至标线，混匀。此溶液在暗处可保存几个月，使用当天标定其浓度。

四、实验仪器

1.水浴锅或相当的加热装置：有足够的容积和功率。

2.酸式滴定管，25mL。

注：新的玻璃器皿必须用酸性高锰酸钾溶液清洗干净。

五、实验步骤

1.样品的采集和保存

采集不应少于500mL的水样于洁净的玻璃瓶中，采样后要加入硫酸（1＋3），使样品pH＝1～2并尽快分析。

2.酸性法测定高锰酸盐指数

（1）吸取100.0mL经充分摇动、混合均匀的样品（或分取适量，用水稀释至100mL），置于250mL锥形瓶中，加入（5±0.5）mL硫酸（1＋3），用滴定管加入10.00mL高锰酸钾溶液（0.01mol/L），摇匀。将锥形瓶置于沸水浴内（30±2）min（水浴沸腾，开始计时）。

（2）取出后用滴定管加入10.00mL草酸钠溶液（0.0100mol/L）至溶液变为无色。趁热用高锰酸钾溶液（0.01mol/L）滴定至刚出现粉红色，并保持30s不褪色。记录消耗的高锰酸钾溶液体积V_1。

（3）空白试验：用100mL水代替样品，按上述步骤测定，记录下回滴的高锰酸钾溶液（0.01mol/L）体积V_0。

（4）向上述空白试验滴定后的溶液中加入10.00mL草酸钠溶液（0.0100mol/L）。如果需要，将溶液加热至80℃，用高锰酸钾溶液（0.01mol/L）继续滴定至刚出现粉红色，并保持30s不褪色。记录下消耗的高锰酸钾溶液（0.01mol/L）体积V_2。

注：① 沸水浴的水面要高于锥形瓶内的液面。

② 样品量以加热氧化后残留的高锰酸钾（0.01mol/L）为其加入量的1/3～1/2为宜。加热时，如溶液

红色褪去，说明高锰酸钾量不够，须重新取样，经稀释后测定。

③ 滴定时温度如低于 60℃，反应速率缓慢，因此应加热至 80℃左右。

④ 沸水浴温度为 98℃。如在高原地区，报出数据时，需注明水的沸点。

3. 碱性法测定高锰酸盐指数

（1）吸取 100.0mL 样品（或适量，用水稀释至 100mL），置于 250mL 锥形瓶中，加入 0.5mL 氢氧化钠溶液（500g/L），摇匀。

（2）用滴定管加入 10.00mL 高锰酸钾溶液，将锥形瓶置于沸水浴中（30±2）min（水浴沸腾，开始计时）。

（3）样品取出后，加入（10±0.5）mL 硫酸（1+3），摇匀，其他步骤同酸性法。

六、数据处理

高锰酸盐指数（I_{Mn}）以每升样品消耗毫克氧数来表示（O_2，mg/L）。

1. 水样不经稀释

$$I_{Mn} = \frac{\left[(10+V_1)\dfrac{10}{V_2}-10\right] \times c \times 8 \times 1000}{100} \tag{2-14}$$

式中　V_1——样品滴定时，消耗高锰酸钾溶液体积，mL；

　　　V_2——标定时，所消耗高锰酸钾溶液体积，mL；

　　　c——草酸钠标准溶液浓度，0.0100mol/L。

2. 水样经稀释

$$I_{Mn} = \frac{\left\{\left[(10+V_1)\dfrac{10}{V_2}-10\right]-\left[(10+V_0)\dfrac{10}{V_2}-10\right]\times f\right\} \times c \times 8 \times 1000}{V_3} \tag{2-15}$$

式中　V_0——空白试验时，消耗高锰酸钾溶液体积，mL；

　　　V_3——测定时，所取样品体积，mL；

　　　f——稀释样品时，蒸馏水在 100mL 测定用液体积内所占比例（例如：10mL 样品用水稀释至 100mL，则 $f=\dfrac{100-10}{100}=0.90$）。

七、思考题

1. 在描述有机物含量时，高锰酸盐指数和 COD_{Cr} 有什么区别？

2. 如何准确判断滴定的终点？

实验五　氨氮的测定

一、实验目的

掌握纳氏试剂分光光度法测定氨氮的原理和方法。

二、实验原理

以游离态的氨或铵离子等形式存在的氨氮与纳氏试剂反应生成淡红棕色络合物，该络合物的吸光度与氨氮含量成正比，于波长 420nm 处测量吸光度。

三、试剂和材料

1.无氨水，在无氨环境中用下述方法之一制备。

（1）离子交换法　蒸馏水通过强酸性阳离子交换树脂（氢型）柱，将流出液收集在带有磨口玻璃塞的玻璃瓶内。每升流出液加 10g 同样的树脂，以利于保存。

（2）蒸馏法　在 1000mL 的蒸馏水中，加 0.1mL 硫酸（$\rho=1.84g/mL$），在全玻璃蒸馏器中重蒸馏，弃去前 50mL 馏出液，然后将约 800mL 馏出液收集在带有磨口玻璃塞的玻璃瓶内。每升馏出液加 10g 强酸性阳离子交换树脂（氢型）。

（3）纯水器法　用市售纯水器临用前制备。

2.轻质氧化镁（MgO）：不含碳酸盐，在 500℃ 下加热氧化镁，以除去碳酸盐。

3.盐酸，$\rho(HCl)=1.18g/mL$。

4.纳氏试剂，可选择下列方法的一种配制。

（1）二氯化汞-碘化钾-氢氧化钾（$HgCl_2$-KI-KOH）溶液　称取 15.0g 氢氧化钾（KOH），溶于 50mL 水中，冷却至室温。

称取 5.0g 碘化钾（KI），溶于 10mL 水中，在搅拌下，将 2.50g 二氯化汞（$HgCl_2$）粉末分多次加入碘化钾溶液中，直到溶液呈深黄色或出现淡红色沉淀溶解缓慢时，充分搅拌混合，并改为滴加二氯化汞饱和溶液，当出现少量朱红色沉淀不再溶解时，停止滴加。

在搅拌下，将冷却的氢氧化钾溶液缓慢地加入到上述二氯化汞和碘化钾的混合液中，并稀释至 100mL，于暗处静置 24h，倾出上清液，储存于聚乙烯瓶内，用橡皮塞或聚乙烯盖子盖紧，存放暗处，可稳定 1 个月。

（2）碘化汞-碘化钾-氢氧化钠（HgI_2-KI-NaOH）溶液　称取 16.0g 氢氧化钠（NaOH），溶于 50mL 水中，冷却至室温。

称取 7.0g 碘化钾（KI）和 10.0g 碘化汞（HgI_2），溶于水中，然后将此溶液在搅拌下，缓慢加入到上述 50mL 氢氧化钠溶液中，用水稀释至 100mL。储存于聚乙烯瓶内，用橡皮塞或聚乙烯盖子盖紧，于暗处存放，有效期 1 年。

5.酒石酸钾钠溶液，$\rho=500g/L$。

称取 50.0g 酒石酸钾钠（$KNaC_4H_6O_6 \cdot 4H_2O$）溶于 100mL 水中，加热煮沸以驱除氨，充分冷却后稀释至 100mL。

6.硫代硫酸钠溶液，$\rho=3.5g/L$。

称取 3.5g 硫代硫酸钠（$Na_2S_2O_3$）溶于水中，稀释至 1000mL。

7.硫酸锌溶液，$\rho=100g/L$。

称取 10.0g 硫酸锌（$ZnSO_4 \cdot 7H_2O$）溶于水中，稀释至 100mL。

8.氢氧化钠溶液，$\rho=250g/L$。

称取 25g 氢氧化钠溶于水中，稀释至 100mL。

9. 氢氧化钠溶液，$c(NaOH) = 1mol/L$。

称取 4g 氢氧化钠溶于水中，稀释至 100mL。

10. 盐酸溶液，$c(HCl) = 1mol/L$。

量取 8.5mL 盐酸（1.18g/mL）于适量水中，用水稀释至 100mL。

11. 硼酸（H_3BO_3）溶液，$\rho = 20g/L$。

称取 20g 硼酸溶于水中，稀释至 1L。

12. 溴百里酚蓝指示剂（bromthymol blue），$\rho = 0.5g/L$。

称取 0.05g 溴百里酚蓝溶于 50mL 水中，加入 10mL 无水乙醇，用水稀释至 100mL。

13. 淀粉-碘化钾试纸：称取 1.5g 可溶性淀粉于烧杯中，用少量水调成糊状，加入 200mL 沸水，搅拌混匀放冷；加 0.50g 碘化钾（KI）和 0.50g 碳酸钠（Na_2CO_3），用水稀释至 250mL；将滤纸条浸渍后，取出晾干，于棕色瓶中密封保存。

14. 氨氮标准溶液：

（1）氨氮标准储备溶液，$\rho_N = 1000\mu g/mL$　称取 3.8190g 氯化铵（NH_4Cl，优级纯，在 100～105℃下干燥 2h），溶于水中，移入 1000mL 容量瓶中，稀释至标线，可在 2～5℃下保存 1 个月。

（2）氨氮标准工作溶液，$\rho_N = 10\mu g/mL$　吸取 5.00mL 氨氮标准储备溶液于 500mL 容量瓶中，稀释至刻度。临用前配制。

四、实验仪器和设备

1. 可见分光光度计：具 20mm 比色皿。

2. 氨氮蒸馏装置：由 500mL 凯氏烧瓶、氮球、直形冷凝管和导管组成，冷凝管末端可连接一段适当长度的滴管，使出口尖端浸入吸收液液面下。亦可使用 500mL 蒸馏烧瓶。见图 2-3。

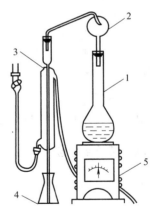

图 2-3　氨氮蒸馏装置
1—凯氏烧瓶；2—氮球；3—冷凝管；
4—锥形瓶；5—电炉

五、实验步骤

1. 样品的采集和保存

水样采集在聚乙烯瓶或玻璃瓶内，要尽快分析。如需保存，应加硫酸使水样酸化至 pH<2，2～5℃下可保存 7 天。

2. 样品的预处理

（1）去除余氯

若样品中存在余氯，可加入适量的硫代硫酸钠溶液去除。每加 0.5mL 可去除 0.25mg 余氯。用淀粉-碘化钾试纸检验余氯是否除尽。

（2）絮凝沉淀

100mL 样品中加入 1mL 硫酸锌溶液和 0.1～0.2mL 氢氧化钠溶液（250g/L），调节 pH 值约为 10.5，混匀，放置使之沉淀，倾取上清液分析。必要时，用经水冲洗过的中速滤纸过滤，弃去初滤液 20mL。也可对絮凝后样品离心处理。

（3）预蒸馏

将 50mL 硼酸溶液移入接收瓶内，确保冷凝管出口在硼酸溶液液面之下。分取 250 mL 样品，移入烧瓶中，加几滴溴百里酚蓝指示剂，必要时，用氢氧化钠溶液（1mol/L）或盐酸溶液（1mol/L）调整 pH 值至 6.0（指示剂呈黄色）～7.4（指示剂呈蓝色），加入 0.25g 轻质氧化镁及数粒玻璃珠，立即连接氮球和冷凝管。加热蒸馏，使馏出液速率约为 10mL/min，待馏出液达 200mL 时，停止蒸馏，加水定容至 250mL。

3. 校准曲线的绘制

在 8 个 50mL 比色管中，分别加入 0.00mL、0.50mL、1.00mL、2.00mL、4.00mL、6.00mL、8.00mL 和 10.00mL 氨氮标准工作溶液（$\rho_N = 10\mu g/mL$），其所对应的氨氮含量分别为 $0.0\mu g$、$5.0\mu g$、$10.0\mu g$、$20.0\mu g$、$40.0\mu g$、$60.0\mu g$、$80.0\mu g$ 和 $100\mu g$，加水至标线。加入 1.0mL 酒石酸钾钠溶液，摇匀，再加入纳氏试剂 1.5mL（$HgCl_2$-KI-KOH 溶液）或 1.0mL（HgI_2-KI-NaOH 溶液），摇匀。放置 10min 后，在波长 420nm 下，用 20mm 比色皿，以水作参比，测量吸光度。

以空白校正后的吸光度为纵坐标，以其对应的氨氮含量（μg）为横坐标，绘制校准曲线。

注：根据待测样品的质量浓度也可选用 10mm 比色皿。

4. 样品测定

（1）清洁水样：直接取 50mL，按与校准曲线相同的步骤测量吸光度。

（2）有悬浮物或色度干扰的水样：取经预处理的水样 50mL（若水样中氨氮质量浓度超过 2mg/L，可适当少取水样体积），按与校准曲线相同的步骤测量吸光度。

注：经蒸馏或在酸性条件下煮沸方法预处理的水样，须加一定量氢氧化钠溶液，调节水样至中性，用水稀释至 50mL 标线，再按与校准曲线相同的步骤测量吸光度。

5. 空白试验

用水代替水样，按与样品相同的步骤进行预处理和测定。

六、数据处理

水中氨氮的质量浓度按下式计算：

$$\rho_N = \frac{A_s - A_b - a}{bV} \qquad (2\text{-}16)$$

式中　ρ_N——水样中氨氮的质量浓度（以 N 计），mg/L；

　　　A_s——水样的吸光度；

　　　A_b——空白试验的吸光度；

　　　a——校准曲线的截距；

　　　b——校准曲线的斜率；

　　　V——水样体积，mL。

七、注意事项

1. 水样中含有悬浮物、余氯、钙镁等金属离子、硫化物和有机物时会产生干扰，含有此类物质时要做适当处理，以消除对测定的影响。

2.若样品中存在余氯，可加入适量的硫代硫酸钠溶液去除，用淀粉-碘化钾试纸检验余氯是否除尽。在显色时加入适量的酒石酸钾钠溶液，可消除钙镁等金属离子的干扰。若水样浑浊或有颜色时可用预蒸馏法或絮凝沉淀法处理。

3.试剂空白的吸光度应不超过 0.030（10mm 比色皿）。

4.为了保证纳氏试剂有良好的显色能力，配制时务必控制 $HgCl_2$ 的加入量，至微量 HgI_2 红色沉淀不再溶解时为止。配制 100mL 纳氏试剂所需 $HgCl_2$ 与 KI 的用量之比约为 2.3：5。在配制时为了加快反应速率、节省配制时间，可低温加热进行，防止 HgI_2 红色沉淀的提前出现。

5.酒石酸钾钠试剂中铵盐含量较高时，仅加热煮沸或加纳氏试剂沉淀不能完全除去氨。此时可加入少量氢氧化钠溶液，煮沸蒸发掉溶液体积的 20%～30%，冷却后用无氨水稀释至原体积。

6.絮凝沉淀预处理时，因滤纸中含有一定量的可溶性铵盐，且含量高于定性滤纸，建议采用定性滤纸过滤，过滤前用无氨水少量多次淋洗（一般为 100mL）。这样可减少或避免滤纸引入的测量误差。

7.水样的预蒸馏过程中，某些有机物很可能与氨同时馏出，对测定有干扰，其中有些物质（如甲醛）可以在酸性条件（pH<1）下煮沸除去。在蒸馏刚开始时，氨气蒸出速度较快，加热不能过快，否则造成水样暴沸，馏出液温度升高，氨吸收不完全。馏出液速率应保持在 10mL/min 左右。

8.蒸馏过程中，某些有机物很可能与氨同时馏出，对测定仍有干扰，其中有些物质（如甲醛）可以在酸性条件（pH<1）下煮沸除去。部分工业废水，可加入石蜡碎片等作防沫剂。

9.蒸馏瓶清洗：向蒸馏烧瓶中加入 350mL 水，加数粒玻璃珠，装好仪器，蒸馏到至少收集了 100mL 水，将馏出液及瓶内残留液弃去。

八、思考题

1.测定河水、城市污水或垃圾渗滤液时，应分别采用什么预处理方法？

2.污水的氨氮含量很高，测定过程中需要稀释，怎样合理确定稀释倍数？

实验六　总氮的测定

一、实验目的和要求

掌握碱性过硫酸钾消解紫外分光光度法测定总氮的原理和方法。

二、实验原理

在 120～124℃下，碱性过硫酸钾溶液使样品中含氮化合物的氮转化为硝酸盐，采用紫外分光光度法于波长 220nm 和 275nm 处，分别测定吸光度 A_{220} 和 A_{275}，按下式计算校正吸光度 A，总氮（以 N 计）含量与校正吸光度 A 成正比。

$$A = A_{220} - 2A_{275}$$

当碘离子含量相对于总氮含量的 2.2 倍以上，溴离子含量相对于总氮含量的 3.4 倍以上时，对测定产生干扰。

水样中的六价铬离子和三价铁离子对测定产生干扰，可加入 5% 盐酸羟胺溶液 1~2mL 消除。

三、试剂和材料

1. 无氨水：每升水中加入 0.10mL 浓硫酸蒸馏，收集馏出液于具塞玻璃容器中；也可使用新制备的去离子水。

2. 氢氧化钠（NaOH）：含氮量应小于 0.0005%。

3. 过硫酸钾（$K_2S_2O_8$）：含氮量应小于 0.0005%。

4. 硝酸钾（KNO_3）：基准试剂或优级纯，在 105~110℃ 下烘干 2h，在干燥器中冷却至室温。

5. 浓盐酸：$\rho(HCl)=1.19g/mL$。

6. 浓硫酸：$\rho(H_2SO_4)=1.84g/mL$。

7. 盐酸溶液：1+9。

8. 硫酸溶液：1+35。

9. 氢氧化钠溶液：$\rho(NaOH)=200g/L$，称取 20.0g 氢氧化钠溶于少量水中，稀释至 100mL。

10. 氢氧化钠溶液：$\rho(NaOH)=20g/L$，量取氢氧化钠溶液（200g/L）10.0mL，用水稀释至 100mL。

11. 碱性过硫酸钾溶液：称取 40.0g 过硫酸钾溶于 600mL 水中（可置于 50℃ 水浴中加热至全部溶解）；另称取 15.0g 氢氧化钠溶于 300mL 水中；待氢氧化钠溶液温度冷却至室温后，混合两种溶液定容至 1000mL，存放于聚乙烯瓶中，可保存一周。

12. 硝酸钾标准储备液：$\rho(N)=100mg/L$，称取 0.7218g 硝酸钾溶于适量水中，移至 1000mL 容量瓶中，用水稀释至标线，混匀；加入 1~2mL 三氯甲烷作为保护剂，在 0~10℃ 暗处保存，可稳定 6 个月；也可直接购买市售有证标准溶液。

13. 硝酸钾标准使用液：$\rho(N)=10.0mg/L$，量取 10.00mL 硝酸钾标准储备液 $[\rho(N)=100mg/L]$ 至 100mL 容量瓶中，用水稀释至标线，混匀，临用现配。

四、实验仪器和设备

1. 紫外分光光度计：具 10mm 石英比色皿。

2. 高压蒸汽灭菌器：最高工作压力不低于 107.9~137.3kPa；最高工作温度不低于 120~124℃。

3. 具塞磨口玻璃比色管：25mL。

五、实验步骤

1. 样品的采集和保存

将采集好的样品储存在聚乙烯瓶或硬质玻璃瓶中，用浓硫酸 $[\rho(H_2SO_4)=1.84g/mL]$ 调节 pH 值至 1~2，常温下可保存 7 天。储存在聚乙烯瓶中，-20℃ 下冷冻，可保存一个月。

2. 试样的制备

取适量样品用氢氧化钠溶液 $[\rho(\text{NaOH})=20\text{g/L}]$ 或硫酸溶液（硫酸溶液：$1+35$）调节 pH 值至 5~9，待测。

3. 校准曲线的绘制

分别量取 0.00mL、0.20mL、0.50mL、1.00mL、3.00mL 和 7.00mL 硝酸钾标准使用液 $[\rho(\text{N})=10.0\text{mg/L}]$ 于 25mL 具塞磨口玻璃比色管中，其对应的总氮（以 N 计）含量分别为 $0.00\mu\text{g}$、$2.00\mu\text{g}$、$5.00\mu\text{g}$、$10.0\mu\text{g}$、$30.0\mu\text{g}$ 和 $70.0\mu\text{g}$。加水稀释至 10.00mL，再加入 5.00mL 碱性过硫酸钾溶液，塞紧管塞，用纱布和线绳扎紧管塞，以防弹出。将比色管置于高压蒸汽灭菌器中，加热至顶压阀吹气，关阀，继续加热至 120℃ 开始计时，保持温度在 120~124℃ 之间 30min。自然冷却、开阀放气，移去外盖，取出比色管冷却至室温，按住管塞将比色管中的液体颠倒混匀 2~3 次。

注：若比色管在消解过程中出现管口或管塞破裂，应重新取样分析。

每个比色管分别加入 1.0mL 盐酸溶液（$1+9$），用水稀释至 25mL 标线，盖塞混匀。使用 10mm 石英比色皿，在紫外分光光度计上，以水作参比，分别于波长 220nm 和 275nm 处测定吸光度。零浓度的校正吸光度 A_b、其他标准系列的校正吸光度 A_s 及其差值 A_r 按下式进行计算。以总氮（以 N 计）含量（μg）为横坐标，对应的 A_r 值为纵坐标，绘制校准曲线。

$$A_b = A_{b220} - 2A_{b275} \tag{2-17}$$

$$A_s = A_{s220} - 2A_{s275} \tag{2-18}$$

$$A_r = A_s - A_b \tag{2-19}$$

式中　A_b——零浓度（空白）溶液的校正吸光度；

A_{b220}——零浓度（空白）溶液于波长 220nm 处的吸光度；

A_{b275}——零浓度（空白）溶液于波长 275nm 处的吸光度；

A_s——标准溶液的校正吸光度；

A_{s220}——标准溶液于波长 220nm 处的吸光度；

A_{s275}——标准溶液于波长 275nm 处的吸光度；

A_r——标准溶液校正吸光度与零浓度（空白）溶液校正吸光度的差。

4. 样品的测定

量取 10.00mL 试样于 25mL 具塞磨口玻璃比色管中，进行测定。

注：试样中的含氮量超过 $70\mu\text{g}$ 时，可减少取样量并加水稀释至 10.00mL。

5. 空白试验

用 10.00mL 水代替试样，进行测定。

六、数据处理

1. 结果计算

参照前述计算试样校正吸光度和空白试验校正吸光度差值 A_r，样品中总氮的质量浓度 $\rho(\text{mg/L})$ 按下式进行计算。

$$\rho = (A_r - a)\frac{f}{bV} \tag{2-20}$$

式中 ρ——样品中总氮（以 N 计）的质量浓度，mg/L；

  A_r——试样的校正吸光度与空白试验校正吸光度的差值；

  a——校准曲线的截距；

  b——校准曲线的斜率；

  V——试样体积，mL；

  f——稀释倍数。

2. 结果表示

当测定结果小于 1.00mg/L 时，保留到小数点后两位；大于等于 1.00mg/L 时，保留三位有效数字。

七、注意事项

1. 某些含氮有机物在本实验规定的测定条件下不能完全转化为硝酸盐。

2. 测定应在无氨的实验室环境中进行，避免环境交叉污染对测定结果产生影响。

3. 实验所用的器皿和高压蒸汽灭菌器等均应无氨污染。实验中所用的玻璃器皿应用盐酸溶液或硫酸溶液浸泡，用自来水冲洗后再用无氨水冲洗数次，洗净后立即使用。高压蒸汽灭菌器应每周清洗。

4. 在碱性过硫酸钾溶液配制过程中，温度过高会导致过硫酸钾分解失效，因此要控制水浴温度在 60℃ 以下，而且应待氢氧化钠溶液温度冷却至室温后，再将其与过硫酸钾溶液混合、定容。

5. 使用高压蒸汽灭菌器时，应定期检定压力表，并检查橡胶密封圈密封情况，避免因漏气而减压。

八、思考题

实验过程中发现空白样吸光度值大于 1.0，分析可能是什么原因造成的。

实验七　总磷的测定

一、实验目的

掌握钼酸铵分光光度法测定总磷的原理和方法。

二、实验原理

在中性条件下用过硫酸钾（或硝酸-高氯酸）使试样消解，将所含磷全部氧化为正磷酸盐。在酸性介质中，正磷酸盐与钼酸铵反应，在锑盐存在下生成磷钼杂多酸后，立即被抗坏血酸还原，生成蓝色的络合物，该络合物在 700nm 处有最大吸收波长，且吸光度和浓度成正比。

三、试剂和材料

本实验所用试剂除另有说明外，均应使用符合国家标准或专业标准的分析试剂和蒸馏水或同等纯度的水。

1. 硫酸（H_2SO_4），密度为 1.84g/mL。

2. 硝酸（HNO_3），密度为 1.4g/mL。

3. 高氯酸（$HClO_4$），优级纯，密度为 1.68g/mL。

4. 硫酸（H_2SO_4），1+1。

5. 硫酸，约 $c(1/2H_2SO_4)=1mol/L$：将 27mL 硫酸（$\rho=1.84g/mL$）加入到 973mL 水中。

6. 氢氧化钠（NaOH），1mol/L 溶液：将 40g 氢氧化钠溶于水中并稀释至 1000mL。

7. 氢氧化钠（NaOH），6mol/L 溶液；将 240g 氢氧化钠溶于水中并稀释至 1000mL。

8. 过硫酸钾，50g/L 溶液：将 5g 过硫酸钾（$K_2S_2O_8$）溶解于水，并稀释至 100mL。

9. 抗坏血酸，100g/L 溶液：溶解 10g 抗坏血酸（$C_6H_8O_6$）于水中，并稀释至 100mL。此溶液储存于棕色试剂瓶中，在冷处可稳定几周。如不变色可长时间使用。

10. 钼酸盐溶液：溶解 13g 钼酸铵 $[(NH_4)_6Mo_7O_{24} \cdot 4H_2O]$ 于 100mL 水中；溶解 0.35g 酒石酸锑钾 $[KSbC_4H_4O_7 \cdot H_2O]$ 于 100mL 水中；在不断搅拌下把钼酸铵溶液徐徐加到 300mL 硫酸（H_2SO_4，1+1）中，加酒石酸锑钾溶液并且混合均匀。

此溶液储存于棕色试剂瓶中，在冷处可保存 2 个月。

11. 浊度-色度补偿液：混合两个体积硫酸 [硫酸（H_2SO_4），1+1] 和一个体积抗坏血酸溶液。使用当天配制。

12. 磷标准储备溶液：称取 $(0.2197\pm0.001)g$ 于 110℃ 下干燥 2h 后在干燥器中放冷的磷酸二氢钾（KH_2PO_4），用水溶解后转移至 1000mL 容量瓶中，加入大约 800mL 水，加 5mL 硫酸 [硫酸（H_2SO_4），1+1]，用水稀释至标线并混匀。1.00mL 此标准溶液含 50.0μg 磷。

本溶液在玻璃瓶中可储存至少 6 个月。

13. 磷标准使用溶液：将 10.0mL 的磷标准储备溶液转移至 250mL 容量瓶中，用水稀释至标线并混匀。1.00mL 此标准溶液含 2.0μg 磷。使用当天配制。

14. 酚酞，10g/L 溶液：0.5g 酚酞溶于 50mL 95% 的乙醇中。

四、实验仪器和设备

1. 医用手提式蒸汽消毒器或一般压力锅（$1.1\sim1.4kg/cm^2$）。

2. 50mL 具塞（磨口）刻度管。

3. 分光光度计。

注：所有玻璃器皿均应用稀盐酸或稀硝酸浸泡。

五、实验步骤

1. 水样的准备

用玻璃瓶采取 500mL 水样后加入 1mL 硫酸（$\rho=1.84g/mL$），调节样品的 pH 值，使之低于或等于 1，或不加任何试剂于冷处保存。

取 25mL 样品于具塞刻度管中。取时应仔细摇匀，以得到溶解部分和悬浮部分均具有代表性的试样。如样品中含磷浓度较高，试样体积可以减少。

2. 空白试样

按上述式样的制备的规定进行空白试验，用水代替试样，并加入与测定时相同体积的试剂。

3. 水样的测定

(1) 消解

① 过硫酸钾消解：向试样中加 4mL 过硫酸钾，将具塞刻度管的盖塞紧后，用一小块布和线将玻璃塞扎紧（或用其他方法固定），放在大烧杯中置于高压蒸汽消毒器中加热，待压力达 107.9kPa，相应温度为 120℃时，保持 30min 后停止加热；待压力表读数降至零后，取出放冷，然后用水稀释至标线。

注：如用硫酸保存水样，当用过硫酸钾消解时，需先将试样调至中性。

② 硝酸-高氯酸消解：取 25mL 试样于锥形瓶中，加数粒玻璃珠，加 2mL 硝酸，在电热板上加热浓缩至 10mL；冷后加 5mL 硝酸，再加热浓缩至 10mL，放冷；加 3mL 高氯酸，加热至高氯酸冒白烟，此时可在锥形瓶上加小漏斗或调节电热板温度，使消解液在锥形瓶内壁保持回流状态，直至剩下 3～4mL，放冷。

加水 10mL，加 1 滴酚酞指示剂。滴加氢氧化钠溶液至刚呈微红色，再滴加硫酸溶液约 $[c(1/2H_2SO_4)=1mol/L]$ 使微红刚好褪去，充分混匀。移至具塞刻度管中，用水稀释至标线。

注：① 用硝酸-高氯酸消解需要在通风橱中进行。高氯酸和有机物的混合物经加热易发生危险，需将试样先用硝酸消解，然后再加入硝酸-高氯酸进行消解。

② 绝不可把消解的试样蒸干。

③ 如消解后有残渣时，用滤纸过滤于具塞刻度管中，并用水充分清洗锥形瓶及滤纸，一并移到具塞刻度管中。

④ 水样中的有机物用过硫酸钾氧化不能完全破坏时，可用此法消解。

(2) 发色

分别向各份消解液中加入 1mL 抗坏血酸溶液，混匀，30s 后加 2mL 钼酸盐溶液，充分混匀。

注：① 如试样中含有浊度或色度时，需配制一个空白试样（消解后用水稀释至标线），然后向试样中加入 3mL 浊度-色度补偿液，但不加抗坏血酸溶液和钼酸盐溶液。然后从试样的吸光度中扣除空白试样的吸光度。

② 砷大于 2mg/L 时干扰测定，用硫代硫酸钠去除。硫化物大于 2mg/L 时干扰测定，通氮气去除。铬大于 50mg/L 时干扰测定，用亚硫酸钠去除。

(3) 分光光度测量

室温下放置 15min 后，使用光程为 30mm 比色皿，在 700nm 波长下，以水作参比，测定吸光度。扣除空白试样的吸光度后，从工作曲线上查得磷的含量。

注：如显色时室温低于 13℃，可在 20～30℃水浴上显色 15min 即可。

(4) 工作曲线的绘制

取 7 支具塞刻度管分别加入 0.0mL、0.50mL、1.00mL、3.00mL、5.00mL、10.0mL、15.0mL 磷酸盐标准溶液，加水至 25mL。然后按测定步骤进行处理。以水作参比，测定吸光度。扣除空白试样的吸光度后，和对应的磷的含量绘制工作曲线。

六、数据处理

总磷含量以 $c(mg/L)$ 表示，按下式计算：

$$c = \frac{m}{V} \tag{2-21}$$

式中　m——试样测得含磷量，μg；

　　　V——测定用试样体积，mL。

七、注意事项

1. 如采样时水样用酸固定，则用过硫酸钾消解前将水样调至中性。

2. 一般用民用压力锅，在加热至顶压阀出气孔冒气时，锅内温度约为 120℃。

实验八　空气质量监测——TSP 的测定

一、实验目的

掌握采用中流量总悬浮颗粒物采样器（简称采样器）进行空气中总悬浮颗粒物测定的原理和操作方法。

二、实验原理

通过具有一定切割特性的采样器，以恒速抽取定量体积的空气，空气中粒径小于 100μm 的悬浮颗粒物，被截留在已恒重的滤膜上。根据采样前、后滤膜质量之差及采样体积，计算总悬浮颗粒物的浓度。滤膜经处理后，进行组分分析。

三、实验仪器和材料

1. 大流量或中流量采样器。

2. 孔口流量计

（1）大流量孔口流量计：量程 0.7~1.4m³/min；流量分辨率 0.01m³/min；精度优于 ±2%。

（2）中流量孔口流量计：量程 70~160L/min；流量分辨率 1L/min；精度优于 ±2%。

3. U 形管压差计：最小刻度 0.1hPa。

4. X 光看片机：用于检查滤膜有无缺损。

5. 打号机：用于在滤膜及滤膜袋上打号。

6. 镊子：用于夹取滤膜。

7. 滤膜：超细玻璃纤维滤膜，对 0.3μm 标准粒子的截留效率不低于 99%，在气流速度为 0.45m/s 时，单张滤膜阻力不大于 3.5kPa；在同样气流速度下，抽取经过过滤净化的空气 5h，1cm² 滤膜失重不大于 0.012mg。

8. 滤膜袋：用于存放采样后对折的采尘滤膜；袋面印有编号、采样日期、采样地点等项目。

9. 滤膜保存盒：用于保存、运送滤膜，保证滤膜在采样前处于平展不受折状态。

10. 恒温恒湿箱：箱内空气温度要求在 15~30℃ 范围内连续可调，控温精度 ±1℃；箱内空气相对湿度应控制在（50±5）%。恒温恒湿箱可连续工作。

11. 天平

（1）总悬浮颗粒物大盘天平：用于大流量采样滤膜称量，称量范围 ≥10g；感量 1mg；

再现性（标准差）≤2mg。

（2）分析天平：用于中流量采样滤膜称量，称量范围≥10g；感量0.1mg；再现性（标准差）≤0.2mg。

四、实验步骤

1.滤膜准备

（1）每张滤膜均需用X光看片机进行检查，不得有针孔或任何缺陷。在选中的滤膜光滑表面的两个对角上打印编号。滤膜袋上打印同样编号备用。

（2）将滤膜放在恒温恒湿箱中平衡24h，平衡温度取15～30℃中任一点，记录下平衡温度与湿度。

（3）在上述平衡条件下称量滤膜，大流量采样器滤膜称量精确到1mg，中流量采样器滤膜称量精确到0.1mg。记录下滤膜质量 W_0(g)。

（4）称量好的滤膜平展地放在滤膜保存盒中，采样前不得将滤膜弯曲或折叠。

2.安放滤膜及采样

（1）打开采样头顶盖，取出滤膜夹。用清洁干布擦去采样头内及滤膜夹的灰尘。

（2）将已编号并称量过的滤膜绒面向上，放在滤膜支持网上，放上滤膜夹，对正，拧紧，使不漏气，安好采样头顶盖，按照采样器使用说明设置采样时间，即可启动采样。

（3）样品采完后，打开采样头，用镊子轻轻取下滤膜，采样面向里将滤膜对折，放入编号相同的滤膜袋中。取滤膜时，如发现滤膜损坏，或滤膜上尘的边缘轮廓不清晰、滤膜安装歪斜（说明漏气），则本次采样作废，需重采样。

3.尘膜的平衡及称量

（1）尘膜在恒温恒湿箱中，与干净滤膜平衡条件相同的温度、湿度，平衡24h。

（2）在上述平衡条件下称量滤膜，大流量采样器滤膜称量精确到1mg，中流量采样器滤膜称量精确到0.1mg，记录下滤膜质量 W_1(g)。滤膜增重，大流量滤膜不小于100mg，中流量滤膜不小于10mg。

五、数据处理

$$总悬浮颗粒物含量(\mu g/m^3) = \frac{K(W_1 - W_0)}{Q_N t} \tag{2-22}$$

式中　t——累积采样时间，min；

　　Q_N——采样器平均抽气量，L/min；

　　K——常数，大流量采样器 $K = 1 \times 10^6$，中流量采样器 $K = 1 \times 10^9$。

当两台总悬浮颗粒物采样器安放位置相距不大于4m、不少于2m时，同时采样测定总悬浮颗粒物含量，相对偏差不大于15%。

六、思考题

1.中流量采样器测定TSP时，两台采样器放置的位置至少应该间隔多大距离？

2.采样过程中，如何确定最合理的采样时间？

实验九　空气质量监测——SO$_2$ 的测定

一、实验目的

掌握采用甲醛吸收-副玫瑰苯胺分光光度法测定环境空气中的二氧化硫的原理和操作方法。

二、实验原理

二氧化硫被甲醛缓冲溶液吸收后，生成稳定的羟甲基磺酸加成化合物，在样品溶液中加入氢氧化钠使加成化合物分解，释放出的二氧化硫与副玫瑰苯胺、甲醛作用，生成紫红色化合物，用分光光度计在波长 577nm 处测量吸光度。

测定中主要干扰物为氮氧化物、臭氧及某些重金属元素。采样后放置一段时间可使臭氧自行分解；加入氨磺酸钠溶液可消除氮氧化物的干扰；吸收液中加入磷酸及环己二胺四乙酸二钠盐可以消除或减少某些金属离子的干扰。10mL 样品溶液中含有 50μg 钙、镁、铁、镍、镉、铜等金属离子及 5μg 二价锰离子时，对本方法测定不产生干扰。当 10mL 样品溶液中含有 10μg 二价锰离子时，可使样品的吸光度降低 27%。

三、试剂和材料

1. 碘酸钾（KIO$_3$）：优级纯，经 110℃ 干燥 2h。

2. 氢氧化钠溶液，$c(NaOH)=1.5mol/L$：称取 6.0g NaOH，溶于 100mL 水中。

3. 环己二胺四乙酸二钠溶液，$c(CDTA-2Na)=0.05mol/L$：称取 1.82g 反式 1,2-环己二胺四乙酸（CDTA-2Na），加入氢氧化钠溶液 6.5mL，用水稀释至 100mL。

4. 甲醛缓冲吸收储备液：吸取 36%～38% 的甲醛溶液 5.5mL，CDTA-2Na 溶液 20.00mL；称取 2.04g 邻苯二甲酸氢钾，溶于少量水中；将三种溶液合并，再用水稀释至 100mL，储存于冰箱可保存 1 年。

5. 甲醛缓冲吸收液：用水将甲醛缓冲吸收储备液稀释 100 倍。临用时现配。

6. 氨磺酸钠溶液，$\rho(NaH_2NSO_3)=6.0g/L$：称取 0.60g 氨磺酸（H$_2$NSO$_3$H）置于 100mL 烧杯中，加入 4.0mL 氢氧化钠，用水搅拌至完全溶解后稀释至 100mL，摇匀。此溶液密封可保存 10 天。

7. 碘储备液，$c(1/2I_2)=0.10mol/L$：称取 12.7g 碘（I$_2$）于烧杯中，加入 40g 碘化钾和 25mL 水，搅拌至完全溶解，用水稀释至 1000mL，储存于棕色细口瓶中。

8. 碘溶液，$c(1/2I_2)=0.010mol/L$：量取碘储备液 50mL，用水稀释至 500mL，储存于棕色细口瓶中。

9. 淀粉溶液，$\rho=5.0g/L$：称取 0.5g 可溶性淀粉于 150mL 烧杯中，用少量水调成糊状，慢慢倒入 100mL 沸水，继续煮沸至溶液澄清，冷却后储存于试剂瓶中。

10. 碘酸钾基准溶液，$c(1/6KIO_3)=0.1000mol/L$：准确称取 3.5667g 碘酸钾溶于水，移入 1000mL 容量瓶中，用水稀释至标线，摇匀。

11. 盐酸溶液，$c(HCl)=1.2mol/L$：量取 100mL 浓盐酸，用水稀释至 1000mL。

12. 硫代硫酸钠标准储备液，$c(Na_2S_2O_3)=0.10mol/L$：称取 25.0g 硫代硫酸钠（Na$_2$S$_2$O$_3$·5H$_2$O），溶于 1000mL 新煮沸但已冷却的水中，加入 0.2g 无水碳酸钠，储存于

棕色细口瓶中，放置一周后备用。如溶液呈现浑浊，必须过滤。

标定方法：吸取三份 20.00mL 碘酸钾基准溶液分别置于 250mL 碘量瓶中，加 70mL 新煮沸但已冷却的水，加 1g 碘化钾，振摇至完全溶解后，加 10mL 盐酸溶液，立即盖好瓶塞，摇匀；于暗处放置 5min 后，用硫代硫酸钠标准溶液滴定溶液至浅黄色，加 2mL 淀粉溶液，继续滴定至蓝色刚好褪去为终点。硫代硫酸钠标准溶液的物质的量浓度按下式计算：

$$c_1 = \frac{0.1000 \times 20.00}{V} \tag{2-23}$$

式中　c_1——硫代硫酸钠标准溶液的物质的量浓度，mol/L；

　　　V——滴定所耗硫代硫酸钠标准溶液的体积，mL。

13. 硫代硫酸钠标准溶液，$c(Na_2S_2O_3) = 0.01mol/L \pm 0.00001mol/L$：取 50.0mL 硫代硫酸钠储备液置于 500mL 容量瓶中，用新煮沸但已冷却的水稀释至标线，摇匀。

14. 乙二胺四乙酸二钠盐（EDTA-2Na）溶液，$\rho = 0.50g/L$：称取 0.25g 乙二胺四乙酸二钠盐 EDTA $[CH_2N(COONa)CH_2COOH] \cdot H_2O$ 溶于 500mL 新煮沸但已冷却的水中。临用时现配。

15. 亚硫酸钠溶液，$\rho(Na_2SO_3) = 1g/L$：称取 0.2g 亚硫酸钠（Na_2SO_3），溶于 200mL EDTA-2Na 溶液中，缓缓摇匀以防充氧，使其溶解。放置 2～3h 后标定。此溶液每毫升相当于 320～400μg 二氧化硫。

标定方法：

① 取 6 个 250mL 碘量瓶（A_1、A_2、A_3、B_1、B_2、B_3），分别加入 50.0mL 碘溶液（0.010mol/L）。在 A_1、A_2、A_3 内各加入 25mL 水，在 B_1、B_2 内加入 25.00mL 亚硫酸钠溶液，盖好瓶塞。

② 立即吸取 2.00mL 亚硫酸钠溶液（1g/L）加到一个已装有 40～50mL 甲醛吸收液的 100mL 容量瓶中，并用甲醛吸收液稀释至标线，摇匀。此溶液即为二氧化硫标准储备溶液，在 4～5℃下冷藏，可稳定 6 个月。

③ 紧接着再吸取 25.00mL 亚硫酸钠溶液加入 B_3 内，盖好瓶塞。

④ A_1、A_2、A_3、B_1、B_2、B_3 6 个瓶子于暗处放置 5min 后，用硫代硫酸钠溶液（0.01mol/L）滴定至浅黄色，加 5mL 淀粉指示剂，继续滴定至蓝色刚刚消失。平行滴定所用硫代硫酸钠溶液（0.01mol/L）的体积之差应不大于 0.05mL。

二氧化硫标准储备溶液的质量浓度由下式计算：

$$\rho(SO_2) = \frac{(V_0 - V)c_2 \times 32.02 \times 10^3}{25.00} \times \frac{2.00}{100} \tag{2-24}$$

式中　ρ——二氧化硫标准储备溶液的质量浓度，μg/mL；

　　　V_0——空白滴定所用硫代硫酸钠标准溶液的体积，mL；

　　　V——样品滴定所用硫代硫酸钠溶液的体积，mL；

　　　c_2——硫代硫酸钠溶液的浓度，mol/L。

16. 二氧化硫标准溶液，$\rho(Na_2SO_3) = 1.00μg/mL$：用甲醛吸收液将二氧化硫标准储备溶液稀释成每毫升含 1.0μg 二氧化硫的标准溶液。此溶液用于绘制标准曲线，在 4～5℃下冷藏，可稳定 1 个月。

17. 盐酸副玫瑰苯胺（pararosaniline，PRA，即副品红或对品红）储备液：$\rho = 0.2g/100mL$。其纯度应达到副玫瑰苯胺提纯及检验方法的质量要求。

18. 副玫瑰苯胺溶液，$\rho=0.050g/100mL$：吸取 25.00mL 副玫瑰苯胺储备液于 100mL 容量瓶中，加 30mL 85％的浓磷酸、12mL 浓盐酸，用水稀释至标线，摇匀，放置过夜后使用。避光密封保存。

19. 盐酸-乙醇清洗液：由三份（1＋4）盐酸和一份 95％乙醇混合配制而成，用于清洗比色管和比色皿。

四、实验仪器和设备

1. 分光光度计。

2. 多孔玻板吸收管：10mL 多孔玻板吸收管，用于短时间采样；50mL 多孔玻板吸收管，用于 24h 连续采样。

3. 恒温水浴：0～40℃，控制精度为±1℃。

4. 具塞比色管：10mL。用过的比色管和比色皿应及时用盐酸-乙醇清洗液浸洗，否则红色难以洗净。

5. 空气采样器：用于短时间采样的普通空气采样器，流量范围 0.1～1L/min，应具有保温装置；用于 24h 连续采样的采样器应具备有恒温、恒流、计时、自动控制开关的功能，流量范围 0.1～0.5L/min。

6. 一般实验室常用仪器。

五、实验步骤

1. 样品的采集

（1）短时间采样：采用内装 10mL 吸收液的多孔玻板吸收管，以 0.5L/min 的流量采气 45～60min。吸收液温度保持在 23～29℃范围。

（2）24h 连续采样：用内装 50mL 吸收液的多孔玻板吸收瓶，以 0.2L/min 的流量连续采样 24h。吸收液温度保持在 23～29℃范围。

（3）现场空白：将装有吸收液的采样管带到采样现场，除了不采气之外，其他环境条件与样品相同。

注：① 样品采集、运输和储存过程中应避免阳光照射。

② 放置在室（亭）内的 24h 连续采样器，进气口应连接符合要求的空气质量集中采样管路系统，以减少二氧化硫进入吸收瓶前的损失。

2. 校准曲线的绘制

取 14 支 10mL 具塞比色管，分 A、B 两组，每组 7 支，分别对应编号。A 组按表 2-3 配制校准系列。

表 2-3　二氧化硫校准系列

管号	0	1	2	3	4	5	6
二氧化硫标准溶液(1.00μg/mL)/mL	0	0.50	1.00	2.00	5.00	8.00	10.00
甲醛缓冲吸收液/mL	10.00	9.50	9.00	8.00	5.00	2.00	0
二氧化硫含量/μg	0	0.50	1.00	2.00	5.00	8.00	10.00

在 A 组各管中分别加入 0.5mL 氨磺酸钠溶液和 0.5mL 氢氧化钠溶液，混匀。

在 B 组各管中分别加入 1.00mL PRA 溶液。

将 A 组各管的溶液迅速地全部倒入对应编号并盛有 PRA 溶液的 B 管中，立即加塞混匀后放入恒温水浴装置中显色。在波长 577nm 处，用 10mm 比色皿，以水为参比测量吸光度。以空白校正后各管的吸光度为纵坐标，以二氧化硫的质量浓度（μg/10mL）为横坐标，用最小二乘法建立校准曲线的回归方程。

显色温度与室温之差不应超过 3℃。根据季节和环境条件按表 2-4 选择合适的显色温度与显色时间。

表 2-4 显色温度与显色时间

显色温度/℃	10	15	20	25	30
显色时间/min	40	25	20	15	5
稳定时间/min	35	25	20	15	10
试剂空白吸光度 A_0	0.030	0.035	0.040	0.050	0.060

3. 样品的测定

（1）样品溶液中如有浑浊物，则应离心分离除去。

（2）样品放置 20min，以使臭氧分解。

（3）短时间采集的样品：将吸收管中的样品溶液移入 10mL 比色管中，用少量甲醛吸收液洗涤吸收管，洗液并入比色管中并稀释至标线；加入 0.5mL 氨磺酸钠溶液，混匀，放置 10min 以除去氮氧化物的干扰；以下步骤同校准曲线的绘制。

（4）连续 24h 采集的样品：将吸收瓶中样品移入 50mL 容量瓶（或比色管）中，用少量甲醛吸收液洗涤吸收瓶后再倒入容量瓶（或比色管）中，并用吸收液稀释至标线；吸取适当体积的试样（视浓度高低而决定取 2～10mL）于 10mL 比色管中，再用吸收液稀释至标线，加入 0.5mL 氨磺酸钠溶液，混匀，放置 10min 以除去氮氧化物的干扰；以下步骤同校准曲线的绘制。

六、数据处理

空气中二氧化硫的质量浓度，按下式计算：

$$\rho(SO_2) = \frac{A - A_0 - a}{bV_s} \times \frac{V_t}{V_a} \tag{2-25}$$

式中　ρ——空气中二氧化硫的质量浓度，mg/m^3；

A——样品溶液的吸光度；

b——校准曲线的斜率，吸光度 10mL/μg；

a——校准曲线的截距（一般要求小于 0.005）；

A_0——试剂空白溶液的吸光度；

V_t——样品溶液的总体积，mL；

V_a——测定时所取试样的体积，mL；

V_s——换算成标准状态下（101.325kPa，273K）的采样体积，L。

计算结果准确到小数点后三位。

七、注意事项

1. 多孔玻板吸收管的阻力为 6.0kPa±0.6kPa，2/3 玻板面积发泡均匀，边缘无气泡逸出。

2. 采样时吸收液的温度为 23～29℃时，吸收效率为 100%。10～15℃时，吸收效率偏低 5%。高于 33℃或低于 9℃时，吸收效率偏低 10%。

3. 每批样品至少测定 2 个现场空白。即将装有吸收液的采样管带到采样现场，除了不采气之外，其他环境条件与样品相同。

4. 当空气中二氧化硫浓度高于测定上限时，可以适当减少采样体积或者减少试样的体积。

5. 如果样品溶液的吸光度超过标准曲线的上限，可用试剂空白液稀释，在数分钟内再测定吸光度，但稀释倍数不要大于 6。

6. 显色温度低，显色慢，稳定时间长。显色温度高，显色快，稳定时间短。操作人员必须了解显色温度、显色时间和稳定时间的关系，严格控制反应条件。

7. 测定样品时的温度与绘制校准曲线时的温度之差不应超过 2℃。

8. 在给定条件下校准曲线斜率应为 0.042±0.004，试剂空白吸光度 A_0 在显色规定条件下波动范围不超过±15%。

9. 六价铬能使紫红色络合物褪色，产生负干扰，故应避免用硫酸-铬酸洗液洗涤玻璃器皿。若已用硫酸-铬酸洗液洗涤过，则需用盐酸溶液（1+1）浸洗，再用水充分洗涤。

八、思考题

1. 在校准曲线制作过程中，各系列的吸光度值很低，分析可能存在的原因。
2. 如何合理确定显色时间？

实验十 空气质量监测——NO_x 的测定

一、实验目的

掌握采用盐酸萘乙二胺分光光度法测定环境空气中的氮氧化物的原理和操作方法。

二、实验原理

空气中的氮氧化物主要以 NO 和 NO_2 形态存在。测定时将 NO 氧化成 NO_2，用吸收液吸收后，首先生成亚硝酸和硝酸。其中，亚硝酸与对氨基苯磺酸发生重氮化反应，再与 N-（1-萘基）乙二胺盐酸盐作用，生成玫瑰红色偶氮染料，根据颜色深浅采用分光光度法定量。

空气中的二氧化氮被串联的第一支吸收瓶中的吸收液吸收并反应生成粉红色偶氮染料。空气中的一氧化氮不与吸收液反应，通过氧化管时被酸性高锰酸钾溶液氧化为二氧化氮，被串联的第二支吸收瓶中的吸收液吸收并反应生成粉红色偶氮染料。生成的偶氮染料在波长 540nm 处的吸光度与二氧化氮的含量成正比。分别测定第一支和第二支吸收瓶中样品的吸光度，计算两支吸收瓶内二氧化氮和一氧化氮的质量浓度，二者之和即为氮氧化物的质量浓度（以二氧化氮计）。

三、试剂和材料

1. 冰醋酸。

2. 盐酸羟胺溶液，$\rho = 0.2 \sim 0.5\text{g/L}$。

3. 硫酸溶液，$c.(1/2\text{H}_2\text{SO}_4) = 1\text{mol/L}$：取 15mL 浓硫酸（$\rho_{20} = 1.84\text{g/mL}$），徐徐加入 500mL 水中，搅拌均匀，冷却备用。

4. 酸性高锰酸钾溶液，$\rho(\text{KMnO}_4) = 25\text{g/L}$：称取 25g 高锰酸钾于 1000mL 烧杯中，加入 500mL 水，稍微加热使其全部溶解，然后加入 1mol/L 硫酸溶液 500mL，搅拌均匀，储存于棕色试剂瓶中。

5. N-(1-萘基)乙二胺盐酸盐储备液，$\rho[\text{C}_{10}\text{H}_7\text{NH}(\text{CH}_2)_2\text{NH}_2 \cdot 2\text{HCl}] = 1.00\text{g/L}$：称取 0.50g N-(1-萘基)乙二胺盐酸盐于 500mL 容量瓶中，用水溶解稀释至刻度。此溶液储存于密闭的棕色瓶中，在冰箱中冷藏可稳定保存 3 个月。

6. 显色液：称取 5.0g 对氨基苯磺酸（$\text{NH}_2\text{C}_6\text{H}_4\text{SO}_3\text{H}$）溶解于约 200mL 40~50℃ 热水中，将溶液冷却至室温，全部移入 1000mL 容量瓶中，加入 50mL N-(1-萘基)乙二胺盐酸盐储备溶液和 50mL 冰醋酸，用水稀释至刻度。此溶液储存于密闭的棕色瓶中，在 25℃ 以下暗处存放可稳定 3 个月。若溶液呈现淡红色，应弃之重配。

7. 吸收液：使用时将显色液和水按 4:1（体积比）比例混合，即为吸收液。吸收液的吸光度应小于等于 0.005。

8. 亚硝酸盐标准储备液，$\rho(\text{NO}_2^-) = 250\mu\text{g/mL}$：准确称取 0.3750g 亚硝酸钠（$\text{NaNO}_2$，优级纯，使用前在 105℃±5℃ 下干燥恒重）溶于水，移入 1000mL 容量瓶中，用水稀释至标线。此溶液储存于密闭棕色瓶中于暗处存放，可稳定保存 3 个月。

9. 亚硝酸盐标准工作液，$\rho(\text{NO}_2^-) = 2.5\mu\text{g/mL}$：准确吸取亚硝酸盐标准储备液 1.00mL 于 100mL 容量瓶中，用水稀释至标线。临用现配。

四、实验仪器和设备

1. 分光光度计。

2. 空气采样器：流量范围 0.1~1.0L/min。采样流量为 0.4L/min 时，相对误差小于 ±5%。

3. 恒温、半自动连续空气采样器：采样流量为 0.2L/min 时，相对误差小于 ±5%，能将吸收液温度保持在 20℃±4℃。采样管：硼硅玻璃管、不锈钢管、聚四氟乙烯管或硅胶管，内径约为 6mm，尽可能短些，任何情况下不得超过 2m，配有朝下的空气入口。

4. 吸收瓶：可装 10mL、25mL 或 50mL 吸收液的多孔玻板吸收瓶，液柱高度不低于 80mm。吸收瓶的玻板阻力、气泡分散的均匀性及采样效率按吸收瓶的检查与采样效率的测定标准测定。图 2-4 为较适用的两种多孔玻板吸收瓶。使用棕色吸收瓶或采样过程中吸收瓶外罩黑色避光罩。新的多孔玻板吸收瓶或使用后的多孔玻板吸收瓶，应用（1+1）HCl 浸泡 24h 以上，用清水洗净。

5. 氧化瓶：可装 5mL、10mL 或 50mL 酸性高锰酸钾溶液的洗气瓶，液柱高度不能低于 80mm。使用后，用盐酸羟胺溶液浸泡洗涤。图 2-5 为较适用的两种氧化瓶。

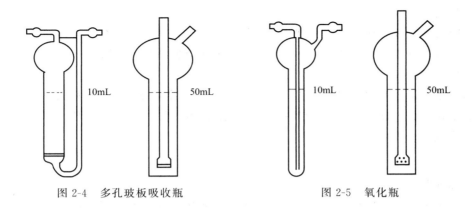

图 2-4 多孔玻板吸收瓶   图 2-5 氧化瓶

五、实验步骤

1. 样品的采集

（1）短时间采样（1h 以内）

取两支内装 10.0mL 吸收液的多孔玻板吸收瓶和一支内装 5～10mL 酸性高锰酸钾溶液的氧化瓶（液柱高度不低于 80mm），用尽量短的硅橡胶管将氧化瓶串联在两支吸收瓶之间（图 2-6），以 0.4L/min 流量采气 4～24L。

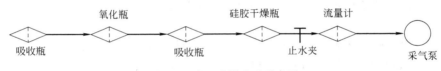

图 2-6 手工采样系列示意图

（2）长时间采样（24h）

取两支大型多孔玻板吸收瓶，装入 25.0mL 或 50.0mL 吸收液（液柱高度不低于 80mm），标记液面位置。取一支内装 50mL 酸性高锰酸钾溶液的氧化瓶，按图 2-7 所示接入采样系统，将吸收液恒温在 20℃±4℃，以 0.2L/min 流量采气 288L。

注：氧化管中有明显的沉淀物析出时，应及时更换。

一般情况下，内装 50mL 酸性高锰酸钾溶液的氧化瓶可使用 15～20 天（隔日采样）。采样过程注意观察吸收液颜色变化，避免因氮氧化物浓度过高而穿透。

（3）采样要求

采样前应检查采样系统的气密性，用皂膜流量计进行流量校准。采样流量的相对误差应小于±5%。采样期间、样品运输和存放过程中应避免阳光照射。气温超过 25℃时，长时间（8h 以上）运输和存放样品应采取降温措施。

采样结束时，为防止溶液倒吸，应在采样泵停止抽气的同时，闭合连接在采样系统中的止水夹或电磁阀（图 2-6 或图 2-7）。

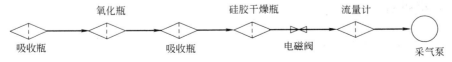

图 2-7 连续自动采样系列示意图

（4）现场空白

装有吸收液的吸收瓶带到采样现场，与样品在相同的条件下保存、运输，直至送交实验室分析，运输过程中应注意防止沾污。要求每次采样至少做 2 个现场空白。

（5）样品的保存

样品采集、运输及存放过程中避光保存，样品采集后尽快分析。若不能及时测定，将样品于低温暗处存放，样品在 30℃暗处存放，可稳定 8h；在 20℃暗处存放，可稳定 24h；于 0～4℃下冷藏，至少可稳定 3 天。

2. 样品的测定

（1）标准曲线的绘制

取 6 支 10mL 具塞比色管，按表 2-5 制备亚硝酸盐标准溶液系列。根据表 2-5 分别移取相应体积的亚硝酸钠标准工作液，加水至 2.00mL，加入显色液 8.00mL。

各管混匀，于暗处放置 20min（室温低于 20℃时放置 40min 以上），用 10mm 比色皿，在波长 540nm 处，以水为参比测量吸光度，扣除 0 号管的吸光度以后，对应 NO_2^- 的浓度（$\mu g/mL$），用最小二乘法计算标准曲线的回归方程。

标准曲线斜率控制在 0.180～0.195（吸光度 $mL/\mu g$），截距控制在 ±0.003 之间。

（2）空白试验

① 实验室空白试验：取实验室内未经采样的空白吸收液，用 10mm 比色皿，在波长 540nm 处，以水为参比测定吸光度。实验室空白试样吸光度 A_0 在显色规定条件下波动范围不超过 ±15%。

② 现场空白：同上述测定吸光度。将现场空白试样和实验室空白试样的测量结果相对照，若现场空白试样与实验室空白试样相差过大，查找原因，重新采样。

（3）测定

采样后放置 20min，室温 20℃以下时放置 40min 以上，用水将采样瓶中吸收液的体积补充至标线，混匀。用 10mm 比色皿，在波长 540nm 处，以水为参比测量吸光度，同时测定空白样品的吸光度。

若样品的吸光度超过标准曲线的上限，应用实验室空白试液稀释，再测定其吸光度。但稀释倍数不得大于 6。

表 2-5　NO_2^- 标准溶液系列

管号	0	1	2	3	4	5
标准工作液/mL	0.00	0.40	0.80	1.20	1.60	2.00
水/mL	2.00	1.60	1.20	0.80	0.40	0.00
显色液/mL	8.00	8.00	8.00	8.00	8.00	8.00
NO_2^- 质量浓度/($\mu g/mL$)	0.00	0.10	0.20	0.30	0.40	0.50

六、数据处理

1. 空气中二氧化氮浓度

空气中二氧化氮浓度 ρ_{NO_2}（mg/m^3）按下式计算：

$$\rho_{NO_2} = \frac{(A_1 - A_0 - a)VD}{bfV_0} \qquad (2\text{-}26)$$

2. 空气中一氧化氮浓度

ρ_{NO}（mg/m³）以二氧化氮（NO₂）计，按下式计算：

$$\rho_{NO} = \frac{(A_2 - A_0 - a)VD}{bfV_0K} \qquad (2\text{-}27)$$

ρ'_{NO}（mg/m³）以一氧化氮（NO）计，按下式计算：

$$\rho'_{NO} = \frac{\rho_{NO} \times 30}{46} \qquad (2\text{-}28)$$

3. 空气中氮氧化物浓度

空气中氮氧化物的浓度 ρ_{NO_x}（mg/m³）以二氧化氮（NO₂）计，按下式计算：

$$\rho_{NO_x} = \rho_{NO_2} + \rho_{NO} \qquad (2\text{-}29)$$

式中　A_1、A_2——串联的第一支、第二支吸收瓶中样品的吸光度；

　　　　A_0——实验室空白试样的吸光度；

　　　　b——标准曲线的斜率，吸光度 mL/μg；

　　　　a——标准曲线的截距；

　　　　V——采样用吸收液体积，mL；

　　　　V_0——换算为标准状态（101.325kPa，273K）下的采样体积，L；

　　　　K——NO→NO₂ 氧化系数，0.68；

　　　　D——样品的稀释倍数；

　　　　f——Saltzman 实验系数，0.88（当空气中二氧化氮浓度高于 0.72mg/m³ 时，f 取值 0.77）。

七、注意事项

1. 空气中二氧化硫浓度为氮氧化物浓度的 30 倍时，对二氧化氮的测定产生负干扰。空气中过氧乙酰硝酸酯（PAN）对二氧化氮的测定产生正干扰。

2. 空气中臭氧浓度超过 0.25mg/m³ 时，对二氧化氮的测定产生负干扰。采样时在采样瓶入口端串接一段 15～20cm 长的硅橡胶管，可排除干扰。

实验十一　室内空气质量监测——甲醛的测定

一、实验目的

掌握酚试剂分光光度法测定空气中甲醛的原理和操作方法。

二、实验原理

空气中的甲醛与酚试剂反应生成嗪，嗪在酸性溶液中被高铁离子氧化形成蓝绿色化合物。根据颜色深浅，比色定量。

10μg 酚、2μg 醛以及二氯化氮对本法无干扰。二氧化硫共存时，使测定结果偏低。因此对二氧化硫干扰不可忽视，可将气样先通过硫酸锰滤纸过滤器，予以排除。

三、试剂和材料

1. 吸收液原液（1.0g/L）：称量 0.10g 酚试剂 $[C_6H_4SN(CH_3)C:NNH_2 \cdot HCl，MBTH]$，加水至 100mL。放冰箱中保存，可稳定 3 天。

2. 吸收液：量取吸收液原液 5mL，加 95mL 水，即为吸收液。采样时，临用现配。

3. 硫酸铁铵溶液（10g/L）：称量 1.0g 硫酸铁铵 $[NH_4Fe(SO_4)_2 \cdot 12H_2O]$，用 0.1mol/L 盐酸溶解，并稀释至 100mL。

4. 碘溶液 $[c(1/2I_2)=0.1000mol/L]$：称量 40g 碘化钾，溶于 25mL 水中，加入 12.7g 碘，待碘完全溶解后，用水定容至 1000mL。移入棕色瓶中，暗处储存。

5. 氢氧化钠溶液（40g/L）：称量 40g 氢氧化钠，溶于水中，并稀释至 1000mL。

6. 硫酸溶液 $[c(1/2H_2SO_4)=0.5mol/L]$：取 28mL 浓硫酸缓慢加入水中，冷却后，稀释至 1000mL。

7. 硫代硫酸钠标准溶液 $[c(Na_2S_2O_3)=0.1000mol/L]$：称量 25g 硫代硫酸钠 $(Na_2S_2O_3 \cdot 5H_2O)$，溶于 1000mL 新煮沸并已放冷的水中，此溶液浓度约为 0.1mol/L。加入 0.2g 无水碳酸钠，储存于棕色瓶内，放置一周后，再标定其准确浓度。

8. 淀粉溶液（5g/L）：将 0.5g 可溶性淀粉，用少量水调成糊状后，再加入 100mL 沸水，并煮沸 2～3min 至溶液透明；冷却后，加入 0.1g 水杨酸或 0.4g 氯化锌保存。

9. 甲醛标准储备溶液：取 2.8mL 含量为 36%～38% 甲醛溶液，放入 1L 容量瓶中，加水稀释至刻度。此溶液 1mL 约相当于 1mg 甲醛。其准确浓度用下述碘量法标定。

甲醛标准储备溶液的标定：精确量取 20.00mL 待标定的甲醛标准储备溶液，置于 250mL 碘量瓶中；加入 20.00mL $[c(1/2I_2)=0.1000mol/L]$ 碘溶液和 15mL 40g/L 氢氧化钠溶液，放置 15min；加入 20mL 0.5mol/L 硫酸溶液，再放置 15min，用硫代硫酸钠溶液 $[c(Na_2S_2O_3)=0.1000mol/L]$ 滴定，至溶液呈现淡黄色时，加入 1mL 5g/L 的淀粉溶液继续滴定至恰使蓝色褪去为止，记录所用硫代硫酸钠溶液体积（V_2，mL）；同时用水作试剂空白滴定，记录空白滴定所用硫代硫酸钠标准溶液的体积（V_1，mL）。甲醛溶液的浓度用下式计算：

$$\rho(HCHO)=\frac{(V_1-V_2)c \times 15}{20} \tag{2-30}$$

式中　$\rho(HCHO)$——甲醛标准储备溶液的质量浓度，mg/mL；

　　　V_1——试剂空白消耗硫代硫酸钠标准溶液 $[c(Na_2S_2O_3)=0.1000mol/L]$ 的体积，mL；

　　　c——硫代硫酸钠标准溶液的浓度，mol/L；

　　　15——甲醛的摩尔质量，g/mol；

　　　20——所取甲醛标准储备溶液的体积，mL；

　　　V_2——甲醛标准储备溶液消耗硫代硫酸钠 $[c(Na_2S_2O_3)=0.1000mol/L]$ 的体积，mL。

两次平行滴定，误差应小于 0.05mL，否则重新标定。

10. 甲醛标准溶液：临用时，首先将甲醛标准储备溶液用水稀释成 10μg/mL，然后取该溶液 10.00mL，加入 100mL 容量瓶中，再加入 5mL 吸收原液，用水定容至 100mL，此溶液 1.00mL 含 1.00μg 甲醛，放置 30min 后，用于配制标准色列管。此标准溶液可稳定 24h。

四、实验仪器和设备

1. 大型气泡吸收管：出气口内径为 1mm，出气口至管底距离等于或小于 5mm。

2. 恒流采样器：流量范围 0～1L/min。流量稳定可调，恒流误差小于 2%，采样前和采样后应用皂膜流量计校准采样系列流量，误差小于 5%。

3. 具塞比色管：10mL。

4. 分光光度计：在 630nm 处测定吸光度。

五、实验步骤

1. 样品的采集

（1）布点

室内面积小于 50m^2 的房间应设 1～3 个采样点，50～100m^2 的设 3～5 个采样点，100m^2 以上的至少设置 5 个采样点。

室内 1 个采样点的设置在中央，2 个采样点的设置在室内对称点上，3 个采样点的设置在室内对角线 4 等分的 3 个等分点上，5 个采样点的按梅花法布点，其他的按均匀布点原则布置。

采样点距离地面高度 1～1.5m，距离墙壁不小于 0.5m。采样点应避开通风口、通风道等。

（2）采样时间和采样频率

经装修的室内环境，采样应在装修完成 7 天以后进行，一般建议在使用前采样监测。年平均浓度至少连续或间隔采样 3 个月，日平均浓度至少采样 18h，8h 平均浓度至少连续或间隔采样 6h，1h 平均浓度至少连续或间隔采样 45min。

（3）封闭时间

检测应在对外门窗关闭 12h 后进行。对于采用集中空调的室内环境，空调应正常运转。有特殊要求的可根据现场情况及要求而定。

（4）采样方法

采样时关闭门窗，一般至少采样 45min。采用瞬时采样法时，一般采样间隔时间为 10～15min，每个点位应至少采集 3 次样品，每次的采样量大致相同，其监测结果的平均值为该点位的小时均值。

（5）采样

先检查采样系统的气密性，再用一个内装 5mL 吸收液的大型气泡吸收管，以 0.5L/min 流量采气 10L。并记录采样点的温度和大气压力。采样后样品在室温下应在 24h 内分析。采样前应对采样系统气密性进行检查，不得漏气。

2. 标准曲线的绘制

取 10mL 具塞比色管，用甲醛标准溶液按表 2-6 制备标准系列。

表 2-6 甲醛标准系列

管号	0	1	2	3	4	5	6	7	8
标准溶液/mL	0	0.10	0.20	0.40	0.60	0.80	1.00	1.50	2.00
吸收液/mL	5.00	4.90	4.80	4.60	4.40	4.20	4.00	3.50	3.00
甲醛含量/μg	0	0.10	0.20	0.40	0.60	0.80	1.00	1.50	2.00

在各管中，加入 0.4mL 的 10g/L 硫酸铁铵溶液，摇匀，放置 15min。用 1cm 比色皿，在波长 630nm 下，以水为参比，测定各管溶液的吸光度。以甲醛含量为横坐标，吸光度为纵坐标，绘制标准曲线，并计算回归斜率，以斜率倒数作为样品测定的计算因子 B_s（μg/吸光度）。

3. 样品测定

采样后，将样品溶液全部转入比色管中，用少量吸收液洗吸收管，合并使总体积为 5mL。按绘制标准曲线的操作步骤测定吸光度（A）；在每批样品测定的同时，用 5mL 未采样的吸收液作试剂空白，测定试剂空白的吸光度（A_0）。

六、数据处理

1. 标况体积的计算

将采样体积按下式换算成标准状态下的采样体积

$$V_0 = V_t \frac{T_0}{273+t} \times \frac{p}{p_0} \qquad (2\text{-}31)$$

式中　V_0——标准状态下的采样体积，L；

　　　V_t——采样体积，V_t = 采样流量（L/min）×采样时间（min）；

　　　t——采样点的气温，℃；

　　　T_0——标准状态下的绝对温度，273K；

　　　p——采样点的大气压力，kPa；

　　　p_0——标准状态下的大气压力，101kPa。

2. 甲醛浓度的计算

空气中甲醛浓度按下式计算

$$C = \frac{A - A_0}{V_0} B_s \qquad (2\text{-}32)$$

式中　C——空气中甲醛浓度，mg/m³；

　　　A——样品溶液的吸光度；

　　　A_0——空白溶液的吸光度；

　　　B_s——计算因子，μg/吸光度；

　　　V_0——换算成标准状态下的采样体积，L。

七、思考题

1. 分析甲醛测定结果和环境温度的关系。

2. 分析如何合理确定甲醛的采样时间。

实验十二　室内空气质量监测——苯系物的测定

一、实验目的

掌握活性炭吸附/二硫化碳解吸的富集采样方法和气相色谱法测定苯系物的原理和操作方法。

二、实验原理

用活性炭采样管富集环境空气和室内空气中苯系物，二硫化碳（CS_2）解吸，使用带有氢火焰离子化检测器（FID）的气相色谱仪测定分析。

本方法的主要干扰来自二硫化碳的杂质。二硫化碳在使用前应经过气相色谱仪鉴定是否存在干扰峰。如有干扰峰，应对二硫化碳提纯。

三、试剂和材料

1. 二硫化碳：分析纯，经色谱鉴定无干扰峰。
2. 标准储备液：取适量色谱纯的苯、甲苯、乙苯、邻二甲苯、间二甲苯、对二甲苯、异丙苯和苯乙烯配制于一定体积的二硫化碳中。也可使用有证标准溶液。
3. 载气：氮气，纯度 99.999%，用净化管净化。
4. 燃烧气：氢气，纯度 99.99%。
5. 助燃气：空气，用净化管净化。

四、实验仪器和设备

1. 气相色谱仪：配有 FID 检测器。
2. 色谱柱：

填充柱：材质为硬质玻璃或不锈钢，长 2m，内径 3~4mm，内填充涂附 2.5% 邻苯二甲酸二壬酯（DNP）和 2.5% 有机皂土-34（bentane）的 Chromsorb G·DMCS（80~100 目）。

毛细管柱：固定液为聚乙二醇（PEG-20M），30m×0.32mm，膜厚 1.00μm 或等效毛细管柱。

3. 采样装置

无油采样泵，能在 0~1.5L/min 内精确保持流量。

4. 活性炭采样管

采样管内装有两段特制的活性炭，A 段 100mg，B 段 50mg。A 段为采样段，B 段为指示段，详见图 2-8。

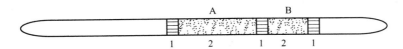

图 2-8　活性炭采样管

1—玻璃棉；2—活性炭；A—100mg 活性炭；B—50mg 活性炭

5. 温度计：精度 0.1℃。

6. 气压计：精度 0.01kPa。

7. 微量进样器：1~5μL，精度 0.1μL。

8. 移液管：1.00mL。

9. 磨口具塞试管：5mL。

10. 一般实验室常用仪器和设备。

五、实验步骤

1. 样品的制备

（1）样品的采集

① 采样前应对采样器进行流量校准。在采样现场，将一只采样管与空气采样装置相连，调整采样装置流量，此采样管仅作为调节流量用，不用作采样分析。

② 敲开活性炭采样管的两端，与采样器相连（A 段为气体入口），检查采样系统的气密性。以 0.2~0.6L/min 的流量采气 1~2h（废气采样时间 5~10min）。若现场大气中含有较多颗粒物，可在采样管前连接过滤头。同时记录采样器流量、当前温度、气压及采样时间和地点。

③ 采样完毕前，再次记录采样流量，取下采样管，立即用聚四氟乙烯帽密封。

（2）现场空白样品的采集

将活性炭管运输到采样现场，敲开两端后立即用聚四氟乙烯帽密封，并同已采集样品的活性炭管一同存放并带回实验室分析。每次采集样品，都应至少带一个现场空白样品。

（3）样品的保存

采集好的样品，立即用聚四氟乙烯帽将活性炭采样管的两端密封，避光密闭保存，室温下 8h 内测定。否则放入密闭容器中，保存于 -20℃冰箱中，保存期限为 1 天。

（4）样品的解吸

将活性炭采样管中 A 段和 B 段取出，分别放入磨口具塞试管中，每个试管中各加入 1.00mL 二硫化碳，密闭，轻轻振动，在室温下解吸 1h 后，待测。

2. 样品的测定

（1）推荐分析条件

① 填充柱气相色谱法参考条件：载气流速 50mL/min；进样口温度 150℃；检测器温度 150℃；柱温 65℃；氢气流量 40mL/min；空气流量 400mL/min。

② 毛细管柱气相色谱法参考条件：柱箱温度 65℃保持 10min，以 5℃/min 速率升温到 90℃后保持 2min；柱流量 2.6mL/min；进样口温度 150℃；检测器温度 250℃；尾吹气流量 30mL/min；氢气流量 40mL/min；空气流量 400mL/min。

（2）校准

① 校准曲线的绘制：分别取适量的标准储备液，稀释到 1.00mL 的二硫化碳中，配制质量浓度依次为 0.5μg/mL、1.0μg/mL、10μg/mL、20μg/mL 和 50μg/mL 的校准系列；分别取标准系列溶液 1.0μL 注射到气相色谱仪进样口；根据各目标组分质量和响应值绘制校准曲线。

② 标准色谱图：

a. 毛细管柱参考色谱图，见图 2-9。

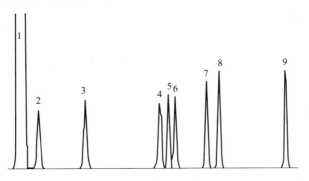

图 2-9　毛细管柱色谱图

1—二硫化碳；2—苯；3—甲苯；4—乙苯；5—对二甲苯；
6—间二甲苯；7—异丙苯；8—邻二甲苯；9—苯乙烯

b. 填充柱参考色谱图，见图 2-10。

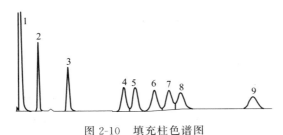

图 2-10　填充柱色谱图

1—二硫化碳；2—苯；3—甲苯；4—乙苯；5—对二甲苯；
6—间二甲苯；7—邻二甲苯；8—异丙苯；9—苯乙烯

（3）测定

取制备好的试样 $1.0\mu L$，注射到气相色谱仪中，调整分析条件，目标组分经色谱柱分离后，由 FID 进行检测。记录色谱峰的保留时间和相应值。

① 定性分析：根据保留时间定性。

② 定量分析：根据校准曲线计算目标组分含量。

3. 空白试验

现场空白活性炭管与已采样的样品管同批测定，分析步骤同测定。

六、数据处理

1. 目标化合物浓度计算

气体中目标化合物浓度按照下式进行计算。

$$\rho = \frac{(W - W_0)V}{V_{nd}} \tag{2-33}$$

式中　ρ——气体中被测组分的质量浓度，mg/m^3；

W——由校准曲线计算的样品解吸液的质量浓度，$\mu g/mL$；

W_0——由校准曲线计算的空白解吸液的质量浓度，$\mu g/mL$；

V——解吸液体积，mL；

V_{nd}——标准状态下（$101.325kPa$，$273.15K$）的采样体积，L。

2. 结果的表示

当测定结果小于 $0.1mg/m^3$ 时，保留到小数点后四位；大于等于 $0.1mg/m^3$ 时，保留三位有效数字。

七、注意事项

1. 当空气中水蒸气或水雾太大，以致在活性炭管中凝结时，影响活性炭管的穿透体积及采样效率，空气湿度应小于 90%。

2. 采样前后的流量相对偏差应在 10% 以内。

3. 活性炭采样管的吸附效率应在 80% 以上，即 B 段活性炭所收集的组分应小于 A 段的 25%，否则应调整流量或采样时间，重新采样。按下式计算活性炭管的吸附效率（$\%$）。

$$K = \frac{M_1}{M_1 + M_2} \times 100\% \tag{2-34}$$

式中 K——采样吸附效率，$\%$；

M_1——A 段采样量，ng；

M_2——B 段采样量，ng。

4. 每批样品分析时应带一个校准曲线中间浓度校核点，中间浓度校核点测定值与校准曲线相应点浓度的相对误差应不超过 20%。若超出允许范围，应重新配制中间浓度点标准溶液，若还不能满足要求，应重新绘制校准曲线。

5. 二硫化碳的提纯

在 $1000mL$ 抽滤瓶中加入 $200mL$ 欲提纯的二硫化碳，加入 $50mL$ 浓硫酸。将一装有 $50mL$ 浓硝酸的分液漏斗置于抽滤瓶上方，紧密连接。上述抽滤瓶置于加热电磁搅拌器上，打开电磁搅拌器，抽真空升温，使硝化温度控制在 $45℃±2℃$，剧烈搅拌 $5min$，搅拌时滴加硝酸到抽滤瓶中。静置 $5min$，反复进行，共反应 $0.5h$。然后将溶液全部转移至 $500mL$ 分液漏斗中，静置 $0.5h$ 左右，弃去酸层，水洗，加 10% 碳酸钾溶液中和 pH 值至 $6\sim8$，再水洗至中性，弃去水相，二硫化碳用无水硫酸钠干燥除水备用。

6. 填充柱的填充方法

称取有机皂土 $0.525g$ 和 DNP $0.378g$，置入圆底烧瓶中，加入 $60mL$ 苯，于 $90℃$ 水浴中回流 $3h$，再加入 Chromsorb G·DMCS 载体 $15g$ 继续回流 $2h$ 后，将固定相转移至培养皿中，在红外灯下边烘烤边摇动至松散状态，再静置烘烤 $2h$ 后即可装柱。

将色谱柱的尾端（接检测器一端）用石英棉塞住，接真空泵，柱的另一端通过软管接一漏斗，开动真空泵后，使固定相慢慢通过漏斗装入色谱柱内，边装边轻敲色谱柱使填充均匀，填充完毕后，用石英棉塞住色谱柱另一端。

填充好的色谱柱需在 $150℃$ 下，以 $20\sim30mL/min$ 的流速通载气，连续老化 $24h$。

实验十三　土壤中总铬的测定

一、实验目的

1. 掌握原子吸收分光光度计的使用方法。
2. 掌握土壤样品的预处理和总铬的测定方法。

二、实验原理

采用盐酸-硝酸-氢氟酸-高氯酸全分解的方法，破坏土壤的矿物晶格，使试样中的待测元素全部进入试液，并且，在消解过程中，所有铬都被氧化成 $Cr_2O_7^{2-}$。然后，将消解液喷入富燃性空气-乙炔火焰中。在火焰的高温下，形成铬基态原子，并对铬空心阴极灯发射的特征谱线（357.9nm）产生选择性吸收。在选择的最佳测定条件下，测定铬的吸光度。

铬易形成耐高温的氧化物，其原子化效率受火焰状态和燃烧器高度的影响较大，需使用富燃性（还原性）火焰。加入氯化铵可以抑制铁、钴、镍、钒、铝、镁、铅等共存离子的干扰。

三、试剂和材料

本方法所用试剂除非另有说明，分析时均适用符合国家标准的分析纯化学试剂，实验用水为新制备的去离子水或蒸馏水。实验所用的玻璃器皿需先用洗涤剂洗净，再用 1+1 硝酸溶液浸泡 24h（不得使用重铬酸钾洗液），使用前再依次用自来水、去离子水洗净。

1. 盐酸（HCl）：$\rho=1.19g/mL$，优级纯。
2. 盐酸溶液，1+1：用上述 $\rho=1.19g/mL$ 的盐酸配制。
3. 硝酸（HNO_3）：$\rho=1.42g/mL$，优级纯。
4. 氢氟酸（HF）：$\rho=1.49g/mL$。
5. 10%氯化铵水溶液：准确称取 10g 氯化铵（NH_4Cl），用少量水溶解后全量转移入 100mL 容量瓶中，用水定容至标线，摇匀。
6. 铬标准储备液，$\rho=1.000mg/L$：准确称取 0.2829g 基准重铬酸钾（$K_2Cr_2O_7$），用少量水溶解后全量转移入 100mL 容量瓶中，用水定容至标线，摇匀，冰箱中 2~8℃下保存，可稳定 6 个月。
7. 铬标准使用液，$\rho=50mg/L$：移取铬标准储备液 5.00mL 于 100mL 容量瓶中，加水定容至标线，摇匀，临用时现配。
8. 高氯酸（$HClO_4$）：$\rho=1.68g/mL$，优级纯。

四、实验仪器和设备

1. 仪器设备

原子吸收分光光度计，带铬空心阴极灯；微波消解仪；玛瑙研磨机等。

2. 仪器参数

不同型号仪器的最佳测定条件不同，可根据仪器使用说明书自行选择。通常本实验采用

表 2-7 中的测量条件，微波消解仪采用表 2-8 中的升温程序。

表 2-7　仪器测量条件

元素	Cr
测定波长/nm	357.9
通带宽度/nm	0.7
火焰性质	还原性
次灵敏线/nm	359.0,360.5,425.4
燃烧器高度	8nm(使空心阴极灯光斑通过火焰蓝亮色部分)

表 2-8　微波消解仪升温程序

升温时间/min	消解温度/℃	保持时间/min
5.0	120	1.0
3.0	150	5.0
4.0	180	10.0
6.0	210	30.0

五、实验步骤

1.样品的采集与保存

将采集的土壤样品（一般不少于 500g）混匀后用四分法缩分至约 100g。缩分后的土样经风干（自然风干或冷冻干燥）后，除去土样中石子和动植物残体等异物，用木棒（或玛瑙棒）研压，通过 2mm 尼龙筛（除去 2mm 以上的沙砾），混匀。用玛瑙研钵将通过 2mm 尼龙筛的土样研磨至全部通过 100 目（孔径 0.149mm）尼龙筛，混匀后备用。

2.试样的制备

（1）全消解方法

准确称取 0.2～0.5g（精确至 0.0002g）试样于 50mL 聚四氟乙烯坩埚中，用水润湿后加入 10mL 盐酸，于通风橱内的电热板上低温加热，使样品初步分解，待蒸发至约剩 3mL 时，取下稍冷，然后加入 5mL 盐酸、5mL 氢氟酸、3mL 高氯酸，加盖后于电热板上中温加热 1h 左右，然后开盖，电热板温度控制在 150℃，继续加热除硅，为了达到良好的飞硅效果，应经常摇动坩埚。当加热至冒浓烟（高氯酸白烟）时，加盖，使黑色有机碳化物分解。待坩埚壁上的黑色有机物消失后，开盖，驱赶白烟并蒸至内容物呈黏稠状。视消解情况，可再补加 3mL 硝酸、3mL 氢氟酸、1mL 高氯酸，重复以上消解过程。取下坩埚稍冷，加入 3mL（1+1）盐酸溶液，温热溶解可溶性残渣，全量转移至 50mL 容量瓶中，加入 5mL 的（10%）氯化铵水溶液，冷却后用水定容至标线，摇匀。

（2）微波消解法

准确称取 0.2g（精确至 0.0002g）试样于微波消解罐中，用少量水润湿后加入 6mL 硝酸、2mL 氢氟酸，按照一定升温程序进行消解，冷却后将溶液转移至 50mL 聚四氟乙烯坩埚中，加入 2mL 高氯酸，电热板温度控制在 150℃，驱赶白烟并蒸至内容物呈黏稠状。取下坩埚稍冷，加入（1＋1）盐酸溶液 3mL，温热溶解可溶性残渣，全量转移至 50mL 容量瓶中，加入 5mL 的（10%）NH_4Cl 溶液，冷却后定容至标线，摇匀。

由于土壤种类较多，所含有机质差异较大，在消解时，应注意观察，各种酸的用量可视消解情况酌情增减；电热板温度不宜太高，否则会使聚四氟乙烯坩埚变形；样品消解时，在蒸至近干过程中需特别小心，防止蒸干，否则待测元素会有损失。

3.校准曲线

准确移取 50mg/L 的铬标准使用液 0.00mL、0.50mL、1.00mL、2.00mL、3.00mL、4.00mL 于 50mL 容量瓶中，然后，分别加入 5mL NH_4Cl 溶液（10%）、3mL 的（1＋1）盐酸溶液，用水定容至标线，摇匀，其铬的质量浓度分别为 0.00mg/L、0.50mg/L、1.00mg/L、2.00mg/L、3.00mg/L、4.00mg/L。此质量浓度范围应包括试液中铬的质量浓度。按仪器测量条件由低到高质量浓度顺序测定标准溶液的吸光度。

用减去空白的吸光度与相对应的铬的质量浓度（mg/L）绘制校准曲线。

4.空白试验

用去离子水代替试样，采用和试液制备相同的步骤和试剂，制备全程序空白溶液，并按与校准曲线相同条件进行测定。每批样品至少制备 2 个以上的空白溶液。

5.样品的测定

取适量试液，并按与校准曲线相同条件测定试液的吸光度。由吸光度值在校准曲线上查得铬质量浓度。每测定约 10 个样品要进行一次仪器零点校正，并吸入 1.00mg/L 的标准溶液检查灵敏度是否发生了变化。

六、数据处理

土壤样品中铬的含量 $w(mg/kg)$ 按下式计算：

$$w = \frac{\rho V}{m(1-f)}$$ （2-35）

式中　V——试液定容的体积，mL；

　　　m——称取试样的质量，g；

　　　f——试样中水分的含量，%；

　　　ρ——试液的吸光度减去空白溶液的吸光度，然后在校准曲线上查得铬的质量浓度，mg/L。

第二节　综合性设计性实验

实验一　某河流水质监测与评价

选择当地某一主要河流为研究对象，取样监测分析水质现状，评价指标包括 12 个项目（水温、pH 值、溶解氧、高锰酸盐指数、化学需氧量、五日生化需氧量、氨氮、总磷、氟化物、挥发酚、石油类和流量）。

一、实验目的

1.通过收集研究河流的基础资料，并在现场调查的基础上，确定监测断面和采样点位置。

2. 能够根据国家环保要求和实验室条件，设计出实验方案。

3. 掌握水温、pH 值、溶解氧、高锰酸盐指数、化学需氧量、五日生化需氧量、氨氮、总磷、氟化物、挥发酚、石油类和流量 12 个指标的样品预处理技术和监测分析方法。

4. 能够依据 GB 3838—2002《地表水环境质量标准》对河流水质进行评价。

二、监测方案的制定

1. 资料的收集

（1）河流的水位、水量、流速及流向的变化，降水量、蒸发量和历史上的水情，河流的宽度、深度、河床结构及地质状况。

（2）河流沿岸城市分布、人口分布、工业布局、污染源及其排污情况、城市给排水及农田灌溉排水情况、化肥和农药施用情况。

（3）河流沿岸的资源现状和水资源的用途、饮用水源分布和重点水源保护区、水体流域土地功能及近期使用计划等。

（4）历年水质监测资料等。

2. 监测断面和采样点的布设

通过对基础资料和文献资料、现场调查结果进行系统分析和综合判断，根据实际情况综合考虑，合理确定监测断面。本实验是评价河流在经过某一城区后河流水质的变化，分析城区的排污对河流水质的影响，分析的是河流的某一河段，因此应设置对照断面、控制断面和消减断面三种断面。

根据河流的宽度设置监测断面上的采样垂线，并进一步根据河流水的深度确定采样点位置和数量，具体按照表 2-9 和表 2-10 进行选择。

表 2-9 采样垂线的设置

水面宽度	垂线数量	垂线位置
≤50m	一条	中泓垂线
50～100m	两条	左右两岸有明显水流处各设一条
>100m	三条	中泓垂线及左右两岸有明显水流处

表 2-10 采样垂线上采样点的设置

水深	采样点数	采样点位置
≤0.5m	1	1/2 水深处
0.5～5m	1	水面下 0.5m 处
5～10m	2	水面下 0.5m 处和河底以上的 0.5m 处
>10m	3	水面下 0.5m 处、河底以上的 0.5m 处和 1/2 水深处

3. 水样的采集和保存

水样的采集和保存是水质分析的重要环节之一。欲获得准确可靠的水质分析数据，水样采集和保存方法必须规范、统一，并要求各个环节都不能有疏漏，使采集到的水样必须具有足够的代表性，并且不能受到任何意外的污染。

选择采样器及盛水器，并按要求进行洗涤，采集的水样按每个监测指标的具体要求进行分装和保存。

4.采样时间和采样频率

根据时间进行安排，一般 2~3 天一次，总采样次数不少于 3 次。

三、实验分析方法

根据监测方案，选择实验分析方法，为使数据具有可比性，选用标准分析方法，详见表 2-11。

表 2-11　各指标的监测分析方法

序号	监测项目	监测方法	方法来源	说明
1	pH	玻璃电极法	GB/T 6920—1986	现场测定
2	DO	电化学探头法	HJ 506—2009	现场测定
3	高锰酸盐指数		GB 11892—1989	
4	COD_{Cr}	重铬酸钾法	HJ 828—2017	单独采样、充满容器
5	BOD_5	稀释与接种法	HJ 505—2009	单独采样、充满容器
6	NH_3-N	纳氏试剂分光光度法	HJ 535—2009	
7	TP	钼酸铵分光光度法	GB 11893—1989	
8	氟化物	离子选择电极法	GB 7484—1987	单独采样
9	挥发酚	4-氨基安替比林直接分光光度法	HJ 503—2009	
10	石油类	红外分光光度法	HJ 637—2012	单独采样
11	流量	流量计法	—	—

四、河流水质的评价

根据上述 11 项指标的分析测定结果，并依据 GB 3838—2002《地表水环境质量标准》对河流水质进行分析，获得超标污染物的种类和超标倍数，判断该河流水质达到了几类水的水质，然后根据河流的使用功能，评价该河流水质现状。

实验二　城市污水处理效果监测与评价

选择某一城市污水处理厂为研究对象，取样监测进、出水水质，分析城市污水处理效果，评价指标包括 6 个项目（化学需氧量、五日生化需氧量、悬浮固体、氨氮、总氮和总磷）。

一、实验目的

1.通过收集城市污水处理厂的相关资料，并在现场调查的基础上，确定监测点位和监测项目。

2.能够根据国家环保要求和实验室条件，设计出实验方案。

3.掌握化学需氧量、五日生化需氧量、悬浮固体、氨氮、总氮和总磷6个指标的样品预处理技术和监测分析方法。

4.能够依据 GB 18918—2002《城镇污水处理厂污染物排放标准》，评价污水处理厂处理达标情况。

二、监测方案的制定

1.资料的收集

（1）污水处理厂的规模、主体工艺和主要构筑物位置。

（2）该污水处理厂设计进水水质和出水水质，设计出水应达到的国家标准级别。

（3）以往进、出水水质监测资料。

2.监测点的布设

沉砂池进水渠，设一监测点，用于监测进水水质。

污水厂总排放口即消毒接触池出水口，设一监测点，用于监测出水水质。

3.监测项目

依据 GB 18918—2002《城镇污水处理厂污染物排放标准》，设置化学需氧量、五日生化需氧量、悬浮固体、氨氮、总氮和总磷6个监测项目。

4.采样时间和采样频率的确定

每天采样监测一次，连续3天。

三、实验分析方法

根据监测方案，选择实验方法，为使数据具有可比性，选用标准分析方法，详见表 2-12。

表 2-12　某高校监测分析方法的选择

序号	监测项目	监测方法	方法来源	说明
1	COD_{Cr}	重铬酸钾法	HJ 828—2017	单独采样、充满容器
2	BOD_5	稀释与接种法	HJ 505—2009	单独采样、充满容器
3	SS	重量法	GB 11901—1989	—
4	NH_3-N	纳氏试剂分光光度法	HJ 535—2009	—
5	TN	碱性过硫酸钾消解紫外分光光度法	HJ 636—2012	—
6	TP	钼酸铵分光光度法	GB 11893—1989	—

四、污水处理效果评价

分析3天的监测结果，研究数据的有效性，并依据 GB 18918—2002《城镇污水处理厂污染物排放标准》的一级 A 标准，判断污水处理设施的处理效果，评价是否达到设计要求。

实验三　校园空气质量监测与评价

选择某高校的一个校区为研究对象，对校园的空气质量状况进行监测和评价，评价指标包括 5 个项目（SO_2、NO_2、CO、O_3 和 PM_{10}），计算空气质量指数（AQI），评价校园空气质量。

一、实验目的

1. 在现场调查的基础上，能够选择适宜的布点方法，确定合理的采样频率及采样时间。
2. 进一步巩固 5 项污染物指标的分析测定方法。
2. 掌握空气质量指数（AQI）的计算方法，确定首要污染物，并评价学校的空气质量。
4. 能够依据 GB 3095—2012《环境空气质量标准》，评价校园空气质量现状。

二、监测方案的制定

1.调研和资料的收集

（1）了解校区及周边大气污染源、数量、方位及污染物的种类、排放量、排放方式，同时了解所用燃料及消耗量。

（2）校区周边交通运输引起的污染情况。

（3）监测时段校区的气象资料，包括风向、风速、气温、气压、降水量和相对湿度等。

（4）校区在城市中的地理位置。

（5）市、区环保局在学校或周边的历年监测数据。

2.采样点的布设

（1）根据功能区布设采样点，如教学区、实验区、操场和居住区等。

（2）校门口如靠近交通主干道的门口和车流量少的门口分别布点。

3.采样时间和采样频率

TSP 的测定：监测时间为 1d，连续采样 18～24h，监测日平均浓度。

其他项目的测定：监测时间为 1d，每天 4 次，分别在 6:00、12:00、18:00 和 21:30 进行采样，采样时间 45～60min，监测小时平均浓度。

三、实验分析方法

测定 SO_2、NO_2、CO、O_3 和 PM_{10} 的方法很多，比较各种方法的特点，根据实验条件选择合适的测定方法，表 2-13 为某高校的测定方法。

表 2-13　某高校监测分析方法的选择

序号	监测项目	监测方法	方法来源	检出限
1	SO_2	甲醛吸收-副玫瑰苯胺分光光度法	HJ 482—2009	$0.007mg/m^3$
2	NO_2	盐酸萘乙二胺分光光度法	HJ 479—2009	$0.015mg/m^3$
3	CO	非分散红外法	GB 9801—1988	$0.3mg/m^3$
4	O_3	紫外光度法	HJ 590—2010	$0.003mg/m^3$
5	PM_{10}	中流量采样-重量法	HJ 618—2011	$0.010mg/m^3$

四、现场采样、实验室监测和数据处理

按照计划进行现场采样、样品的保存和记录、数据的分析和处理。监测结果的原始数据要根据有效数字的保留规则正确书写,对于出现的可疑数据,首先从技术上查明原因,然后再用统计检验处理,经检验验证属于离群数据应予剔除,以确定数据的有效性。

五、空气质量评价

1. AQI 的计算

根据 HJ 633—2012《环境空气质量指数(AQI)技术规定》,按照下式计算各个监测项目的 AQI:

$$IAQI_P = \frac{IAQI_{Hi} - IAQI_{Lo}}{BP_{Hi} - BP_{Lo}}(C_P - BP_{Lo}) + IAQI_{Lo} \qquad (2-36)$$

式中 $IAQI_P$——污染项目 P 的空气质量分指数;

   C_P——污染项目 P 的质量浓度值;

BP_{Hi}——表 2-14 中与 C_P 相近的污染物浓度限值的高位值;

BP_{Lo}——表 2-14 中与 C_P 相近的污染物浓度限值的低位值;

$IAQI_{Hi}$——表 2-14 中与 BP_{Hi} 对应的空气质量分指数;

$IAQI_{Lo}$——表 2-14 中与 BP_{Lo} 对应的空气质量分指数。

表 2-14   空气质量分指数及对应的污染物项目浓度限值

空气质量分指数(IAQI)	污染物项目浓度限值								
	SO_2		NO_2		PM_{10}	CO		O_3	
	日均值/$(\mu g/m^3)$	小时均值/$(\mu g/m^3)$	日均值/$(\mu g/m^3)$	小时均值/$(\mu g/m^3)$	日均值/$(\mu g/m^3)$	日均值/(mg/m^3)	小时均值/(mg/m^3)	日均值/(mg/m^3)	小时均值/(mg/m^3)
0	0	0	0	0	0	0	0	0	0
50	50	150	40	100	50	2	5	160	100
100	150	500	80	200	150	4	10	200	160
150	475	650	180	700	250	14	35	300	215
200	800	800	280	1200	350	24	60	400	265
300	1600	(1)	565	2340	420	36	90	800	800
400	2100	(1)	750	3090	500	48	120	1000	(2)
500	2620	(1)	940	3840	600	60	150	1200	(2)

注:1. SO_2 小时均值高于 $800\mu g/m^3$ 的,不再进行其空气质量分指数计算,其空气质量分指数按日均值计算。

2. O_3 的 8h 平均浓度值高于 $800\mu g/m^3$ 的,不再进行其空气质量分指数计算,其空气质量分指数按 1h 平均浓度计算的分指数。

2. 空气质量评价

按照上式计算出来各个监测项目的 AQI,确定首要污染物,并按表 2-15 评价校园空气质量。

表 2-15　空气质量指数及相关信息

空气质量指数	空气质量指数级别	空气质量指数类别及表示颜色		对健康影响情况	建议采取的措施
0～50	一级	优	绿色	空气质量令人满意,基本无空气污染	各类人群可正常活动
51～100	二级	良	黄色	空气质量可接受,但某些污染物可能对极少数异常敏感人群的健康有较弱影响	极少数异常敏感人群应减少户外活动
101～150	三级	轻度污染	橙色	易感人群症状有轻度加剧,健康人群出现刺激症状	儿童、老年人及心脏病、呼吸系统疾病患者应减少长时间、高强度的户外锻炼
151～200	四级	中度污染	红色	进一步加剧易感人群症状,可能对健康人群心脏、呼吸系统有影响	儿童、老年人及心脏病、呼吸系统疾病患者避免长时间、高强度的户外锻炼,一般人群适量减少户外运动
201～300	五级	重度污染	紫色	心脏病和肺病患者症状显著加剧,运动耐受力降低,健康人群普遍出现症状	儿童、老年人及心脏病、肺病患者应停留在室内,停止户外运动,一般人群减少户外运动
＞300	六级	严重污染	褐红色	健康人群运动耐受力降低,有明显强烈症状,提前出现某些疾病	儿童、老年人和病人应当停留在室内,避免体力消耗,一般人群应避免户外活动

第三章　水污染控制工程

第一节　基础性实验

实验一　颗粒自由沉淀实验

一、实验目的

1. 加深对自由沉淀特点、基本概念及沉淀规律的理解。

2. 掌握颗粒自由沉淀的实验方法，并能对实验数据进行分析、整理、计算和绘制颗粒自由沉淀曲线。

二、实验原理

沉淀是水污染控制中用以去除水中杂质的常用方法。根据水中悬浮颗粒的凝聚性能和浓度，沉淀通常可以分成四种不同的类型：自由沉淀、絮凝沉淀、区域沉淀、压缩沉淀。

浓度较稀的、粒状颗粒的沉降称为自由沉淀，其特点是在静沉过程中颗粒互不干扰、等速下沉，其沉淀在层流区符合 Stokes（斯托克斯）公式。但是由于水中颗粒的复杂性，颗粒粒径、颗粒密度很难或无法准确地测定，因而沉淀效果、特性无法通过公式求得而是通过静沉实验确定。

由于自由沉淀时颗粒是等速下沉，下沉速度与沉淀高度无关，因而自由沉淀可在一般沉淀柱内进行，但其直径应该足够大，一般应使 $D \geqslant 100\text{mm}$，以免沉淀颗粒受柱壁的干扰。

自由沉淀所反映的一般是沙砾、河流等的沉淀特点。具有不同大小颗粒的悬浮物静沉总去除率 E 与截留速度 u_0、颗粒质量分数的关系如下：

$$E = (1 - P_0) + \frac{1}{u_i} \int_0^{P_0} u \, \mathrm{d}P \tag{3-1}$$

式中　E——总沉淀效率；

　　P_0——沉速小于 u_i 的颗粒在全部悬浮颗粒中所占的百分数；

　　$1 - P_0$——沉速大于或等于 u_i 的颗粒去除百分数；

　　u_i——某一指定颗粒的最小沉降速度；

　　u——小于最小沉降速度 u_i 的颗粒沉速。

公式推导如下：

设在水深为 H 的沉淀柱内进行自由沉淀实验（图 3-1）。实验开始，沉淀时间为 0，此时沉淀柱内悬浮物分布是均匀的，即每个断面上颗粒的数量与粒径的组成相同，悬浮物浓度为 $C_0(\text{mg/L})$，此时去除率 $E = 0$。

实验开始后，不同沉淀时间 t_i，颗粒最小沉淀速度 u_i 相应为

$$u_i = \frac{H}{t_i} \qquad (3\text{-}2)$$

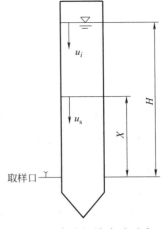

图 3-1　自由沉淀实验示意

u_i 即为 t_i 时间内从水面下沉到取样点的最小颗粒 d_i 所具有的沉速。此时取样点处水样悬浮物浓度为 C_i，未被去除的颗粒即 $d < d_i$ 的颗粒所占的百分比为

$$P_i = \frac{C_i}{C_0} \qquad (3\text{-}3)$$

因此，被去除的颗粒（粒径 $d \geqslant d_i$）所占比例为

$$E_0 = 1 - P_i \qquad (3\text{-}4)$$

实际上沉淀时间 t_i 内，由水中沉至池底的颗粒是由两部分颗粒组成。即沉速 $u \geqslant u_i$ 的那一部分颗粒能全部沉至池底；除此之外，颗粒沉速 $u < u_i$ 的那一部分颗粒，也有一部分能沉至池底。这是因为，这部分颗粒虽然粒径很小，沉速 $u < u_i$，但是这部分颗粒并不都在水面，而是均匀地分布在整个沉淀柱的高度内。因此只要在水面下，它们下沉至池底所用的时间能少于或等于具有沉速 u_i 的颗粒由水面降至池底所用的时间 t_i，那么这部分颗粒也能从水中被去除。

沉速 $u < u_i$ 的那一部分颗粒虽然有一部分能从水中去除，但其中也是粒径大的沉到池底的多，粒径小的沉到池底的少，各种粒径颗粒去除率并不相同。因此，若能分别求出各种粒径的颗粒占全部颗粒的百分比，并求出各粒径颗粒在时间 t_i 内能沉到池底的颗粒占本粒径颗粒的百分比，则二者乘积即为此粒径颗粒在全部颗粒中的去除率。如此分别求出 $u < u_i$ 的那些颗粒的去除率，并相加后，即可得出这部分颗粒的去除率。

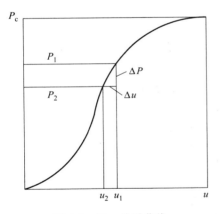

图 3-2　$P\text{-}u$ 关系曲线

为了推求其计算式，我们绘制 $P\text{-}u$ 关系曲线，其横坐标为颗粒沉速 u，纵坐标为未被去除颗粒的百分比 P，如图 3-2 所示。

由图中可见

$$\Delta P = P_1 - P_2 = \frac{C_1}{C_0} - \frac{C_2}{C_0} = \frac{C_1 - C_2}{C_0} \qquad (3\text{-}5)$$

故 ΔP 是当选择的颗粒沉速由 u_1 降至 u_2 时，整个水中所能多去除的那部分颗粒的去除率，也就是所选择的要去除的颗粒粒径由 d_1 减到 d_2 时水中所能多去除的，即粒径在 $d_1 \sim d_2$ 间的那部分颗粒所占的百分比。因此当 ΔP 间隔无限小时，则 dP 代表了直径为小于 d_i 的某一粒径 d 的颗粒占全部颗粒的百分比。这些颗粒能沉至池底的条件，应是在水中某点沉至池底所用的时间，必须等于或小于具有沉速为 u_i 的颗粒由水面沉至池底所用的时间，即应满足

$$\frac{x}{u_x} \leqslant \frac{H}{u_i} \quad \text{即} \quad x \leqslant \frac{H u_x}{u_i} \qquad (3\text{-}6)$$

由于颗粒均匀分布，又为等速沉淀，故沉速 $u_x < u_i$ 的颗粒只有在 x 水深以内才能沉到池底。因此能沉到池底的这部分颗粒，占这种颗粒的百分比为 $\dfrac{x}{H}$，如图 3-1 所示，而

$$\frac{x}{H} = \frac{u_x}{u_i} \tag{3-7}$$

此即为同一粒径颗粒的去除率。取 $u_0 = u_i$，且为设计选用的颗粒沉速；$u_s = u_x$，则有

$$\frac{u_x}{u_i} = \frac{u_s}{u_0} \tag{3-8}$$

由上述分析可见，$\mathrm{d}P_s$ 反映了具有沉速 u_s 的颗粒占全部颗粒的百分比，而 $\frac{u_s}{u_0}$ 则反映了在设计沉速为 u_0 的前提下，具有沉速 $u_s(<u_0)$ 的颗粒去除量占本颗粒总量的百分比。故 $\frac{u_s}{u_0}\mathrm{d}P$ 正是反映了在设计沉速为 u_0 时，具有沉速为 $u_s(<u_0)$ 的颗粒所能去除的部分占全部颗粒的比率。利用积分求解这部分 $u_s<u_0$ 的颗粒的去除率，则为 $\int_0^{P_0}\frac{u_s}{u_0}\mathrm{d}P$。

故颗粒的去除率为：

$$E = (1-P_0) + \int_0^{P_0}\frac{u_s}{u_0}\mathrm{d}P \tag{3-9}$$

工程中常用下式计算：

$$E = (1-P_0) + \frac{\sum(\Delta P u_s)}{u_0} \tag{3-10}$$

三、实验仪器与装置

1.自由沉淀装置（沉淀柱、储水箱、水泵空压机），如图 3-3 所示。

2.计时用秒表或手表。

3.100mL 量筒、移液管、玻璃棒、瓷盘等。

4.悬浮物定量分析所需设备：电子天平、带盖称量瓶、干燥皿、烘箱、抽滤装置、定量滤纸等。

5.水样可用煤气洗涤污水、轧钢污水、天然河水或人工配制水样。

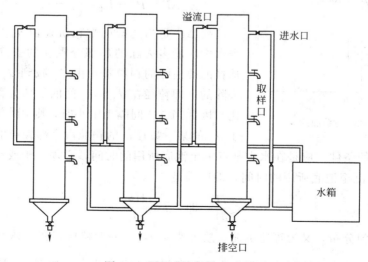

图 3-3　颗粒自由沉淀实验装置

四、实验步骤

1. 了解装置管道连接情况，检查是否符合实验要求。

2. 启动水泵，水力搅拌 5min，使水槽内水质均匀。

3. 打开进水阀，让水平稳地从沉淀筒底进入沉淀柱中，直至 120cm 高度，停泵，沉淀实验开始。

3. 开动秒表开始计时，此时 $t = 0$，当时间为 0min、5min、10min、20min、30min、50min、70min 和 100min 时，由同一取样口取样 50mL，并记录沉淀柱内取样口到液面的高度。

4. 测定各水样悬浮物含量。将所取水样过滤（滤膜预先放入称量瓶内，与称量瓶一起烘干至恒重，并称量）。过滤完毕后，用镊子取出滤膜放入称量瓶中，移入烘箱中于 103～105℃下烘干 1h 后移入干燥器中，使冷却到室温，称其质量。反复烘干、冷却、称量，直至两次称量的质量差≤0.4mg 为止。计算悬浮物浓度。

5. 记录实验原始数据，填入表 3-1 中。

表 3-1　颗粒自由沉淀实验记录

静沉时间 /min	滤纸编号	滤膜＋称量瓶质量/g	取样体积 /mL	纸＋SS＋称量瓶质量/g	水样 SS 质量 /g	SS 浓度 /(mg/L)	沉淀高度 H/cm
0	1						
5	2						
10	3						
20	4						
30	5						
50	6						
70	7						
100	8						

五、实验结果整理

1. 实验基本参数整理

实验日期：＿＿＿＿＿＿＿＿＿＿　　水样性质及来源：配制的石灰水

沉淀柱直径（m）：＿＿＿＿＿＿　　沉淀柱高：＿＿＿＿＿＿＿＿

水温（℃）：＿＿＿＿＿＿＿＿　　原水样悬浮颗粒浓度：C_0（mg/L）

2. 实验数据整理（表 3-2）

表 3-2 实验原始数据整理表

沉淀高度/cm							
沉淀时间/min	5	10	20	30	50	70	100
水样 SS/(mg/L)							
原水 SS/(mg/L)							
未被移除颗粒 百分比 P_i/ %							
颗粒沉速 u_i/(mm/s)							

表中不同沉淀时间 t_i 时，沉淀管内未被移除的悬浮物的百分比及颗粒沉速分别按下式计算。

未被移除悬浮物的百分比

$$P_i = \frac{C_i}{C_0} \times 100\% \tag{3-11}$$

式中　C_0——原水中 SS 浓度值，mg/L；

　　　C_i——某沉淀时间后，水样中 SS 浓度值，mg/L。

相应颗粒沉速：

$$u_i = \frac{H_i}{t_i}$$

3. 绘制 *P-u* 关系曲线

以颗粒沉速 u 为横坐标，以 P 为纵坐标，在普通格纸上绘制 *P-u* 关系曲线（图 3-4）。

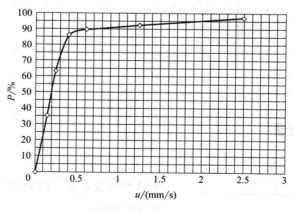

图 3-4　*P-u* 关系曲线

4.计算悬浮物去除率

利用图解法列表（表 3-3）计算不同沉速时，悬浮物的去除率。

表 3-3　悬浮物去除率 E 的计算

序号	沉淀时间 t/min	u_0 /(mm/s)	P_0 /%	$1-P_0$ /%	ΔP /%	$\sum(u_s\Delta P)$ /%	$\dfrac{\sum(u_s\Delta P)}{u_0}$	$E=(1-P_0)+\dfrac{\sum(\Delta Pu_s)}{u_0}$
1	5							
2	10							
3	20							
4	30							
5	50							
6	70							
7	100							

5.绘制 E-u、E-t 曲线

根据上述计算结果，以 E 为纵坐标，分别以 u 及 t 为横坐标，绘制 E-u、E-t 关系曲线。

六、注意事项

1.向沉淀柱内进水时，速度要适中。既要较快完成进水，以防进水中一些较重颗粒沉淀，又要防止速度过快造成柱内水体紊动，影响静沉实验效果。

2.取样前，一定要记录沉淀柱水面至取样口的距离 H_0（cm）。

3.取样时，先排除管中积水而后取样，排空约 $20\sim50$mL 积液。

4.测定悬浮物时，因颗粒较重，从烧杯取样要边搅边吸，以保证水样均匀。贴于移液管壁上细小的颗粒一定要用蒸馏水洗净。

实验二　废水可生化性实验

一、实验目的

1.了解工业废水可生化性的含义。

2.通过实验来定性地测定某种废水是否可以进行生化处理及可生化处理的程度。

二、实验原理

生物处理方法较为经济，在研究有机工业污水的处理方案时，一般首先考虑采用生物处理的可能性。但是，有些工业污水在进行生物处理时，因为含有难生物降解的污染物质而不能正常运行。因此，在决定是否采用生物法处理某种废水之前，必须先了解该废水中的污染物能否被微生物降解以及是否会对微生物产生抑制或毒害作用。在没有现成的科研成果或生产运行资料可以借鉴时，需要通过实验来考察这些工业污水生物处理的可行性，研究它们进入生物处理系统后可能产生的影响，或某些组分进入生物处理设备的允许浓度。

考察工业污水可生化性的方法有许多种，主要有好氧呼吸法、微生物数量活性法、脱氢酶或 ATP（三磷酸腺苷）活性法和生化模型试验法等。好氧呼吸法（包括 BOD_5 / COD 比值法、生化呼吸线法和相对耗氧速率法）是当前测定废水可生化性的常用方法。

生化呼吸线是以时间为横坐标、以耗氧量为纵坐标作出的一条曲线。生化呼吸线的特征主要取决于基质的性质。当细菌进入内源呼吸期时，其呼吸耗氧速率将是恒定的，此时耗氧量与时间呈直线关系。这一直线被称为内源呼吸线。将生化呼吸线与内源呼吸线进行比较时，可能出现以下三种情况。①若生化呼吸线位于内源呼吸线之上，则废水中有机物可被微生物氧化分解；经一段时间后生化呼吸线将与内源呼吸线几乎平行；这表明基质的生物降解已基本完成，微生物进入内源呼吸阶段，并且两条曲线之间距离越大，表示该废水的生物降解性越好；②若生化呼吸线与内源呼吸线基本重合，表明该废水有机物不能被微生物氧化分解，但对微生物的生命活动无抑制作用，微生物只进行内源呼吸；③若生化呼吸线位于内源呼吸线之下，说明废水中的污染物非但不能被微生物降解，而且对微生物具有抑制或毒害作用，生化呼吸线越接近横坐标，则抑制作用越大，如与横坐标重合，则说明微生物的呼吸停止，濒于死亡。

本实验将废水放入曝气瓶中进行充氧（含空白对照），达到一定的平衡氧浓度后，接入一定量的活性污泥，在一定的温度条件下，让微生物在密闭的环境中与实验废水进行反应。只要实验废水中含有机可降解物质，微生物就可以对其进行好氧降解，同时消耗溶解氧，根据在单位时间内消耗溶解氧的速率，就可以知道该实验废水的可生化程度。

三、实验仪器与装置

1. 曝气瓶与曝气平台（图 3-5）。

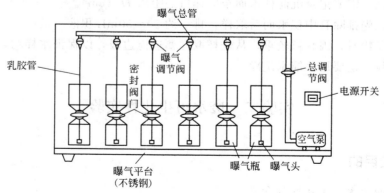

图 3-5　曝气瓶与曝气平台

2.溶解氧测定仪。

3.生化培养箱（冬季使用）。

4.培养好的活性污泥。

四、实验步骤

1.将 4 个曝气瓶上标上序号 1～4，取 400mL 左右水样分别注入 4 个曝气瓶中。其中，1 号瓶加蒸馏水，作为空白对照；2～4 号瓶中加入 2mL 葡萄糖溶液；向 3 号和 4 号曝气瓶中分别加入 1mL 和 3mL 的硫酸铜溶液。

2.将曝气瓶放到曝气台上，将对应的砂芯曝气头放入相应的曝气瓶中。

3.插上曝气泵的电源，曝气泵开始工作，砂芯曝气头上有气泡冒出。通过调节空气流量控制阀门，来控制砂芯曝气头的曝气量。可以通过眼睛观察砂芯曝气头的曝气量，一般不要开得太大，以防止被测定废水从瓶中溢出。

4.连续对曝气瓶中的废水（含空白对照）曝气 30min 后，关闭曝气泵，从曝气瓶中拿出曝气头，将曝气瓶中废水转移至对应编号的溶解氧瓶中，并在瓶中加入活性污泥 10.00mL，盖上瓶塞，倒掉瓶口上的废水，摇匀瓶中液体。

5.打开瓶塞，将溶解氧测定仪的氧探头轻轻放入曝气瓶中，测定此时曝气瓶中的溶解氧浓度，并记录结果。测定完毕，盖上瓶塞。

6.将曝气瓶放入 25℃的培养箱（室）中培养（室温超过 25℃的，可以直接放在室内培养），培养时间取 20min、40min、60min、80min、100min、120min。每到一个时间点，对溶解氧瓶中的溶解氧测定一次。然后盖上瓶塞，摇匀瓶中的液体，再进行培养。

7.以溶解氧变化为纵坐标，以时间变化为横坐标，建立一个坐标曲线。通过对该曲线的分析，可以得到某一废水在单位时间中的溶解氧消耗情况，从而判断该废水的可生化性程度。

五、实验结果整理

实验结果记录见表 3-4，实验结果整理见表 3-5。

表 3-4　实验结果记录表

瓶号＼DO/(mg/L)	0min C_0	20min C_{20}	40min C_{40}	60min C_{60}	80min C_{80}	100min C_{100}
1						
2						
3						
4						

表 3-5　实验结果整理表

$C_0 - C_t$/(mg/L) 瓶号	0min	20min	40min	60min	80min	100min
1	0					
2	0					
3	0					
4	0					

实验三　活性污泥性质测定实验

一、实验目的

1. 了解评价活性污泥性能的四项指标及其相互关系。
2. 掌握 SV、SVI、MLSS、MLVSS 的测定和计算方法。

二、实验原理

活性污泥是人工培养的生物絮凝体，它是由好氧微生物及其吸附的有机物组成的。活性污泥具有吸附和分解废水中的有机物（也有些可利用无机物质）的能力，显示出生物化学活性。活性污泥生长的好坏，与其所处的环境因素有关，而活性污泥性能的好坏，又直接关系到废水中污染物的去除效果。为此，水质净化厂的工作人员经常要通过观察和测定活性污泥的组成和絮凝、沉降性能，以便及时了解曝气池中活性污泥的工作状况，从而预测处理出水的好坏。活性污泥的评价指标一般有生物相、混合液悬浮固体浓度（MLSS）、混合液挥发性悬浮固体浓度（MLVSS）、污泥沉降比（SV）和污泥体积指数（SVI）等。这些指标反映了污泥的活性，它们与剩余污泥排放量及处理效果等都有密切关系。

1. MLSS：混合液悬浮固体浓度，又称混合液污泥浓度，它表示曝气池单位容积混合液内所含活性污泥固体物的总质量，由活性细胞、内源呼吸残留的不可生物降解的有机物、入流水中生物不可降解的有机物和入流水中的无机物 4 部分组成。

2. MLVSS：混合液挥发性悬浮固体浓度，表示混合液活性污泥中有机性固体物质部分的浓度，即由 MLSS 中的前三项组成。

在一般情况下，MLVSS/MLSS 的值较固定，对于生活污水处理池的活性污泥混合液，其比值常在 0.75 左右。

3. 污泥沉降比 SV（%）：指曝气池中取混合均匀的泥水混合液 100mL 置于 100mL 量筒中，静置 30min 后沉降的污泥与整个混合液之体积比（%）。

4. 污泥指数（SVI）：全称污泥容积指数，是指曝气池混合液经 30min 静沉后，1g 干污泥所占的容积，单位 mL/g。计算式如下：

$$SVI = \frac{SV(\%) \times 10(mL/L)}{MLSS(g/L)} \tag{3-12}$$

SVI 值能较好地反映出活性污泥的松散程度（活性）和凝聚、沉淀性能。一般在 100 左右为宜。

三、实验仪器与装置

1. 100mL 量筒；

2. 500mL 烧杯；

3. 秒表；

4. 玻璃棒；

5. 循环水真空泵；

6. 布氏漏斗；

7. 定量滤纸数张；

8. 马弗炉；

9. 坩埚；

10. 分析天平。

四、实验步骤

1. MLSS 的测定

（1）将定量中速滤纸放入已编号的称量瓶中，在 $103 \sim 105℃$ 的烘箱中烘 2h，取出称量瓶，放入干燥器中冷却至室温，在电子天平上称重，记下称量瓶和滤纸的编号和质量 $m_1(g)$。

（2）从已知编号和称重的称量瓶中取出滤纸，放置到抽滤装置中，取 100mL 曝气池混合液慢慢倒入漏斗中进行抽滤。

（3）将抽滤后的污泥连滤纸放入原称量瓶中，在 $103 \sim 105℃$ 的烘箱中烘至恒重（两次称量差小于 0.4mg），取出称量瓶，放入干燥器中冷却至室温，在电子天平上称重，记下称量瓶和滤纸质量 $m_2(g)$。

2. MLVSS 的测定

（1）将已编号的瓷坩埚放入马弗炉中，在 $600℃$ 下灼烧 30min，取出瓷坩埚，放入干燥器中冷却至室温，在电子天平上称重，记下坩埚编号和质量 $m_3(g)$。

（2）取出上述称量瓶中已烘干的污泥和滤纸，放入已编号和称重的瓷坩埚中，在 $600℃$ 下灼烧 $30 \sim 60min$，取出瓷坩埚，放入干燥器中冷却至室温，在电子天平上称重，记下瓷坩埚编号和质量 $m_4(g)$。

3. SV 的测定

取曝气池中混合液 100mL，倒入 100mL 量筒内，静置沉淀 30min，记录沉淀污泥体积。

4. SVI 的测定

根据 MLSS 和 SV 测定结果计算。

五、实验结果整理

1.实验数据记录表（表 3-6）

表 3-6 活性污泥性能测定数据记录表

称量瓶相关数据				瓷坩埚相关数据				挥发分量/g
编号	m_1/g	m_2/g	(m_2-m_1)/g	编号	m_3/g	m_4/g	(m_4-m_3)/g	$(m_2-m_1)-(m_4-m_3)$
1				1				
2				2				

2.评价指标计算

（1）混合液悬浮固体浓度

$$\text{MLSS(g/L)} = \frac{(m_2-m_1)}{V_1} \times 1000 \tag{3-13}$$

（2）混合液挥发性悬浮固体浓度

$$\text{MLVSS(g/L)} = \frac{(m_2-m_1)-(m_4-m_3)}{V_1 \times 10^{-3}} \tag{3-14}$$

（3）污泥体积指数

$$\text{SVI} = \frac{\text{SV(mL/L)}}{\text{MLSS(g/L)}} \tag{3-15}$$

（4）污泥沉降比

$$\text{SV} = \frac{V_2}{V_1} \times 100\% \tag{3-16}$$

六、注意事项

1.称量瓶和瓷坩埚在恒重和灼烧时，应将盖子打开，称重时应将盖子盖好。
2.打开干燥器盖子时，应用手推或拉，不能往上拎。
3.污泥过滤时不可使污泥溢出纸边。

实验四 曝气设备充氧能力测定实验

一、实验目的

1.掌握氧传递的机理及影响因素。
2.掌握测定曝气设备氧总传递系数 K_{La} 值的方法。
3.了解曝气设备清水充氧性能的测定方法，评价曝气设备充氧性能指标。

二、实验原理

活性污泥处理过程中，曝气设备的作用是使氧气、活性污泥和营养物三者充分混合，使污泥处于悬浮状态，促使氧气从气相转移到液相，从液相转移到活性污泥上，保证微生物有足够的氧气进行物质代谢。由于氧的供给是保证生化处理过程正常进行的主要因素，因此工程设计人员通常通过实验来评价曝气设备的充氧能力。

在现场取自来水进行实验，先用 Na_2SO_3 进行脱氧，然后在溶解氧等于或接近零的状况下再进行曝气，使溶解氧升高并趋于饱和水平。假定整个液体是完全混合的，其充氧过程属于传质过程，氧传递机理为双膜理论，在该过程中，阻力主要来自液膜，符合一级反应，此时水中溶解氧的变化可以用下式表示。

$$\frac{dC}{dt} = K_{La}(C_s - C) \tag{3-17}$$

式中　$\frac{dC}{dt}$——氧传递速率，mg/(L·h)；

K_{La}——氧总传递系数，h^{-1}；

C_s——实验室温度和压力下，自来水的溶解氧饱和浓度，mg/L；

C——相应某一时刻 t 的溶解氧浓度，mg/L。

将上式积分，得：

$$\ln(C_s - C) = -K_{La}t + 常数 \tag{3-18}$$

测得 C_s 和相应于每一时刻 t 的 C 后绘制 $\ln(C_s - C)$ 与 t 的关系曲线，其直线的斜率即为 K_{La}。

由于溶解氧饱和浓度、温度、污水性质和紊乱程度等因素均影响氧的传递速率，因此应进行温度、压力校正，并测定校正废水性质影响的修正系数 α、β。所采用的公式如下

$$K_{La}(T) = K_{La}(20℃) \times 1.024^{T-20} \tag{3-19}$$

$$C_{s(校正)} = C_{s(实验)} \times \frac{标准大气压(kPa)}{实验时的大气压(kPa)} \tag{3-20}$$

则在一个大气压下，水温 20℃的脱氧清水中（溶解氧为零），曝气设备的标准氧传递速率为：

$$\frac{dC}{dt} = K_{La(20℃)}C_{s(校正)} = \frac{K_{La(T)}}{1.024^{T-20}}C_{s(实验)}\frac{P_0}{P_{实验}} \tag{3-21}$$

充氧能力为：

$$Q_s = \frac{dC}{dt}V = K_{La(20℃)}C_{s(校正)}V(kg/h) \tag{3-22}$$

曝气设备充氧性能测定的方法，一般多使用间歇非稳态测定法，即实验过程中不进水也不出水的清水实验法对充氧性能进行测定。具体方法是：首先向曝气池内注入自来水，将待曝气用脱氧剂（无水亚硫酸钠）脱氧到零后开始曝气，然后每隔一定时间取水样测定溶解氧值，从而确定 K_{La} 值和设备的充氧能力。

三、实验仪器与装置（图 3-6）

1.泵型叶轮曝气充氧设备。
2.水中溶解氧测定法的所有药品（碘量法）和玻璃器皿等，或溶解氧测定仪。

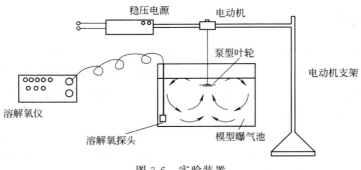

图 3-6　实验装置

3.秒表。

4.温度计。

四、实验步骤

1.向实验装置内注入自来水至叶轮表面稍高处，测定水样体积 V(L) 和水温 t(℃)。

2.根据水温查出实验条件水样的溶解氧饱和值 $C_{s(实验)}$，并根据 $C_{s(实验)}$ 和 V 计算投药量。无水亚硫酸钠投药量：

$$W_1 = VC_{s(实验)} \times 7.9 \times (150\% \sim 200\%) \tag{3-23}$$

式中　$C_{s(实验)}$——实验时水温条件下水中溶解氧饱和值，mg/L；

　　　　V——水样体积，m^3。

催化剂用量：

$$W_2 = V \times 0.5 \times \frac{129.9}{58.9} \tag{3-24}$$

当连续多次实验时，氯化钴只投加一次。

经计算，本实验中 Na_2SO_3 用量为_____ mg/L，Co^{2+} 用量为_____ mg/L，使用前先配制成溶液。

3.本实验中水样体积为20L，加入钴盐 10mL（浓度为1g/L），Na_2SO_3 溶液40mL（浓度为50g/L），并开动搅拌叶轮轻微搅动使其混合，脱氧开始，计时，1min后，用1号溶解氧瓶取样。

4.第1个样取完后（水样脱氧至零），提高叶轮转速（70r/min），进行曝气充氧，同时开始计时，每隔 1min 取水样 1 次，并测定 DO（用碘量法），直至水中溶解氧值不变化（DO 达到饱和值 C_s）为止。关闭装置电源。

五、实验结果整理

1.实验基本参数（表 3-7）记录

表 3-7　基本参数记录表

曝气池直径 /mm	有效水深 /m	水样体积 /L	水温/℃	气压 /kPa	气温/℃	亚硫酸钠 用量/g	氯化钴 用量/g

2. 水样测定数据记录（表 3-8）

表 3-8 水样测定数据记录表

水样瓶编号	充氧时间 t/min	硫代硫酸钠用量/mL			C_t/(mg/L)	$C_s - C_t$	$\ln(C_s - C_t)$
		滴定起点/mL	滴定终点/mL	用量 V/mL			
1	0						
2	1						
3	2						
4	3						
5	4						
6	5						
7	6						
8	7						
9	8						
10	9						

各个时刻溶解氧按下式计算：

$$DO = \frac{MV \times 8 \times 1000}{100} \tag{3-25}$$

式中 $M = \underline{\hspace{2cm}}$ mol/L，为实验滴定时硫代硫酸钠的浓度。

3. 根据测定记录计算 K_{La} 值

（1）用图解法计算 K_{La} 值

绘制 $\ln(C_s - C_t)$ 和时间 t 的关系曲线，用半对数坐标纸作 $C_s - C_t$ 和时间的关系曲线，其斜率即为 K_{La} 值。

（2）该曝气设备的标准氧传递速率为：

$$\frac{dC}{dt} = K_{La(20℃)} C_{s(校正)} = \frac{K_{La(T)}}{1.024^{T-20}} C_{s(实验)} \tag{3-26}$$

（3）计算叶轮冲氧能力 Q_s

$$Q_s = \frac{dC}{dt} V \tag{3-27}$$

（4）用图解法计算 K_{La} 值

用半对数坐标纸作亏氧值 $C_s - C_t$ 与 t 的关系曲线，其斜率即为 K_{La} 值。

（5）计算叶轮充氧能力 Q_s

$$Q_s = \frac{60}{1000} \times K_{La} C_s V (kg/h) \tag{3-28}$$

式中 60——由 min 转化为 h 的系数；

1000——单位由 mg/L 化为 kg/m³ 的系数；

K_{La}——氧的总传递系数，L/min；

V——水样体积，m^3；

C_s——饱和溶解氧值，mg/L。

实验五 混凝实验

一、实验目的

1.通过实验观察混凝现象，加深对混凝理论的理解。

2.了解影响混凝条件的相关因素，选择和确定最佳混凝工艺条件。

二、实验原理

混凝沉淀是废水化学处理中的重要基础实验之一，广泛地用于科研和生产中。在混凝阶段，处理的对象主要是水中悬浮物和胶体杂质。在废水中预先投入化学药剂，破坏胶体颗粒的稳定性（脱稳），使废水中的胶体和细小悬浮物聚集成具有可分离性的絮凝体，再进行分离去除。其作用机理通常认为有：压缩双电层、吸附架桥和网捕等。混凝过程最关键的是确定最佳的混凝工艺条件，主要包括混凝剂的种类、pH值、搅拌速度以及时间等。通过该实验，不仅可以选择投加药剂种类、数量，而且还可以确定混凝的最佳条件。

三、实验仪器与装置

1.六联同步搅拌机（图 3-7）。

2.酸度计。

3.浊度计。

4.烧杯（500mL、200mL）。

5.移液管（1mL、5mL）。

6.注射器（5mL）。

7.温度计。

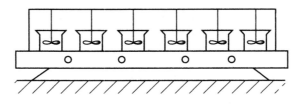

图 3-7 六联混凝搅拌设备示意图

四、实验步骤

在混凝实验中所用的实验药剂可参考下列浓度进行配制：

硫酸铝 $[Al_2(SO_4)_3 \cdot 18H_2O]$（质量分数 1%～5%）；三氯化铁（$FeCl_3 \cdot 6H_2O$）（质量分数 1%～5%）；盐酸（质量分数 10%）；氢氧化钠（质量分数 10%）；聚丙烯酰胺（0.5mg/L）。

1.确定最佳混凝剂

（1）用 3 只 500mL 烧杯，分别取 200mL 原水，将装有水样的烧杯置于六联同步搅拌机上。

（2）向烧杯中加入硫酸铝、三氯化铁、聚丙烯酰胺溶液各 5mL，同时进行搅拌（中速 150r/min，5min），直到其中一个试样出现矾花，此时记录每个试样中混凝剂的投加量。

（3）停止搅拌，静置 10min。用 5mL 注射器抽取上清液，用浊度计测定三个水样的剩余浊度值，根据测得的各浊度值确定最佳的混凝剂。

2.确定混凝剂的最佳投加量

（1）用 6 只 500mL 烧杯，分别取 400mL 原水，将装有水样的烧杯置于六联同步搅拌机上。

（2）确定原水特征，测定原水水样的浊度、pH、温度。

（3）确定形成矾花所用的最小混凝剂量。方法是通过慢速搅拌烧杯中原水，每次增加 1mL 混凝剂投加量，直至出现矾花为止。这时的混凝剂用量作为形成矾花的最小投加量。

（4）根据上一步得出的形成矾花最小混凝剂投加量，取其 1/4 作为 1 号烧杯的投加量，取其 2 倍作为 6 号烧杯的投加量，用依次增加混凝剂投加量相等的方法求出 2～5 号烧杯混凝剂用量，把混凝剂分别加入 1～6 号烧杯中。

（5）启动搅拌机，快速搅拌（300r/min）0.5min；中速搅拌（150r/min）5min；慢速搅拌（70r/min）10min。搅拌中注意观察"矾花形成"过程。

（6）停止搅拌，静置沉淀 10min，然后用 5mL 注射器分别抽取 6 个烧杯中的上清液，用浊度计测定各水样的剩余浊度。

3.确定最佳的 pH 值

（1）用 6 只 500mL 烧杯，分别取 400mL 原水，将装有水样的烧杯置于六联同步搅拌机上。

（2）调整原水 pH 值，用移液管依次向 1、2、3 号装有原水的烧杯中，分别加入 0.6mL、0.4mL、0.3mL HCl，再向 4、5、6 号装有原水的烧杯中，分别加入 0.05mL、0.2mL、0.3mL NaOH。

（3）开动搅拌机，快速搅拌（300r/min）0.5min，停止搅拌，依次用酸度计测定各水样 pH 值。

（4）用移液管依次向装有原水的烧杯中加入相同剂量的混凝剂，投加剂量为最佳投加量。

（5）开动搅拌机，快速搅拌（300r/min）0.5min，中速搅拌（150r/min）5min，慢速搅拌（70r/min）10min，停止搅拌。

（6）静置 10min，用 5mL 注射器抽出烧杯中的上清液，用浊度计测定剩余浊度。

4.其他因素

还可以通过试验考察水流速度梯度等因素对混凝效果的影响。

五、实验结果整理

1.确定最佳混凝剂（表 3-9）

表 3-9　最佳混凝剂记录表

原水浑浊度：		原水温度：		原水 pH 值：	
混凝剂名称	Al$_2$(SO$_4$)$_3$		FeCl$_3$		聚丙烯酰胺
矾花形成时投混凝剂最佳量/mL					
剩余浊度/NTU	1		1		1
	2		2		2
	均		均		均
最佳混凝剂					

2. 确定最佳投药量（表 3-10）

表 3-10　最佳投药量记录表

水样编号		1	2	3	4	5	6
混凝剂加入量/mL							
剩余浊度/NTU	1						
	2						
	均						

以投药量为横坐标，以剩余浊度（NTU）为纵坐标，绘制投药量与剩余浊度关系曲线，从曲线变化可知最佳投药量。

3. 确定最佳 pH 值（表 3-11）

表 3-11　最佳 pH 值记录表

水样编号		1	2	3	4	5	6
投加质量分数 10% 的 HCl/mL		0.6	0.4	0.3			
投加质量分数 10% 的 NaOH/mL					0.05	0.2	0.3
水样 pH 值							
最佳混凝剂加入量/mL							
剩余浊度/NTU	1						
	2						
	均						

以 pH 值为横坐标，以剩余浊度（NTU）为纵坐标，绘制 pH 值与剩余浊度关系曲线，从曲线变化可知最佳 pH 值及其适用范围。

实验六　活性炭吸附实验

一、实验目的

1. 通过实验了解活性炭吸附工艺及性能，熟悉整个实验过程的操作。

2. 掌握用"间歇式"和"连续式"确定活性炭处理废水的参数设计方法。

二、实验原理

活性炭对水中所含杂质的吸附既有物理吸附现象，也有化学吸着作用。有一些被吸附的物质先在活性炭表面上积聚浓缩，继而进入固体晶格原子或分子之间被吸附，还有一些特殊物质则与活性炭分子结合而被吸着。

当活性炭吸附水中所含杂质时，水中的溶解性杂质在活性炭表面积聚而被吸附，同时也有一些被吸附物质由于分子的运动而离开活性炭表面重新进入水中，即同时发生解吸现象。当吸附和解吸处于动态平衡状态时，称为吸附平衡。这时活性炭和水（即固相和液相）之间的溶质浓度，具有一定的分布比值。如果在一定压力和温度条件下，用 m 克活性炭吸附溶液中的溶质，被吸附的溶质为 x 毫克，则单位质量的活性炭吸附溶质的数量 q_e，即吸附容量可按下式计算

$$q_e = \frac{x}{m} \tag{3-29}$$

q_e 的大小除了取决于活性炭的品种之外，还与被吸附物质的性质、浓度、水的温度及 pH 值有关。一般说来，当被吸附的物质能够与活性炭发生结合反应、被吸附物质又不容易溶解于水而受到水的排斥作用，且活性炭对被吸附物质的亲和作用力强、被吸附物质的浓度又较大时，q_e 值就比较大。

描述吸附容量 q_e 与吸附平衡时溶液浓度 C 的关系有朗格缪尔（Langmuir）、BET 和弗罗因德利希（Freundlich）吸附等温式等。

在水和污水处理中通常用 Freundlich 表达式来比较不同温度和不同溶液浓度时的活性炭的吸附容量，即

$$q_e = KC^{\frac{1}{n}} \tag{3-30}$$

式中　q_e——吸附容量，mg/g；

　　　　K——与吸附比表面积、温度有关的系数；

　　　　n——与温度有关的常数，$n>1$；

　　　　C——吸附平衡时的溶液浓度，mg/L。

这是一个经验公式，通常用图解方法求出 K、n 的值。为了方便易解，往往将式（3-30）变换成线性对数关系式

$$\lg q_e = \lg \frac{C_0 - C}{m} = \lg K + \frac{1}{n}\lg C \tag{3-31}$$

式中　C_0——水中被吸附物质原始浓度，mg/L；

　　　　C——被吸附物质的平衡浓度，mg/L；

　　　　m——活性炭投加量，g/L。

连续流活性炭的吸附过程同间歇性吸附有所不同，这主要是因为前者被吸附的杂质来不及达到平衡浓度 c，因此不能直接应用上述公式。这时应对吸附柱进行被吸附杂质泄漏和活性炭耗竭过程实验，也可简单地采用 Bohart-Adams 关系式

$$T = \frac{N_0}{C_0 v}\left[D - \frac{v}{KN_0}\ln\left(\frac{C_0}{C_B} - 1\right)\right] \tag{3-32}$$

式中　T——工作时间，h；

v——吸附柱中流速，m/h；

D——活性炭层厚度，m；

K——流速常数，$m^3/(s \cdot h)$；

N_0——吸附容量，g/m^3；

C_0——入流溶质浓度，mg/L；

C_B——容许出流溶质浓度，mg/L。

根据入流和出流溶质浓度，可用式（3-33）估算活性炭柱吸附层的临界厚度，即保持出流溶质浓度不超过 c_B 的炭层理论厚度。

$$D_0 = \frac{v}{KN_0}\ln\left(\frac{C_0}{C_B}-1\right) \tag{3-33}$$

式中，D_0 为临界厚度，其余符号同上面。

在实验时如果原水样溶质浓度为 C_{01}，用三个活性炭柱串联，则第一个活性炭柱的出流浓度 C_{B1}，即为第二个活性炭柱的入流浓度 C_{02}，第二个活性炭柱的出流浓度 C_{B2} 即为第三个活性炭柱的入流浓度 C_{03}。由各炭柱不同的入流、出流浓度 C_0、C_B 便可求出流速常数值。

三、实验仪器与装置

本实验间歇性吸附采用锥形瓶内装入活性炭和水样进行振荡的方法；连续流式采用有机玻璃柱内装活性炭、水流自上而下连续进出的方法，图 3-8 是连续流吸附实验装置示意图。

1. 活性炭连续流吸附实验装置。

2. 智能型恒温振荡器。

3. pH 计。

4. 锥形瓶（250mL）。

5. 紫外可见分光光度计。

6. 漏斗。

7. 滤纸。

8. 温度计（刻度 0～100℃）。

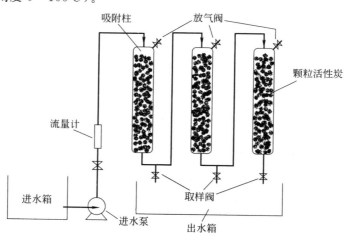

图 3-8 连续流吸附实验装置示意图

四、实验步骤

1. 标准曲线的绘制

（1）配制 100mg/L 亚甲基蓝溶液。

（2）用紫外可见分光光度计对样品在 250～750nm 波长范围内进行全程扫描，确定最大吸收波长。一般最大吸收波长为 662～665nm。

（3）测定标准曲线（亚甲基蓝浓度 0～4mg/L 时，浓度 C 与吸光度 A 成正比）。

分别移取 0mL、0.5mL、1.0mL、2.0mL、2.5mL、3.0mL、4.0mL 的 100mg/L 亚甲基蓝溶液于 100mL 容量瓶中，加水稀释至刻度，在上述最佳波长下，以蒸馏水为参比，测定吸光度。

以浓度为横坐标、吸光度为纵坐标，绘制标准曲线，拟合出标准曲线方程。

2. 间歇式吸附实验步骤

（1）将活性炭放在蒸馏水中浸 24h，然后放在 105℃烘箱内烘至恒重，再将烘干后的活性炭压碎，使其成为 200 目以下筛孔的粉状炭。

因为粒状活性炭要达到吸附平衡耗时太长，往往需数日或数周，为了使实验能在短时间内结束，所以多用粉状炭。

（2）在锥形瓶中，装入以下质量的已准备好的活性炭：0mg、10mg、20mg、30mg、40mg、50mg、60mg、70mg、80mg、90mg、100mg、120mg、140mg、160mg、180mg、200mg。

（3）在锥形瓶中各注入 100mL 10mg/L 的亚甲基蓝溶液。

（4）将锥形瓶置于振荡器上振荡 2h，然后用静沉法或滤纸过滤法移除活性炭。

（5）计算各个锥形瓶中亚甲基蓝的去除率、吸附量。

3. 连续流吸附实验步骤

（1）在吸附柱内加入经水洗烘干后的活性炭。

（2）用自来水配制 10mg/L 的亚甲基蓝溶液。

（3）以 40～200mL/min 的流量，按降流方式运行（运行时炭层中不应有空气气泡）。实验至少要用三种以上的不同流速进行。

（4）在每一流速运行稳定后，每隔 10～30min 由各柱中取样，测定出水的亚甲基蓝吸光度。

（5）考察达到吸附平衡所需要的时间。还可以通过反冲洗或逆流加入再生液，进一步进行活性炭的解吸或再生实验。

五、实验结果整理

1. 吸附等温线

（1）根据测定数据绘制吸附等温线；

（2）根据 Fruendlich 等温线，确定方程中常数 K、n；

（3）讨论实验数据与吸附等温线的关系。

2. 连续流系统

（1）绘制穿透曲线，同时表示出亚甲基蓝在进水、出水中的浓度与时间的关系。

（2）计算亚甲基蓝在不同时间内转移到活性炭表面的量。计算方法可以采用图解积分法（矩形法或梯形法），求得吸附柱进水或出水曲线与时间之间的面积。

（3）画出去除量与时间的关系曲线。

实验七　压力溶气气浮实验

一、实验目的

1.加深理解气浮法去除废水中悬浮固体的原理。

2.了解工业化气浮法处理水中悬浮固体设备的工艺流程。

二、实验原理

气浮法常被用来分离密度小于或接近于水、难以用重力自然沉降法去除的悬浮颗粒。气浮法是通过在水中通入或产生大量高度分散的微小气泡，使其黏附于废水中的污染物上，形成密度小于水的气-水颗粒结合物，上浮到水面，实现固-液或液-液分离的过程。较广泛采用的是压力溶气气浮法。这种方法将空气在一定的压力下溶解于水中，始终保持这个压力获得溶气水。将此溶气水通入含有悬浮固体物的废水中，溶气水由于突然失去压力，使得原来溶解于水中的空气从溶解态瞬间变成气态，这个过程中产生了无数个微小的空气气泡，并且吸附在悬浮固体物的表面。随着吸附的微小气泡不断增加，悬浮固体物的浮力不断增大，最终被托浮到水面，最后通过机械刮板将浮渣清除掉。这样就达到了去除废水中悬浮固体物的目的。

黏附于悬浮颗粒上的气泡越多，颗粒与水的密度差就越大，悬浮颗粒的直径也越大，使得悬浮颗粒上浮速度增加，从而提高了固-液分离的效果。水中悬浮颗粒浓度越高，气浮时所需的微细气泡数量就越多。通常以气固比表示单位质量的悬浮颗粒所需的空气量，无量纲，气固比可按下式计算：

$$\frac{A}{S} = \frac{1.3S_a(10.17fp-1)Q_r}{QS_i} \tag{3-34}$$

式中　$\dfrac{A}{S}$——气固比（释放的空气/悬浮固体），g/g；

　　　S_i——入流中的悬浮固体浓度，mg/L；

　　　Q_r——加压水回流量，L/d；

　　　Q——污水流量，L/d；

　　　S_a——某一温度时空气溶解度；

　　　p——绝对压力，MPa；

　　　f——压力为 p 时水中的空气溶解系数，通常取 0.5；

　　1.3——1mL 空气在 0℃时的质量，mg。

气固比与操作压力、悬浮固体浓度及性质有关，一般为 0.005～0.06。气固比不同，即水中空气量不同，将影响出水水质和浮渣的含固率。在一定范围内，气浮效果是随气固比的增加而增大的，即气固比越大，出水悬浮固体浓度越低，浮渣的固体浓度越高。

影响压力溶气气浮效果的因素很多，其中溶解空气量的多少和释放的气泡直径大小是较重要的因素。

三、实验仪器装置

1.气浮法动态处理废水中悬浮固体物的实验设备如图 3-9 所示。

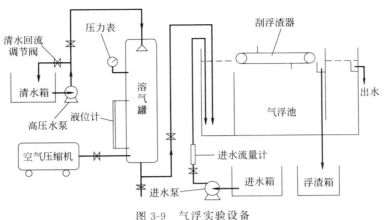

图 3-9　气浮实验设备

由空气压缩机、高压水泵、溶气罐、刮浮渣器、进水泵、气浮池和复合水箱组成。

2.按照国家标准方法测定悬浮固体物（SS）的仪器、设备和玻璃器皿。

四、实验步骤

1.全面了解实验设备的工艺流程，熟悉各个阀门、开关的功能。

2.将自来水注入气浮池中，注水至出水槽溢出为止。将自来水注入清水箱中，注水至清水箱的 1/2 体积。准备实验用模拟废水，放满整个进水箱。建议将河水（中度污染）直接用作实验模拟废水。

3.取 250mL 烧杯 8 个，分别放入实验废水 200mL，向实验废水中加入不同量的絮凝剂（相当于不同的絮凝反应浓度），搅拌均匀，放置 10min，找出具有较好絮凝性价比的加药浓度，作为絮凝剂加入量的依据。

4.根据上面的试验和进水箱中实验废水的体积，计算好总的加药量，将絮凝剂投加到进水箱中，搅拌均匀，10min 后就可以开始进行实验。

5.制定好一系列的实验进水流量和实验时间等条件。

6.按照实验设备的使用说明书操作实验设备。

首先，开启（向上拉）空气压缩机的控制开关，将压缩空气慢慢压入溶气罐，直至溶气罐中的压力达到 0.25MPa 时关闭空气压缩机。

开启高压水泵，高压水泵出水经过回流阀门流入清水箱。当回流清水中不出现大气泡时，慢慢关小回流阀门，让回流清水的流量保持在 500mL/min 左右即可。打开高压水泵出水到溶气罐中去的阀门，让高压水注入溶气罐，注入的速度不要太快，观察液位计的水位上升速度，要求缓慢上升为宜。当溶气罐中的压力达到 0.3~0.4MPa 时，液位计的水位不再上升，让高压水泵继续运转，以始终保持 0.3~0.4MPa 的罐压。如果罐压达不到 0.3~0.4MPa 的要求，则适当地进一步关小回流阀门，以提高高压水泵的出水压力，但千万不要将回流阀门关死，以免损坏高压水泵。然后将高压水泵出水到溶气罐中去的阀门开至最大。

慢慢打开溶气罐到气浮池中去的出水阀门，让溶气水慢慢注入气浮池的混合区。此时，可看见乳白色的溶气水在混合区出现，慢慢调节溶气水的流量至气浮池的混合区全部为乳白色，气浮池的气浮区 1/5～1/4 高度为乳白色时，流量适宜。

开启进水泵控制开关，进水泵开始工作。慢慢打开进水流量计的调节阀门，调节至制定的实验流量。经一定时间的气浮作用后，就可以看到悬浮颗粒物被浮上液面形成浮渣。开启刮浮渣器控制开关，刮浮渣器慢慢转动，将气浮渣刮入浮渣槽并流入浮渣箱。

7. 经过一定时间的处理，被去除悬浮颗粒物的废水从出水槽溢出并流入清水箱。测定进水箱内（已加过絮凝剂，搅均匀）和气浮池出水的悬浮固体物浓度。

8. 实验完毕后，关闭进水泵、刮渣器开关。关闭高压水泵出水到溶气罐中去的阀门，关闭高压水泵控制开关。慢慢开大溶气罐出水到气浮池中去的阀门，让溶气水全部注入气浮池（注意流量不要太大）。当溶气罐中的溶气水排放到低于溶气罐液位计时，慢慢打开溶气罐上方的排气阀，排空罐里的压缩空气。此时，溶气罐和空气压缩机上的压力表均指示为零。排空并清洗气浮池和复合水箱。

五、实验结果整理

1. 观察与描述气浮过程，记录实验结果。
2. 计算悬浮固体物的去除率。

六、注意事项

1. 随着气浮实验时间的延长，溶气罐中的压缩空气会越来越少，而溶气罐液位计的水位会越来越高。当溶气罐的水位超过液位计时，必须停止实验，排空溶气罐中的气和水，重新进行溶气水的生成。

2. 在实验过程中和实验完毕的整理过程中，千万注意不要让压缩空气直接进入气浮池中，否则会引起气浮池中的水位大幅度波动并且冲出池子，流入电器控制箱，引起控制系统的损坏。

3. 定期打开空气压缩机上储气罐的排积水阀门，排掉储气罐中的积水。

实验八　污泥比阻的测定

人们在日常生活和生产活动中产生了大量的生活污水和工业废水，这些污水和废水经过污水处理厂（站）的处理后都要产生大量的污泥。例如，城市污水处理厂每日产生的污泥量约为污水处理量的 0.5，数量极为可观。这些污泥都具有含水率高、体积膨大、流动性大等的特点。为了便于污泥的运输、储藏和堆放，在最终处置之前都要求进行污泥脱水。

污泥按来源可分为初沉污泥、剩余污泥、腐殖污泥、消化污泥和化学污泥。按性质又可分为有机污泥和无机污泥两大类。每种污泥的组成和性质不同，使污泥的脱水性能也各不相同。为了评价和比较各种污泥脱水性能的优劣，也为了确定污泥机械脱水前加药调理的投药量，常常需要通过实验来测定污泥脱水性能的指标——比阻（也称比阻抗）。比阻实验可以作为脱水工艺流程和脱水机选定的根据，也可作为确定药剂种类、用量及运行条件的依据。

一、实验目的

1.掌握用布氏漏斗测定污泥比阻的实验方法。

2.了解和掌握加药调理时混凝剂的选择和投加量确定的实验方法。

二、实验原理

污泥脱水是指以过滤介质（多孔性物质）的两面产生的压力差作为推动力，使水分强制通过过滤介质，固体颗粒被截留在介质上，从而达到脱水的目的。造成压力差的方法有以下四种：依靠污泥本身厚度的静压力（如污泥自然干化物的渗透脱水）；过滤介质的一面造成负压（如真空过滤脱水）；加压污泥把水分压过过滤介质（如压滤脱水）；造成离心力作为推动力（如离心脱水）。

影响污泥脱水性能的因素有污泥的性质和浓度、污泥和滤液的黏滞度、混凝剂的种类和投加量等。

根据推动力在脱水过程中的演变，过滤可分为定压过滤与恒速过滤两种。前者在过滤过程中压力保持不变；后者在过滤过程中过滤速率保持不变。一般的过滤操作均为定压过滤。本实验是用抽真空的方法造成压力差，并用调节阀调节压力，使整个实验过程压力差恒定。

表征污泥脱水性能优劣的最常用指标是污泥比阻。污泥比阻的定义是：在一定压力下，单位过滤面积上单位干重的滤饼所具有的阻力。它在数值上等于黏滞度为 1 时，滤液通过单位质量的滤饼产生单位滤液流率所需要的压差。比阻的大小一般采用布氏漏斗通过测定污泥滤液滤过介质的速率快慢来确定，并比较不同污泥的过滤性能，确定最佳混凝剂及其投加量。污泥比阻越大，污泥的脱水性能越差；反之，污泥脱水性能就越好。

过滤开始时，滤液只需克服过滤介质的阻力，当滤饼逐步形成后，滤液还需克服滤饼本身的阻力。滤饼是由污泥的颗粒堆积而成的，也可视为一种多孔性的过滤介质，孔道属于毛细管。因此，真正的过滤层包括滤饼与过滤介质。由于过滤介质的孔径远比污泥颗粒的粒径大，在过滤开始阶段，滤液往往是浑浊的。随着滤饼的形成，阻力变大，滤液变清。

由于污泥悬浮颗粒的性质不同，滤饼的性质可分为两类。一类为不可压缩滤饼，如沉沙或其他无机沉渣，在压力的作用下，颗粒不会变形，因而滤液中滤饼的通道（如毛细管孔径与长度）不因压力的变化而改变，压力与比阻无关，增加压力不会增加比阻。因此增压对提高过滤机的生产能力有较好效果。另一类为可压缩性滤饼，如初次沉淀池、二次沉淀池污泥，在压力的作用下，颗粒会变形，随着压力增加，颗粒被压缩并挤入孔道中，使滤液的通道变小，阻力增加，比阻随压力的增加而增大。因此，增压对提高生产能力效果不大。

过滤时，滤液体积 V 与过滤压力 p、过滤面积 A、过滤时间 t 成正比，而与过滤阻力 R、滤液黏度 μ 成反比，滤液体积的表达式为：

$$V = \frac{pAt}{\mu R} \tag{3-35}$$

式中　V——滤液体积，mL；

　　　p——过滤压力；

　　　A——过滤面积，cm^2；

　　　t——过滤时间，s；

　　　μ——滤液黏度，Pa·s；

R——单位过滤面积上，通过单位体积的滤液所产生的过滤阻力，取决于滤饼性质，cm^{-1}。

过滤阻力 R 包括滤饼阻力 R_z 和过滤介质阻力 R_g 两部分。过滤开始时，滤液仅需克服过滤介质的阻力，当滤饼逐渐形成后，还必须克服滤饼本身的阻力。因此，阻力 R 随滤饼厚度增加而增加，过滤速率则随滤饼厚度的增加而减小。为此将式（3-35）改写成微分形式：

$$\frac{dV}{dt} = \frac{pA}{\mu R} = \frac{pA}{\mu(\delta R_z + R_g)} \tag{3-36}$$

式中，δ 为滤饼的厚度。

设每滤过单位体积的滤液，在过滤介质上截留的滤饼体积为 v，则当滤液体积为 V 时，滤饼体积为 vV，因此

$$\delta A = vV \tag{3-37}$$

$$\delta = \frac{vV}{A} \tag{3-38}$$

将式（3-38）代入式（3-36）中，得

$$\frac{dV}{dt} = \frac{pA^2}{\mu(vVR_z + R_g A)} \tag{3-39}$$

式（3-39）就是著名的卡门过滤基本方程式。

若以滤过单位体积的滤液在过滤介质上截留的滤饼干固体质量 w 代替 v，并以单位质量的阻抗 r 代替 R_z，则式（3-39）可改写成

$$\frac{dV}{dt} = \frac{pA^2}{\mu(wVr + R_g A)} \tag{3-40}$$

式中，r 为污泥比阻。

定压过滤时，式（3-39）对时间积分，得

$$\int_0^t dt = \int_0^V \left(\frac{\mu w Vr}{pA^2} + \frac{\mu R_g}{pA}\right) dV \tag{3-41}$$

$$t = \frac{\mu w r V^2}{2pA^2} + \frac{\mu R_g V}{pA} \tag{3-42}$$

$$\frac{t}{V} = \frac{\mu w r V}{2pA^2} + \frac{\mu R_g}{pA} \tag{3-43}$$

式（3-43）说明，在定压下过滤，t/V 与 V 呈直线关系，即

$$y = bx + a \tag{3-44}$$

斜率：
$$b = \frac{\mu w r}{2pA^2}$$

截距：
$$a = \frac{\mu R_g}{pA}$$

因此，比阻公式为：
$$r = \frac{2pA^2}{\mu} \times \frac{b}{w} \tag{3-45}$$

从式（3-45）可以看出，要求污泥比阻 r，需在实验条件下求出斜率 b 和 w。b 可在定压下（真空度保持不变）通过测定一系列的 t-V 数据，用图解法求取，见图 3-10。

w 可按下式计算：

$$w = \frac{(V_0 - V_y)\rho_b}{V_y} \quad (3\text{-}46)$$

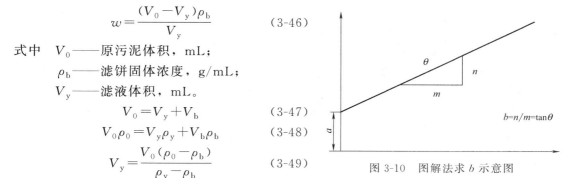
图 3-10　图解法求 b 示意图

式中　V_0——原污泥体积，mL；
　　　ρ_b——滤饼固体浓度，g/mL；
　　　V_y——滤液体积，mL。

$$V_0 = V_y + V_b \quad (3\text{-}47)$$

$$V_0 \rho_0 = V_y \rho_y + V_b \rho_b \quad (3\text{-}48)$$

$$V_y = \frac{V_0 (\rho_0 - \rho_b)}{\rho_y - \rho_b} \quad (3\text{-}49)$$

式中　ρ_0——原污泥固体浓度，g/mL；
　　　ρ_b——滤液固体浓度，g/mL；
　　　V_b——滤饼体积，mL。

将式（3-49）代入式（3-46）中化简得

$$w = \frac{\rho_0 (\rho_b - \rho_y)}{\rho_b - \rho_0} \quad (3\text{-}50)$$

因滤液固体浓度 ρ_y 相对污泥固体浓度 ρ_0 来说要小得多，可忽略不计，故

$$w = \frac{\rho_b \rho_0}{\rho_b - \rho_0} \quad (3\text{-}51)$$

将所得的 b、w 代入式（3-45），即可求出比阻 r。在国际单位制（SI）中，比阻的单位为 m/kg 或 cm/g。在 CGS 制中，比阻的单位为 s^2/g。各单位的换算见表 3-12。

表 3-12　比阻各因素的单位换算

因素	工程制（CGS 制）单位	换成 SI 单位	乘以换算因子
比阻 r	s^2/g	m/kg	9.81×10^3
压力 p	g/cm^2	Pa 或 N/m^2	9.81×10
动力黏度 μ	P 或 $g/(cm \cdot s)$	$Pa \cdot s$ 或 $(N \cdot s)/m^2$	1.00×10^{-1}

用式（3-51）求 w 在理论上是正确的，但在求式中 ρ_b 时要测量湿滤饼的体积，操作时误差很大。为此，根据 w 的定义，可将求 w 方法改为

$$w = \frac{W}{V_y} = \frac{\rho_0 V_0}{V_y} \quad (3\text{-}52)$$

式中，W 为滤饼的干固体质量，g。

一般认为：比阻在 $10^{12} \sim 10^{13}$ cm/g 范围为难过滤污泥；在 $0.5 \times 10^{12} \sim 0.9 \times 10^{12}$ cm/g 范围为中等；小于 0.4×10^{12} cm/g 为易过滤污泥。初沉污泥的比阻一般为 $4.61 \times 10^{12} \sim 6.08 \times 10^{12}$ cm/g；活性污泥的比阻为 $1.65 \times 10^{13} \sim 2.83 \times 10^{13}$ cm/g；腐殖污泥的比阻为 $5.98 \times 10^{12} \sim 8.14 \times 10^{12}$ cm/g；消化污泥的比阻为 $1.24 \times 10^{13} \sim 1.39 \times 10^{13}$ cm/g。这四种污泥均属于难过滤污泥。一般认为，进行机械脱水时，较为经济和适宜的污泥比阻在 $9.81 \times 10^{10} \sim 39.2 \times 10^{10}$ cm/g 之间，故这四种污泥在机械脱水前须进行调理。

加药调理（投加混凝剂）是减小污泥比阻、改善污泥脱水性能最常用的方法。对于上述污泥，无机混凝剂 [如 $FeCl_3$、$Al_2(SO_4)_3$] 的投加量一般为污泥干重的 5%～10%；消石灰的投加量为 20%～40%；聚合氯化铝（PAC）和聚合硫酸铁（PTS）的投加量为 1%～

3%；有机高分子（PAM）的投加量为0.1%～0.3%。投加石灰的作用是在pH＞12的条件下产生大量的$Ca(OH)_2$絮体物，使污泥颗粒产生凝聚作用。

评价污泥脱水性能的指标除比阻外，还有毛细吸水时间（CST）。这是巴斯克维尔（Baskerville）和加尔（Cale）于1968年提出的。毛细吸水时间指污泥与滤纸接触时，在毛细管作用下，污泥中水分在滤纸上渗透1cm所需要的时间，单位为s。这个方法与布氏漏斗法相比，具有快速、简便、重现性好等优点。但此法对滤纸的要求很高，要求滤纸的质量均匀、湿润边界清晰、流速适当并有足够的吸水量等，一般国产滤纸较难做到。

三、实验装置与设备

1. 实验装置

污泥比阻测试装置如图3-11所示，可以自行搭建。

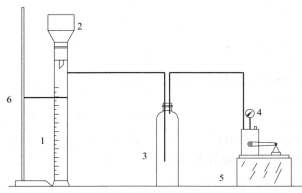

图3-11　比阻测试装置示意图
1—计量筒；2—布氏漏斗；3—缓冲罐；
4—真空表；5—循环水式真空泵；6—铁架台

计量筒为具塞玻璃量筒，用铁架固定夹住，上接抽气接管和布氏漏斗。吸滤筒作为真空室及盛水之用，由有机玻璃制成，它上有真空表和调节阀，下有放空阀；一端用塑料接管连接抽气接管，另一端用硬塑料管接真空泵。真空泵抽吸吸滤筒内的空气，使筒内形成一定真空度。

2. 实验设备和仪器仪表

真空泵，2×2-0.5型直联旋片式，1台；铁质固定架，1个；具塞玻璃量筒，100mL，1个；抽气接管，玻璃三通，标准磨口19mm，1只；布氏漏斗，ϕ80mm，1只；调节阀、放空阀、煤气开关，各一只；真空表，0.1MPa，1只；秒表，30s/圈，1块；烘箱，电热鼓风箱，1台；分析天平，FA1604，1台；吸滤筒，自制有机玻璃，ϕ15cm×25cm，1只；硬塑料管，ϕ10mm×1.5m，1根。

四、实验步骤

1. 配制$FeCl_3$（10g/L）和$Al_2(SO_4)_3$混凝剂溶液。

2. 在布氏漏斗中放置ϕ15cm的定量中速滤纸，用水湿润后贴紧周边和底部。

3. 将布氏漏斗插在抽气接管的大口中，启动真空泵，用调节阀调节真空度为实验压力的1/3（实验压力为0.035MPa或0.071MPa），吸滤0.5min左右，关闭真空泵，倒掉计量筒内的抽滤水。

4. 取90mL污泥倒进漏斗，重力过滤1min，启动真空泵，调节真空度至实验压力，记下此时计量筒内的滤液体积V_0。

5. 启动秒表，定时（开始10～15s，以后30s～2min）记下计量筒内滤液的体积V_1。

6. 定压过滤至滤饼破裂，真空破坏，或过滤30～40min停止实验。测量滤液的温度并记录。

7. 另取污泥 90mL，加混凝剂（污泥干重的 5%～10%）$FeCl_3$ 或 $Al_2(SO_4)_3$，重复实验步骤 2～6。

8. 将过滤后的滤饼放入烘箱，在 103～105℃ 的温度下烘干，称重。

本实验有如下注意事项：

（1）实验时，抽真空装置的各个接头均不应漏气。

（2）在整个过滤过程中，真空度应始终保持一致。

（3）在污泥中加混凝剂时，应充分搅拌后立即进行实验。

（4）做对比实验时，每次取样污泥浓度应一致。

五、实验结果整理

1. 测定并记录实验基本参数（表 3-13）。

表 3-13　基本参数记录表

实验日期_____年_____月_____日

不加混凝剂的污泥			加 $FeCl_3$ 的污泥				加 $Al_2(SO_4)_3$ 的污泥			
t/s	计量筒内滤液 V_1/mL	滤液量 $V=V_1-V_0$/mL	$\dfrac{t}{V}$ /(s/mL)	t/s	计量筒内滤液 V_1/mL	滤液量 $V=V_1-V_0$/mL	$\dfrac{t}{V}$ /(s/mL)	t/s	计量筒内滤液 V_1/mL	滤液量 $V=V_1-V_0$/mL	$\dfrac{t}{V}$ /(s/mL)
0				0				0			
15				15				15			
30				30				30			
45				45				45			
60				60				60			
75				75				75			
90				90				90			
105				105				105			
120				120				120			
130				130				130			
⋮				⋮				⋮			

实验真空度_____MPa

加 $Al_2(SO_4)_3$ _____ mg/L，滤饼干重 $W_1=$ _____ g，$\rho_{b1}=$ _____ g/L

加 $FeCl_3$ _____ mg/L，滤饼干重 $W_2=$ _____ g，$\rho_{b2}=$ _____ g/L

未加混凝剂的滤饼干重 $W_3=$ _____ g，$\rho_{b3}=$ _____ g/L

污泥固体浓度 ρ_0 _____ g/L

2.根据测得的滤液温度 $t(℃)$ 计算动力黏滞度 $\mu(Pa \cdot s)$

$$\mu = \frac{0.00178}{1+0.337t+0.000221t^2} \tag{3-53}$$

3.将实验所得数据按表（3-13）记录并计算。

4.以 t/V 为纵坐标、V 为横坐标作图，求 b。

5.根据式（3-52）求 w。

6.计算实验条件下的比阻 r。

六、问题与讨论

1.比阻的大小与污泥的固体浓度是否有关系？有怎样的关系？

2.活性污泥在真空过滤时，能否说真空度越大，滤饼的固体浓度就越大？为什么？

3.做过滤实验时，重力过滤时间的长短对 b 的值是否有影响？如果有影响，是怎样的影响？

4.实验中发现的问题加以讨论。

实验九　离子交换实验

一、实验目的

1.加深对离子交换基本理论的理解，了解工业化离子交换树脂交换处理设备的工艺流程。

2.考察离子交换设备动态处理某种实验废水的处理效率。

二、实验原理

离子交换法是处理电子、医药、化工等工业用水和处理含有有害离子的废水、回收废水中贵重金属的普遍方法。它可以去除或交换水中溶解的无机盐、去除水中硬度和碱度以及制备去离子水。

离子交换树脂的交换容量表示离子交换剂中可交换离子量的多少，是交换树脂的重要技术指标。由于各种离子交换树脂可以以不同形态存在，为了正确比较各树脂的性能，常常在测定性能前将其转变成某种固定的形态。一般阳离子交换树脂以 H 型为标准，强碱性阴离子交换树脂以 Cl 型为标准，弱碱性阴离子交换树脂以 OH 型为标准。各种树脂在实验前应进行必要的处理，以洗去杂质。

树脂性能的测定目前尚无统一的规定，可根据需要对其物理性状和化学性状进行测定。在应用中，决定树脂交换能力大小的指标是树脂交换容量，它又分为全交换容量（E）、平衡交换容量（m）和工作交换容量（E_0）。全交换容量对于同一种离子交换树脂来说是一个常数，常用酸碱滴定法确定其值。

利用阴、阳离子树脂共同工作是目前制备纯水的基本方法之一。水中各种无机盐类电离生成的阴、阳离子经过 H 型离子交换树脂时，水中阳离子被 H^+ 取代；经过 OH 型离子交换树脂时，水中阴离子被 OH^- 取代。进入水中的 H^+ 和 OH^- 结合成 H_2O，从而达到了去除无机盐的效果。水中所含阴、阳离子的多少，直接影响了溶液的导电性能，经过离子交换树脂处理的水中离子很少，电导率很小，电阻值很大，生产上常以水的电导率控制离子交换后的水质。

三、实验仪器与装置

1. 动态处理的离子交换树脂实验设备（图 3-12）。

2. 检测设备：

（1）盐度计和电导率仪；

（2）测定重金属离子的原子吸收仪。

3. 玻璃器皿。

本实验装置由四根柱子组成，从左到右第一根为砂滤柱，第二根为阳离子交换柱，第三根为阴离子交换柱，第四根为阴、阳离子交换柱。采用上进下出的进水方式进行处理实验。

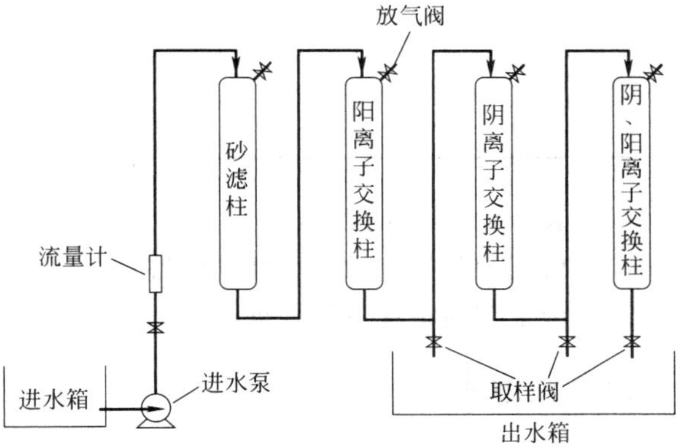

图 3-12　离子交换树脂实验设备

四、实验步骤

1. 将配制的实验用水放入水箱。采用纯净水加盐或重金属离子的方法配制水样进行实验，也可以直接采用电镀废水进行处理实验，但要注意废水浓度。

2. 准备相应的仪器。如果采用自来水或是纯水加盐的方法来进行脱盐处理实验，则要准备好盐度计。如果采用配制的含重金属离子的水样进行实验，则要准备好检测重金属离子的分析方法和仪器。

3. 设计实验方案，选择进水流量（一般为 20~100mL/min）和交换时间等实验条件。

4. 开启水泵，慢慢打开流量计调节阀，让流量计转子处于 1/3 位高度。慢慢打开最后一根离子交换柱的下端出水阀，开至出水流量与进水流量基本平衡（流量计转子基本上处于 1/3 位高度）。然后再调节流量计至选定的实验流量，并开始计时。

5. 实验用水动态流经三根离子交换柱一定时间后（实验时间），慢慢打开阳柱和阴柱的下端出水阀，分别取阳柱、阴柱和混合柱的出水，测定相应的检测项目（如盐度、电导率和重金属离子浓度）。阳柱和阴柱取完水样后要立即关闭出水阀。

6. 实验结束后，关闭最后一根混合柱的出水阀，关闭进水流量计的调节阀，关闭电源。用自来水清洗进水箱和出水箱。

五、实验结果整理（表 3-14）

表 3-14　实验数据记录表

水样	盐浓度/(mg/L)	电导率/(μS/cm)	重金属离子浓度/(mg/L)	备注
原水样				
阳柱出水				

水样	盐浓度/(mg/L)	电导率/(μS/cm)	重金属离子浓度/(mg/L)	备注
阴柱出水				
混合柱出水				
最终去除率/%				

根据表 3-14 记录的数据：

1. 分析实验数据，做出合理的解答；

2. 评价本实验条件下的处理结果。

六、注意事项

1. 由于本实验装置中的离子交换树脂量有限，为了延长树脂的使用寿命，故在配制实验用水时的浓度不宜过高，一般控制在 $(50\sim100)\times10^{-6}$ 之间。交换树脂的再生采用体外再生的方法进行。

2. 在整个实验过程中，如果出现离子交换柱的上端积累空气太多的现象，则可打开上端的排积气阀，排除多余的空气后关闭排积气阀门。

实验十　加氯消毒实验

一、实验目的

经过混凝、沉淀或澄清、过滤等水质净化过程，水中大部分悬浮物质已被去除，但还有一定数量的微生物（包括对人体有害的病原菌），常采用消毒的方法来杀死这些致病微生物。

水的消毒方法有很多，目前采用较多的是氯消毒法。本实验针对有细菌、氨氮存在的水源，采用氯消毒的方法。通过本实验，希望达到以下目的。

1. 了解氯消毒的基本原理。

2. 掌握加氯量、需氯量的计算方法。

3. 掌握氯氨消毒的方法。

二、实验原理

氯气和漂白粉加入水中后发生如下反应：

$$Cl_2 + H_2O = HClO + HCl \tag{3-54}$$

$$2CaOCl_2 + 2H_2O = 2HClO + Ca(OH)_2 + CaCl_2 \tag{3-55}$$

起消毒作用的主要是 HClO。

如果水中没有细菌、氨、有机物和还原性物质，则投加在水中的氯全部以自由氯形式存在，且余氯量等于加氯量。

　　由于水中存在有机物及相当数量的含氮化合物，它们的性质很不稳定，常发生化学反应而逐渐转变为氨，氨在水中呈游离状态或以铵盐的形式存在。

　　加氯后，氯和氨生成"结合性"氯，同样也起消毒作用。根据水中氨的含量、pH 值的高低及加氯量的多少，加氯量与余氯量的关系曲线将出现四个阶段，即四个区间，如图 3-13 所示。

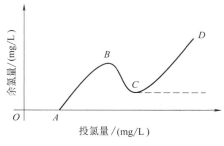

图 3-13　折点加氯曲线

　　第一个区间（OA 段），余氯为零，投加的氯均消耗在氧化有机物上了。加氯量等于需氯量，消毒效果是不可靠的。当加氯量增加后，水中的有机物逐渐被氧化殆尽，出现了结合性余氯，即第二区间（AB 段）。其反应式如下：

$$NH_3 + HClO = NH_2Cl + H_2O \tag{3-56}$$

$$NH_2Cl + HClO = NHCl_2 + H_2O \tag{3-57}$$

　　以式（3-56）为例，氨与氯全部反应生成 NH_2Cl，则投加氯气用量是氨的 4.2 倍。水中的 pH<6.5 时，主要生成 $NHCl_2$，所以需要的氯气将成倍增加。

　　继续加氯，便进入了第三区间（BC 段）。投加的氯不仅能生成 $NHCl_2$、NCl_3，还会发生下列反应：

$$2NH_2Cl + HClO = N_2\uparrow + 3HCl + H_2O \tag{3-58}$$

　　结果是氯氨被氧化为一些无消毒作用的化合物，余氯逐渐减少，最后达到最低的折点 C。当结合性氯全部消耗完后，如果水中有余氯存在，则是游离性余氯，针对含有氨氮的水源，加氯量超过折点时的加氯称为折点加氯或过量加氯。

三、实验装置和设备

　　1. 实验装置

　　本实验所用装置为搅拌机。

　　2. 实验设备和仪器仪表

　　水样调配箱，硬塑料板焊制，长×宽×高=0.5m×0.5m×0.6m，1 个；目视比色仪，1 台；氨氮标准色盘，1 块；余氯标准色盘，1 块；其他器皿比色管，50mL，10 支；移液管，1mL、5mL、10mL，各 1 支；量筒，10mL，1 个；蒸馏瓶，800mL，1 个；冷凝管，1 支；容量瓶，1000mL，1 个；烧杯，1000mL，8 个。

　　3. 主要实验试剂

　　碘化汞钾碱性溶液（又称纳氏溶液），1000mL；无氨蒸馏水，2000mL；6%的饱和升汞溶液，100mL；酒石酸钾钠溶液，200mL；10%硫酸锌溶液，1000mL；50%氢氧化钠溶液，100mL；联邻甲苯胺溶液，1000mL；5%亚砷酸钠溶液，1000mL。

四、实验步骤

　　1. 取天然河水或自来水 10kg，配成氨氮浓度约 0.5mg/L 的溶液。取 500mL 水样于 50mL

比色管中，加酒石酸钾钠1mL、纳氏试剂1mL、混合均匀，放置10min后进行比色，测出水中的氨氮浓度。

2. 称取漂白粉3g，置于100mL蒸馏水中溶解，然后稀释至1000mL。取此漂白粉溶液1mL，稀释100倍后加联邻甲苯胺溶液5mL，摇匀，用余氯标准色盘进行比色，测出含氯量。

3. 用8个1000mL的烧杯各装入含氨氮水样1000mL，置于混合搅拌机上。

4. 从1号烧杯开始，各烧杯依次加入漂白粉溶液1mL、2mL、3mL、4mL、5mL、6mL、7mL、8mL。

5. 启动搅拌机快速搅拌1min，转速为300r/min；慢速搅拌10min，转速为100r/min。

6. 取3支50mL的比色管，标明A、B、C。

7. 用移液管向A管中加入2.5mL联邻甲苯胺溶液，再加水样至刻度。在5s内，迅速加入2.5mL亚砷酸钠溶液，混匀后立刻与余氯标准色盘比色，记录结果（A）。A代表游离性余氯与干扰物迅速混合后产生的颜色所对应的浓度。

8. 用移液管向B管中加入2.5mL亚砷酸钠溶液，再加水样至刻度，立刻混匀。再用移液管加入2.5mL联邻甲苯胺溶液，混匀后立刻与余氯标准色盘比色，记录结果（B_1）。相隔5min后再与余氯标准色盘比色，记录结果（B_2）。B_1代表余氯与干扰物迅速混合后产生的颜色所对应的浓度，B_2代表余氯与干扰物质混合5min后产生的颜色所对应的浓度。

9. 用移液管向C管中加入2.5mL联邻甲苯胺溶液，再加水样至刻度，混合后静置5min，与余氯标准色盘比色，记录结果（C）。C代表总余氯及干扰物质混合5min后产生的颜色所对应的浓度。

上述步骤7、8、9所测的水样为1号烧杯中的水样。

10. 按上述步骤6～9依次测定2～8号烧杯中水样的余氯量。

本实验有以下注意事项：

（1）在测量水样氨氮含量时，如果水样浑浊或颜色较深，可取100mL水样放在250mL烧杯中，加1mL硫酸锌溶液及0.5mL 50%的氢氧化钠溶液，混合均匀，静置片刻，待沉淀后取上清液于50mL比色管中进行比色测定。

（2）在测定余氯时，使用50mL比色管，加2.5mL联邻甲苯胺溶液。用其他容积的比色管，则每100mL水样加5.0mL联邻甲苯胺溶液。

（3）比色测定应在光线均匀的地方或灯光下进行，不可在阳光直射下进行。

（4）如果测定余氯的水样具有色度，可在比色盘下面一支比色管内用水样代替蒸馏水陪衬。

（5）由于水样氨氮、余氯的测定比较复杂，学生实验前，原水样氨氮含量可由实验室人员测定好，加氯量也可由指导老师事先计算好。学生可仅测定投加漂白粉后水中的余氯，并且每组可仅测定一两个烧杯中的余氯。

五、实验结果

1. 实验测得的各项数据可参考表3-15进行记录。

表 3-15　加氯消毒实验记录表

实验日期＿＿＿＿＿＿年＿＿＿＿＿＿月＿＿＿＿＿＿日

原水水温＿＿＿＿＿＿℃　含氨氮量＿＿＿＿＿＿mg/L

漂白粉溶液含氯量＿＿＿＿＿＿mg/L

水样编号		1	2	3	4	5	6	7	8	9	10	11	12
漂白粉溶液投加量/mL													
加氯量/(mg/L)													
比色测定结果/(mg/L)	A												
	B_1												
	B_2												
	C												
余氯计算	总余氯 $D(mg/L)=C-B_2$												
	游离性余氯 $E(mg/L)=A-B_1$												
	化合性余氯(mg/L) $=D-E$												

2.根据加氯量和余氯量绘制两者的关系曲线。

六、问题与讨论

1.根据加氯曲线和余氯计算结果，说明各区余氯存在的形式和原因。

2.你绘制的加氯曲线有无折点？如果无折点，请说明原因。如果有折点，则折点处余氯是何种形式？

第二节　综合性设计性实验

实验一　微电解处理制药工业废水的实验与研究

一、实验目的

1.学习和掌握文献资料的检索和应用。

2.巩固实验操作技能，学习运用微电解、混凝沉淀等处理技术，熟练并灵活使用检测COD、色度、悬浮物等指标的方法。

3.经过对实验结果的分析评价和理论探讨，巩固所学的化学、物理等学科的基础知识和有关的专业知识，培养和提高科学研究能力。

4.通过整个实验过程，培养和锻炼学生发现问题、分析问题和解决问题的综合能力，使学生的主观能动性和创新思维能力得到启发和提高。

二、实验原理

很多种类的工业废水中都含有难生物降解有机物，难生物降解有机物也称持久性有机物。近几十年来，人工合成的化学品大量生产和使用，导致危害性很大的大量难以生物降解的化学品以废水形式排入环境。难降解有机污染物主要来自制药、酒精、农药、染料、塑料、合成橡胶、化纤等工业废水及农田废水排放，如有机氯化合物、多氯联苯、部分染料、高分子聚合物以及多环有机化合物等。这些难降解污染物进入水体后，能长时间残留在水体中，且大多具有较强的毒性和致癌、致畸、致突变作用，并通过食物链不断积累、富集，最终进入动物或人体内产生毒性或其他危害。

难降解工业废水成分较为复杂，污染物成分、浓度的变化与波动频繁，可生化性较差，处理难度较高，其 COD 和色度往往成为该类工业废水处理达标的主要障碍，是对水环境构成严重污染威胁的工业废水污染源之一。因此，采用技术上可行、经济上合理的难降解工业废水处理工艺，使各种类型的难降解有机物能得到有效处理，达到国家和地方的排放标准，达到社会效益、经济效益和环境效益的统一，对实现可持续发展有着重要的意义。

在难降解工业废水的处理技术中，微电解技术正日益受到重视，并已在工程实际中得到了成功的应用。其处理机理为：在偏酸性的条件下（pH＝3～5），废水经微电解反应后产生了大量的新生态［H］和 Fe^{2+}，能与废水中的许多组分发生氧化还原反应，破坏某些有机物质的分子结构，使某些难生化降解的物质转变为易生化处理的物质，提高废水的可生化性，同时，使废水中某些不饱和发色基团的双键断裂，使发色基团破坏而去除色度。如制药废水中的硝基（NO_2^-），不但难以被生物降解，而且对微生物有抑制作用，但在微电解池内硝基可转化为氨基（NH_2^-），这样为进一步的生物处理创造了条件。另一方面，由于 Fe^{2+} 的不断生成，能有效地克服阳极的极化作用，从而促进铁的电化学腐蚀，使 Fe^{2+} 大量溶入溶液。废水经微电解池处理后进入中和反应池，加入石灰乳液，调节 pH 值至 8～9，同时在曝气作用下，使溶液中 Fe^{2+} 形成 $Fe(OH)_2$ 和 $Fe(OH)_3$ 胶体，并进一步水解成铁的单核配合物沉淀。这种配合物具有较高的吸附絮凝活性，能有效地吸附制药废水中的有机物质，另外，在微原电池周围电场作用下，废水中以胶体状态存在的污染物质可在极短时间内完成电泳沉积过程。

因此，铁屑微电解预处理难降解工业废水可起到吸附絮凝、氧化还原及配合等多种作用，能有效地去除废水中的色度、SS 和 COD。

三、实验内容

本实验采用抗生素制药企业的实际生产废水（或按抗生素生产企业的实际生产工艺配方配制废水）作为实验对象，要求治理后的废水有机物指标、色度指标、悬浮物达到国家综合污水排放二级标准，治理工艺技术上可行、经济上合理、具可操作性。

四、实验步骤

1. 学生通过检索和查阅有关文献资料，设计出实验方案，包括实验目的、原理、装置构思、所需仪器设备、所需试剂和操作步骤。

2. 指导教师审查学生提交的实验设计方案后，根据实验室环境条件等具体情况，与学生讨论并修正实验方案，确定实验计划，提供相关装置设备。

3. 学生按自己设计的方案进行全过程操作（包括溶液的配制、安装实验装置、采样等），实验完成后整理实验数据，对实验结果进行分析评价，提交正式实验报告。

4.教师对实验报告进行评价，并将评价意见反馈给学生。

实验二　O₃＋UV 高级氧化实验

一、实验目的

1.理解高级氧化的作用机理。

2.了解高级氧化反应器的工艺流程。

3.考察高级氧化技术对难分解的高分子化合物的降解效果。

二、实验原理

臭氧由三个氧原子构成，常温常压下是具有鱼腥味的淡紫色气体。臭氧的氧化还原电位为 2.07V，无论在水中还是在空气中，臭氧都具有极强的氧化性，能够氧化大部分无机物和有机物。臭氧对有机物的氧化机理大致包括三类：①夺取氢原子，并使链烃羰基化，生成醛、酮或酸；芳香化合物先被氧化成酚，再被氧化为酸。②打开双键，发生加成反应。③氧原子进入芳香环发生取代反应。

臭氧发生氧化反应后的生成物是氧气，所以臭氧是高效的无二次污染的氧化剂。臭氧在废水处理中的应用十分普遍，利用其强氧化性，可以去除水中的锰、铁、芳香化合物、酚和胺类等。

当臭氧溶解于水溶液时能激发产生各种活性自由基，这些活性自由基与臭氧一样具有很强的氧化能力，因此，可以用来氧化分解那些难分解的高分子化合物。在进行高级氧化的同时，可以通过紫外光的照射来加速化学分子键的断裂，进一步提高高级氧化的效率。

三、实验仪器与装置

1.臭氧＋紫外光催化高级氧化实验设备如图 3-14 所示。

2.按照国家标准测定 COD 的相关器材。

3.分光光度计。

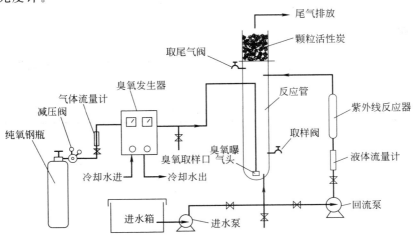

图 3-14　臭氧＋紫外光催化高级氧化实验设备

四、实验步骤

1. 仔细了解整个实验设备的工艺流程、各个单元的连接情况与操作方法。

2. 选择一种难降解的实验材料（结构稳定的大分子有机物，如：苯磺酸钠、磺基水杨酸、苯系物、硝基苯、石油产品、染料等），COD 控制在 $500\sim1000\text{mg/L}$ 范围内。也可以根据需要或结合研究课题来选择试验的材料。

3. 按照设备的使用说明书操作。

首先，打开臭氧发生器冷却水的水源（自来水）。打开 O_2 钢瓶的总阀，顺时针方向慢慢调节减压阀的输出压力为 $0.1\sim0.2\text{MPa}$。打开 O_3 发生器的电源开关，O_3 发生器开始工作。打开进气（O_2）流量计，调节至所需的进气（O_2）流量。从 O_3 出气取样口取气样，采用碘量法测定 O_3 的含量（以同样的方法，在实验过程中从尾气取样口取气测定 O_3 的含量，这样就可以计算出反应中消耗 O_3 的情况）。通过不同的 O_2 流量的试验，可以得到 O_3 发生器的工作条件曲线，为以后提供试验参数。

将实验水倒入进水箱。开启进水泵，让实验水进入反应器，具体的实验水体积根据需要确定（不要超过 3L，反应器上有刻度），然后关闭进水泵的出水阀，关闭进水泵。可将多余的水样从取水样阀门排掉，以保持准确的实验水体积。

开启氧气瓶，调节好氧气输出压力。开启 O_3 发生器，氧气流量根据需要确定。如要进行 UV 光催化过程，则打开循环水阀门，打开循环泵，开启 UV 反应器进行 UV 光催化反应。可以设计为单臭氧氧化与臭氧氧化＋紫外线反应与单紫外线反应之间的对比试验，来进行更加深入的研究性实验。

4. 经过不同实验时间后，分别从取水样阀门（反应器中间位置）取水样，进行相关的项目检测（COD、色度等），得到实验结果。

5. 实验结束后，关闭 O_3 发生器的电源，关闭冷却水。关闭氧气钢瓶气阀，打开 O_3 发生器的进气流量计，放空管道内的余气，待钢瓶减压阀上的高压表和低压表都降至零位时，将钢瓶减压阀的输出压力调节阀逆时针方向旋得很松（关闭减压阀）即可。将进水箱中的实验水用虹吸法排掉。将反应器中的实验水从底部的取水样阀口排掉。将自来水放入进水箱，打开进水泵，将自来水泵入反应器（水体积可以多一些），打开循环泵，清洗管路和 UV 反应器。反复清洗 2～3 次，最后放空所有积水。

五、实验结果整理

1. 记录反应物名称、反应液体积、臭氧的产生量与浓度、回流流量等试验条件。
2. 将实验数据填入记录表中（表 3-16 和表 3-17）。

表 3-16　脱色情况记录表

取样时间/min	0	0.5	1.0	3.0	5.0	7.0	10.0
吸光度							
色度去除率/%							

表 3-17　COD 去除情况记录表

取样时间/h	0	0.5	1.0	1.5	2.0	2.5	3.0
COD/(mg/L)							
COD 去除率/%	—						

3.分别绘制色度和 COD 随时间变化的降解曲线。

4.分析实验数据，解释实验结果。

实验三　TiO_2＋UV 高级氧化实验

一、实验目的和要求

1.理解 UV/TiO_2 高级氧化的降解过程和机理。

2.了解气、液、固三相分离。

二、实验原理

二氧化钛在光照条件下能够进行氧化还原反应，是由于其电子结构特点为一个满的价带和一个空的导带。当光子能量达到或超过其带隙能级时，电子就可以从价带激发到导带上，同时产生相应的空穴，即生成电子-空穴对，对有机污染物进行氧化降解反应。纳米二氧化钛矿化有机物的总体过程可表示为如下反应：

$$有机污染物 + O_2 \xrightarrow[超宽带光]{TiO_2} CO_2 + H_2O + 矿化的盐 + 无机盐$$

对总体过程，可分解为以下五个基本步骤：

（1）电荷的产生

$$h\nu + TiO_2 \longrightarrow e_{CB} + h_{VB}（空穴） \tag{3-59}$$

因为纳米级二氧化钛的能量是不连续的，价带和导带之间存在一个禁带。用作光催化剂的纳米二氧化钛的禁带宽度为 3.2eV，当吸收波长小于或等于 387.5nm 的光子后，价带中的电子就会被激发到导带上，形成带负电的活性电子，同时在价带上产生带正电的空穴。

（2）电荷体的复合

$$e_{CB} + h_{VB} \longrightarrow 热 + 光$$

激活态的导带电子和价带空穴能重新合并，使光能以热的形式散发掉，当存在合适的俘获剂或表面缺陷态时，就会在表面发生氧化还原反应，所以光催化剂过程中尽量避免电子-空穴对的重组效应。

（3）价带空穴引起的氧化途径的发生

光生空穴有很强的氧化能力，可以使电子从被吸附的溶剂分子转移，或从被吸附的底物分子转移，使原来不吸收入射光的物质活化而被氧化。

$$h_{VB}^+ + H_2O \longrightarrow \cdot OH + H^+ \tag{3-60}$$

$$h_{VB}^+ + OH^- \longrightarrow \cdot OH \tag{3-61}$$

$$h_{VB}^+ + RX \longrightarrow RX^+ \tag{3-62}$$

（4）由导带电子引起的还原途径的发生

在电子从导带传送给反应物的过程中，分子氧作为电子受体，以过氧阴离子及其质子氧化形式存在着，发生歧化反应，产生过氧化氢，加入的过氧化氢有利于反应速率的提高。

$$e^- + O_2 \longrightarrow \cdot O_2^- \tag{3-63}$$

$$\cdot O_2^- + H_2O \longrightarrow HOO \cdot OH^- \tag{3-64}$$

$$2HOO \cdot \longrightarrow H_2O_2 + O_2 \tag{3-65}$$

$$H_2O_2 + e^- \longrightarrow 2 \cdot OH \tag{3-66}$$

（5）羟基自由基矿化有机物

羟基自由基是短暂的强氧化剂，能消除氢同时氧化有机物，产生有机自由基，接着在分子氧存在下被氧化成自由基，这些中间体激发热力学链反应进行矿化生成水、二氧化碳和矿化物。

$$\cdot OH + RH \longrightarrow R \cdot + H_2O \tag{3-67}$$

$$\cdot OH + RX \longrightarrow RX \cdot + \cdot OH \tag{3-68}$$

$$RX \cdot (R \cdot) + \cdot OH \longrightarrow H_2O + CO_2 + 矿化物 \tag{3-69}$$

通过上述过程除产生具有强氧化性的羟基自由基外，在光反应诱导下产生的其他活性基团对于有机物的矿化也同样具有相当重要的意义。

$$e_{CB} + \equiv Ti - O - H^+ \longrightarrow \equiv Ti - OH \tag{3-70}$$

$$h_{VB} + \equiv Ti \cdot OH^- \longrightarrow \equiv Ti - OH \tag{3-71}$$

$$h_{VB}^+ + \equiv Ti - OH \longrightarrow Ti - O \cdot + H^+ \tag{3-72}$$

$$h_{VB}^+ + \equiv Ti - H_2O \longrightarrow \equiv Ti - O \cdot + H^+ \tag{3-73}$$

这些活性基团由于具有大量的悬键，这些悬键可在能隙中形成缺陷能级，使纳米二氧化钛表面具有很高的活性，可以直接对有机物造成羟基化，而羟基自由基的氧化能力是水体中存在的氧化剂中最强的，并将其最终矿化为水、二氧化碳等无机物。许多有机物的氧化电位较二氧化钛的价带电位更负一些，能直接为氢离子所氧化。由于有机物的矿化机理往往与分子结构有关，结构不同，矿化机理及途径也有差异：①对脂肪族化合物的矿化机理是脂肪烃与·OH作用生成醇，并进而氧化为醛和酸，最终生成水和二氧化碳；②对卤代脂肪烃，是先羟基化，然后再脱卤矿化；③对芳香族化合物的矿化是在·OH的作用下，芳环结构发生变化，开环逐步氧化为水、二氧化碳和小分子无机物。

三、实验仪器与装置

1. TiO$_2$＋UV 高级氧化实验设备（图 3-15）。

2. 紫外分光光度计。

3. 空气气泵。

4. 印染废水。

5. 高速离心机。

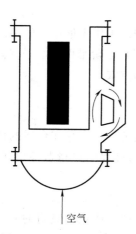

图 3-15　TiO$_2$＋UV 高级氧化实验装置图

空气

四、实验步骤

1.加 20mg/L 印染废水 6.2L 于反应装置中，并取适量 0 号样待测吸光度。

2.打开气泵，并加入 0.062g TiO_2 于反应装置中，开始计时。

3.曝气 20min 后，当分布均匀并达到吸附平衡，取吸附平衡样待离心分离后测吸光度值。

4.打开紫外光灯并再次计时，取适当时间间隔（如 15min）取样，共取 8 个试样，待离心分离后测定其吸光度值。

5.读取波长 $\lambda = 523nm$ 处对应的吸光度峰值，并记录数据。

五、实验结果整理与计算

1.实验结果计算：

显色物质浓度 C(mg/L) 按下式计算：

$$C = A/0.03438 \qquad (3-74)$$

式中　C——水中显色物质浓度，mg/L；

　　　A——吸光度。

2.实验数据整理记录（表 3-18）：

表 3-18　实验数据记录表

取样时间/min	0	20min 吸附平衡	15	30	45	60	75	90	105	120
吸光度 A										
显色物质浓度 C/(mg/L)										

3.绘制吸光度和显色物质浓度随时间变化的降解曲线。

4.分析实验数据，并解释实验结果。

实验四　H_2O_2＋UV 高级氧化实验

一、实验目的和要求

1.理解高级氧化的降解过程和机理。

2.了解高级氧化技术对难分解的印染废水的降解效果。

二、实验原理

UV/H_2O_2 高级氧化（AOPs）即光激发氧化。在紫外光（$\lambda < 300nm$）的激发下，H_2O_2 产生 ·OH，H_2O_2 的分解速度和自由基产生速率取决于它本身的浓度和紫外光的辐射频率。其反应机理如下所示

$$H_2O_2 + UV \longrightarrow 2 \cdot OH \qquad (3-75)$$

$$\cdot OH + H_2O_2 \longrightarrow H_2O + HO_2 \qquad (3-76)$$

$$H_2O_2 + HO_2 \longrightarrow H_2O + O_2 + \cdot OH \qquad (3-77)$$

$$2 \cdot OH \longrightarrow H_2O_2 \tag{3-78}$$

总反应式为：

$$2H_2O_2 \longrightarrow 2H_2O + O_2 \tag{3-79}$$

H_2O_2 经紫外光照射产生 $\cdot OH$ 的过程中，自由基可以与有机物反应。UV/H_2O_2 高级氧化去除水中污染物的过程中，自由基的作用占主要地位，同时直接光分解和紫外辐射对反应物分子的活化也有一定作用。

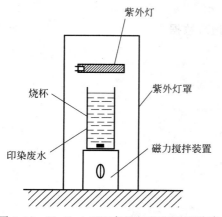

图 3-16 $H_2O_2 + UV$ 高级氧化实验装置图

三、实验仪器与装置

1. $H_2O_2 + UV$ 高级氧化实验设备（实验装置图见图 3-16）。

2. 紫外分光光度计。

3. 磁力搅拌器。

4. 印染废水。

5. H_2O_2 溶液。

四、实验步骤

1. 取 200mL 活性印染废水倒入 250mL 烧杯中，放入磁力搅拌子并置于磁力搅拌器上。

2. 启动紫外分光光度计进行联机，并用去离子水进行参比对照。

3. 加 0.2mL H_2O_2 于试样中，启动磁力搅拌器，打开紫外灯，并开始计时。

4. 于第 0min 开始取适量水样（约 18mL），每 15min 取一次，共取 9 个试样，进行吸光度的测定。

5. 读取波长 $\lambda = 523nm$ 处对应的吸光度峰值，并记录数据。

五、实验结果整理与计算

1. 实验结果计算：

显色物质浓度 C（mg/L）按下式计算：

$$C = A/0.03438 \tag{3-80}$$

式中 C——水中显色物质浓度，mg/L；

A——吸光度。

2. 实验数据整理记录（表 3-19）。

表 3-19   实验数据记录表

取样时间/min	0	15	30	45	60	75	90	105	120
吸光度 A									
显色物质浓度 C /（mg/L）									

3. 绘制吸光度和显色物质浓度随时间变化的降解曲线。

4. 分析实验数据，并解释实验结果。

第四章 大气污染控制工程

第一节 基础性实验

实验一 粉尘真密度的测定

一、实验目的

真密度是粉尘重要的物理性质之一，粉尘真密度的大小直接影响其在气体中的沉降或悬浮。在设计选用除尘器、设计粉料的气力输送装置以及测定粉尘的质量分散度时，粉尘的真密度都是必不可少的基础数据。在缺少资料的情况下，粉尘的真密度可以通过测定来获得。

通过本实验，希望达到以下目的。

1. 了解测定粉尘真密度的原理并掌握真空法测定粉尘真密度的方法。
2. 了解引起真密度测量误差的因素及消除方法，提高实验技能。

二、实验原理

物质的密度 ρ 即单位体积的质量的表达式为

$$\rho = m / V_c \tag{4-1}$$

式中　m——物质的质量，kg；

　　　V_c——该物质的体积，m^3。

粉尘真密度的测定原理是：先将一定量的试样用天平称量（即求它的质量），然后放入比重瓶中，用液体浸润粉尘，再放入真空干燥器中抽真空，排除粉尘颗粒间隙的空气，从而得到该粉尘试样在真密度条件下的体积，根据式（4-1）即可计算得到粉尘的真密度。

设比重瓶的质量为 m_0，容积为 V_s，瓶内充满已知密度为 ρ_s 的液体，则总质量为

$$m_1 = m_0 + \rho_s V_s \tag{4-2}$$

在瓶内加入质量为 m_0、体积为 V_c 的粉尘试样后，瓶中减少了 V_c 体积的液体，故有

$$m_2 = m_0 + \rho_s (V_s - V_c) + m_c \tag{4-3}$$

粉尘试样体积 V_c 可根据上述两式表示为

$$V_c = \frac{m_1 - m_2 + m_c}{\rho_s} \tag{4-4}$$

所以粉尘试样的真密度 ρ_c 为

$$\rho_c = \frac{m_c}{V_c} = \frac{m_c \rho_s}{m_1 - m_2 + m_c} = \frac{m_c \rho_s}{m_s} \tag{4-5}$$

式中　m_s——排出液体的质量，kg 或 g；

　　　m_c——粉尘的质量，kg 或 g；

m_1——比重瓶加液体的质量，kg 或 g；

m_2——比重瓶加液体和粉尘的质量，kg 或 g；

V_c——粉尘真体积，m^3 或 cm^3。

以上关系可以表示为：

$$尘＋（比重瓶＋液体）－（瓶＋液＋尘）＝液体$$

$$m_c+m_1-m_2=m_s=\rho_s V_c \tag{4-6}$$

三、实验装备与设置

1. 实验装置

测定装置示意图如图 4-1 所示。

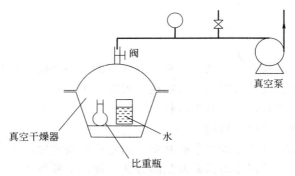

图 4-1　粉尘真密度测定用真空装置示意图

2. 实验设备与仪器

比重瓶，100mL，3 只；分析天平，0.1mg，1 台；真空泵，真空度大于 $(0.9×10^5)$Pa，1 台；烘箱，0～150℃，1 台；真空干燥器，300mm，1 只；滴管，1 支；烧杯，250mL，1 个；滑石粉试样；蒸馏水；滤纸若干。

四、实验步骤

1. 将粉尘试样约 25g 放在烘箱内，于 105℃下烘干至恒重（每次称重前必须将粉尘试样放在干燥器中冷却到常温）。

2. 将上述粉尘试样用分析天平称重，记下粉尘质量 m_c。

3. 将比重瓶洗净，编号，烘干至恒重，用分析天平称重，记下质量 m_0。

4. 将比重瓶加蒸馏水至标记（即毛细孔的液面与瓶塞顶平），擦干瓶外表面的水再称重，记下水和瓶的质量 m_1。

5. 将比重瓶中的水倒去，加入粉尘 m_c（比重瓶中粉尘试样不少于 20g）。

6. 用滴管向装有粉尘试样的比重瓶内加入蒸馏水至比重瓶容积的一半左右，使粉尘润湿。

7. 把装有粉尘试样的比重瓶和装有蒸馏水的烧杯一同放入真空干燥器中，盖好盖，抽真空（图 4-1）。保持真空度在 98kPa 下 15～20min，以便把粉尘颗粒间隙的空气全部排除，使粉尘能够全部被水湿润，即使水充满所有间隙，同时去除烧杯内蒸馏水中可能存在的气泡。

8. 停止抽气，通过放气阀向真空干燥器缓慢进气，待真空表恢复常压指示后打开真空干燥器盖，取出比重瓶和蒸馏水杯，将蒸馏水加入比重瓶至标记处，擦干瓶外表面的水后称重，记下其质量为 m_2。

9.测定数据记录在表 4-1 中。

表 4-1 粉尘真密度测定数据记录表

粉尘名称_____

比重瓶编号	粉尘质量 m_c/g	比重瓶质量 m_0/g	比重瓶加水质量 m_1/g	比重瓶加水加粉尘质量 m_2/g	粉尘真密度 （kg/m³）
平均					

五、实验数据整理

将测定数据带入式（4-7）中，即可求出粉尘真密度：

$$\rho_c = \frac{m_c}{V_c} = \frac{(m_c \rho_s)}{(m_1 - m_2 + m_c)} \qquad (4-7)$$

取 3 个平行样品，要求 3 个样品测定结果的绝对值误差不超过 $\pm 0.02 g/cm^3$。

六、实验结果与讨论

结合实验测定的结果，讨论实验过程中可能产生误差的原因及可能的改进措施。

实验二　粉尘比电阻的测定

一、实验目的

粉尘的比电阻是一项有实用意义的参数，如考虑将电除尘器和电强化布袋除尘器作为某一烟气控制工程的待选除尘装置时，必须取得烟气中粉尘的比电阻值。粉尘比电阻的测试方法可分成两类。第一类方法是将比电阻测试仪放进烟道，用电力使气体中的粉尘沉淀在测试仪的两个电极之间，再通过电气仪表测出流过粉尘沉积层的电流和电压，换算后可得到比电阻值。这类方法的特点是利用一种装置在烟道中采集粉尘试样，而这个装置又可在采样位置完成对采得尘样的比电阻的测量。第二类方法是在实验室控制的条件下测量尘样的比电阻。本实验采用第二类方法。

二、实验原理

两块平行的导体板之间堆积某种尘粉，两导体施加一定电压 U 时，将有电流通过堆积的粉尘层。电流 I 的大小正比于电流通过粉尘层的面积，反比于粉尘层的厚度。此外，I 还与粉尘的介电性质、粉尘的堆积密实程度有关。但是，通过堆积尘层的电流 I 和施加电压 U 的关系不符合欧姆定律，即 U/I 的比值不等于定值，它随 U 的大小而改变。粉尘比电阻的定义式为：

$$\rho = \frac{UA}{Id} \tag{4-8}$$

式中　ρ——比电阻，$\Omega \cdot cm$；

　　　U——加在粉尘层两端面间的电压，V；

　　　I——粉尘层中通过的电流，A；

　　　A——粉尘层端面面积，cm^2；

　　　d——粉尘层厚度，cm。

三、实验装置

1.比电阻测试皿

比电阻测试皿由两个不锈钢电极组成。安装时处于下方的固定电极做成平底敞口浅碟形，底面直径 7.6cm，深 0.5cm，它也是盛待测粉尘的器皿。固定电极的上方设一个可升降的活动电极。为了消除电极边缘通电流的边缘效应，活动电极周围装有保护环，保护环与活动电极之间有一狭窄的空隙。比电阻的测量值与加在粉尘层的压力有关。一般规定该压力为 1kPa，达到这一要求的活动电极的设计如图 4-2 所示。

2.高压直流电源

这一电源是供测量时施加电压用的，它应能连续地调节输出电压。调压范围为 0～10kPa。高电压表是测量粉尘层两端面间的电压的。粉尘层的介电性可能出现很高的值，因此与它并联的电压表必须具有很高的内阻，如采用 Q5-V 型静电电压表。测量通过粉尘层电流的电流表可用 C46-μA 型。供电和仪表的连接见图 4-3。

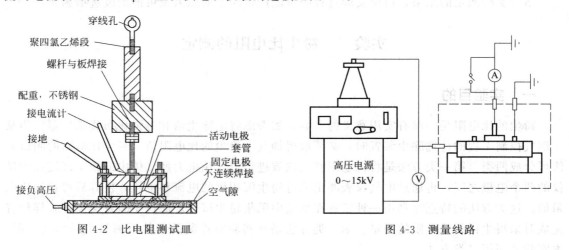

图 4-2　比电阻测试皿　　　　　　　　　　图 4-3　测量线路

3.恒温箱

粉尘比电阻随温度的改变而改变。在没有提出指定测试温度的情况下，一般报告中给出的是 150℃时测得的比电阻值。而测量环境中水汽体积分数规定为 0.05。因此，应装备可调温调湿的恒温箱。将比电阻测试皿装在恒温箱中，活动电极的升降通过伸出箱外的轴进行操作。

四、实验步骤

1. 取待测层样 300g 左右，置于一耐高温浅盘内，并将其放入恒温箱内烘 2h，恒温箱的温度调到 150℃。

2. 用小勺取待测粉尘装满比电阻测试皿的下盘，取一直边刮板从盘的顶端刮过，使层面平整。小心地将盘放到绝缘底座上。注意，勿过猛振动灰盘，避免烫伤，通过活动电极调节轴的手轮将活动电极缓慢下降，使它以自身重量压在灰盘中的粉尘的表面上。

3. 接通高压电源，调节电压输出旋钮，逐步升高电压，每步升 50V 左右，记录通过粉尘层的电流和施加的电压。如出现电流值突然大幅度上升，高压电压表读数下降或摇摆时，表明粉尘层内发生了电击穿，应立即停止升压，并记录击穿电压。然后将输出电压调回到零，关断高压电源。

4. 将活动电极升高，取出灰盘，小心地搅拌盘中粉尘使击穿时粉尘层出现的通道得到弥合，再刮平（或重新换粉尘）。重复步骤 2 和 3，测量击穿电压三次。取三次测量值 U_{B1}、U_{B2}、U_{B3} 的平均值 U_B。

5. 关断高压。按照步骤 2，在盘中重装一份粉尘。按照步骤 3 调节电压输出旋钮，使电压升高到击穿电压 U_B 的 0.85～0.95 倍。记录高压电压表和微电流表的读数。根据式（4-8）计算比电阻 ρ。

6. 另装两份粉尘，按以上步骤重复测量 ρ 的值。

五、实验数据整理

实验数据记录在表 4-2 中。比电阻测定记录表见表 4-3。

表 4-2　击穿电压测量记录表

粉尘来源_____　恒温箱烘尘温度_____℃　恒温箱水汽体积分数_____

第一次

U/kV										U_{B1}/V
I/μA										

第二次

U/kV										U_{B2}/V
I/μA										

第三次

U/kV										U_{B3}/V
I/μA										

平均击穿电压（U_B）_____

表 4-3　比电阻测定记录表

指标	尘样 1	尘样 2	尘样 3
U/V			
I/A			
ρ/(Ω·cm)			

平均比电阻（$\bar{\rho}$）=_____

六、实验结果讨论

本实验采用的方法仅适合比电阻超过 $1 \times 10^7 \Omega \cdot cm$ 的粉尘。假若仍用这种方法测量 $1 \times 10^6 \Omega \cdot cm$ 以下的粉尘比电阻，可能遇到什么困难？

假若先将待测粉尘放在较高温度下烘烤，再让它冷却到规定温度时测量比电阻，是否得到按本实验指定程序测得的同样结果？

实验三　粉尘分散度的测定

一、实验目的

除尘系统处理的粉尘均由粒径大小不同的颗粒组成，粉尘的粒径分布又称分散度，不同分散度的粉尘对人体的危害以及除尘机理都不相间。掌握粉尘的粒径分布是设计、选择除尘器的基本条件之一。在工程实践中，如果忽视了对粉尘分散度的测定和研究，就有可能造成除尘器选用不当、除尘系统运转效果不良、达不到顶期的设计要求等后果。

本实验的目的是学会采用巴柯离心分级仪测定粉尘分散度的方法。

二、实验原理

本实验采用离心沉降法（Bahco 法）进行测定，离心分级仪的结构示意图见图 4-4。

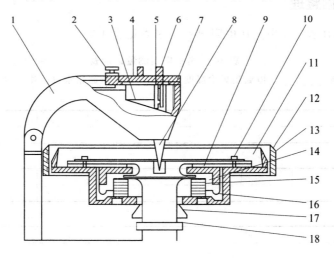

图 4-4　YHJ 型离心式粉尘分级仪结构示意图

1—给定器；2—调节螺钉；3—金属筛；4—透明盖板；5—调节闸板；6—调节螺钉；
7—振捣器；8—给料斗；9—风扇叶轮；10—闭锁螺钉；11—挡圈；12—保护圈；
13—转盘护圈；14—分级室；15—均流片；16—储尘容器；17—风挡；18—定位螺母

将粉尘试样倒入金属筛 3，由于振捣器 7 的振动，粉尘从金属筛 3 落入斗内，然后通过调节闸板 5、给料斗 8 落到高速旋转的圆盘上，尘粒在离心力的作用下向外侧运动落入分级室。

电动机同时带动风扇叶轮 9 旋转，由于风扇叶轮的旋转，将空气从仪器下部的吸入口吸入，经过均流片 15、分级室 14，最后经风扇叶轮 9 排出。因此，尘粒由旋转圆盘到分级室时，既受到惯性离心力的作用，又受到向心气流的作用。当作用在尘粒上的惯性离心力大于气流作用力时，尘粒向外壁运动，最后落入分级室；若惯性离心力小于气流作用力，尘粒向圆心方向运动，被气流吹出离心分级仪。当旋转速度、尘粒密度和通过分级室的风量一定时，被气流带出分级仪的粒径也是一定的。

离心分级仪配有一套不同厚度的节流片（共 7 片），改变节流片可以调节离心分级仪的吸入风量。测试过程中，由最厚的 18 号片开始选择安装节流片，逐级减薄，从而控制吸入的风量逐级变大，使得试样中的尘粒由小到大逐级被离心分级仪吹出去。每次把分级室内残留的粉尘刷出、称重，则两次分级的质量差就是被吹出去的尘粒质量，由此达到使粉尘试样分级的目的。

Bahco 离心分级器的构造简单，操作方便，分析时间短（分析一个样品约需 2h），同时 Bahco 的分级是在气体中进行的，粉尘运动接近于旋风除尘器的工作工况，因而在工业测定中应用较广。美国机械工程师协会（AMSE）的粉尘性能测定规范（PTC-28）中推荐采用 Bahco 法作为粉尘粒度测定的标准方法。Bahco 分级器的缺点是：电动机的转速及分级室内温度、湿度和压力的波动等都将影响到测定精度；此外，某些粉尘在潮湿空气中会凝聚，不易分散。Bahco 法也不适宜用于分析黏性大的粉尘和粒径很小（如 $3\mu m$ 以下）的粉尘。

每台仪器出厂时都给出了与每个节流片号码相对应的尘粒的分级粒径（粉尘密度为 $1g/cm^3$ 时的粒径）。本实验所用仪器的数据见表 4-4。

表 4-4　节流片号相应颗粒的粒径

节流片的片号	18	17	16	14	12	8	4	0
尘粒的分级粒径 d_p'	3.1	5.1	12.4	25.9	39.3	55.5	60.1	74.3

实验粉尘的粒径可按下式求出：

$$d_s = d_p'\sqrt{\frac{\rho_p'}{\rho_p}} = \frac{\rho_p'}{\sqrt{\rho_p}} \tag{4-9}$$

式中　d_s——实验粉尘的直径，μm；

　　　ρ_p'——取 $1g/cm^3$；

　　　ρ_p——实验粉尘的密度，g/cm^3；

　　　d_p'——仪器给出的节流片号相应的粒径。

三、实验装置与设备

1. YFJ 型离心式粉尘分级仪：1 台。
2. 天平：0.1mg，1 台。
3. 烘箱：150℃，1 台。
4. 干燥器：300mm，1 只。

四、实验步骤

1. 粉尘取样：实践证明，并不是任意取一定数量的粉尘就可以作试样的，必须考虑试样的代表性，例如对于成堆、成袋的粉尘，必须使其从漏斗卸落成堆状，然后严格按照四分法取样。

2.制备试样：任意取四分法试样的一份或对角线方向的两份作为粉尘试样放入烘箱内，在105℃下烘干至恒重，然后取出放在干燥器内冷却至室温；烘干后的粉尘吸湿性很强，在分级和称重过程中往往会不断增重，所以粉尘烘干之后也可放在空气中，让其回潮至自然状态再操作。

3.称样：用感量为0.0001g的天平称取试样10g。

4.清扫仪器：①打开有机玻璃盖，用毛刷和清洁擦布把金属筛、尘斗、调节闸板、给料斗清理干净，然后将给定器打开；②用三爪扳手卸下转盘上的挡圈；③用塑料手柄小心卸下转盘，再卸下转盘下的储尘容器，然后将转盘（使风扇叶轮朝上）放在台上；④用毛刷、清洁擦布将各部件清理干净，然后组装恢复原状，特别是挡圈一定要旋到底，然后取下三爪扳手；⑤给定器恢复原位，并使给料斗的尖嘴对准转盘的小孔，尖嘴与小孔相距约3mm，关闭尘斗的调节闸板。

5.能动风挡：压紧节流片（第一次用18号节流片），装节流片时一定要与轴同心，再倒旋风挡，必须使节流片压紧在定位螺母上，否则甩出来会造成事故。

6.将试样倒进金属筛：用毛刷将盛器内可能有的残留试样刷干净后将试样倒入金属筛。

7.将巴柯离心分级仪接通电源：启动电动机，使仪器运转。

8.待电动机转速达到常速后启动振捣器：通常3min后，仪器即可正常工作。

9.打开调节闸板：使粉尘的落尘量第一次保持在8~10min内送完，以后各次保持在3~5min内送完。

10.粉尘称重：等到尘斗的粉尘即将送完而金属筛网上的粉尘又不再落下时，取下金属筛，将筛上粉尘倒在尼龙薄纸上，并将金属筛清理干净，然后将尼龙薄纸上收集的粉尘放到天平上称量，得到金属筛的筛上粉尘质量。

11.将粉尘刷入给料斗内：用毛刷将尘斗、调节闸板的粉尘全部刷入给料斗内，并送入小孔，然后关闭振捣器。

12.过2~3min后：估计旋转圆盘上的粉尘已全部送入分级室后，关闭电动机开关，转盘减速运转，待转盘将要停止转动时，切断制动器开关和仪器电源。

13.仪器停止转动时：首先应当明确哪一部分粉尘属于筛上要计量的粉尘，从小孔到风扇叶片的导入口之间所有残留的粉尘连同金属筛上残留的粉尘加在一起习惯上称为筛上粉尘，都是应当计量的；而从风扇叶片的导入口到排到空气中的粉尘习惯上称为筛下粉尘，这部分粉尘无法收集，所以是由试样总量减去筛上粉尘求出，因此，在取出转盘的时候要十分小心地将转盘拎在手上，另一只手取下储尘容器，再用毛刷将应当计量的粉尘全部扫到尼龙薄膜纸上，然后，连同储尘容器内的粉尘一起用天平计量。

筛上粉尘质量分数 R_X 为

$$R_X = \frac{\text{筛上粉尘残留量（g）}}{\text{试样量（10g）}} \times 100\% \qquad (4\text{-}10)$$

筛上粉尘残留量 S_X 为

$$S_X = 100\% - R_X \qquad (4\text{-}11)$$

14.从第二次分级开始：金属筛及筛网上的粉尘放在一旁，只将其残留量再倒入尘斗，并且依次更换节流片（17，16，…，4）；最后一次不放节流片，使风挡下旋到底，这样逐次进行分级，可得到各次相应的 R_X。

15.重复步骤4：将仪器、器具清理干净，仪器恢复原状，切断电源，测试完毕。

将各数据填入表4-5，并将数据描绘在罗辛-拉姆勒坐标纸上，就得到所测粉尘的分布曲线。

表 4-5　实验数据记录表

片号	分级粒径 $d'_p/\mu m$	筛上残留量 G/g	筛上累计质量分数 $R_X/\%$
18			
17			
16			
14			
12			
8			
4			
0			

五、实验结果整理

一般来说，破碎性粉尘比较符合罗辛-拉姆勒经验函数式：

$$R_X(\%) = 100e^{-\alpha d'^{\beta}_p} \tag{4-12}$$

对上式取两次对数，可得

$$\lg\left(\ln\frac{100}{R_X}\right) = \lg\alpha + \beta\lg d'_p \tag{4-13}$$

式中　R_X——筛上累计百分数；

　　　α，β——经验公式系数；

　　　d'_p——粉尘分级粒径，μm。

若

$$y = \lg\left(\ln\frac{100}{R_X}\right)$$

$$a = \lg\alpha$$

$$b = \beta$$

$$x = \lg d'_p$$

则式（4-13）可改写为直线方程：

$$y = bx + a \tag{4-14}$$

$$b = \frac{\sum(x_i y_i) - \dfrac{\sum x_i - \sum y_i}{N}}{\sum x_i^2 - \dfrac{(\sum x_i)^2}{N}}$$

$$a = \frac{\sum y_i - N\sum x_i}{N}$$

式中，N 为测定次数。

为了计算方便，式中各项计算值可填入表4-6，代入公式便可求出斜率系数 b 和回归方

程的截距 a （可通过 Excel 进行）。将 b 和 a 代入罗辛-拉姆勒公式，可得被测粉尘的罗辛-拉姆勒分布式。将按照这个分布式计算的各粒径的对应值在罗辛-拉姆勒坐标纸上描点，可得到一条代表各测点的直线。

表 4-6　数据计算表

序号	粒径 d'_p/μm	累计百分数 R_X/100%	x	x^2	y	y^2
1						
2						
3						
4						
5						
6						
7						
8						
Σ			Σx	Σx^2	Σy	$\Sigma(xy)$

六、实验要求

1. 按实验步骤中所指示的操作要点，正确测出各个粒径及所对应的粉尘质量分数。
2. 求出被测粉尘的粒度分布公式。
3. 将按分布公式计算出的结果描绘在罗辛-拉姆勒坐标纸上。
4. 求出标准偏差。

七、实验结果讨论

1. 巴柯法用于分析黏性大或粒径小的粉尘是否合适？为什么？
2. 测定时空气的温度、湿度和压力对测定结果有何影响？
3. 测定过程中粉尘的结块对测定结果有何影响？

实验四　文丘里洗涤器除尘实验

一、实验目的

本实验所用文丘里洗涤除尘系统，由文丘里管和旋风分离器以及辅助设备组成。在实验中，可进行洗涤器除尘操作，通过对主要设备结构和实验现象的观察、设备启动停止等的操作以及现场监测实验数据，帮助学生：

1.了解文丘里湿式除尘器的组成及运行状况。

2.加深对水膜除尘器的除尘原理的理解。

3.了解该种除尘器水膜的形成原理。

4.实验中要求学生仔细观察文丘里管和旋风分离器的外形和结构,掌握文丘里管和旋风分离器的结构特点以及运行要素。

二、实验原理

水膜除尘器通过在除尘器器壁表面上形成自上向下流动的水膜,并利用烟气旋转的惯性力将尘粒抛向水膜而被水流带走,从而达到除尘的目的。

在水膜除尘器烟气进口管道上安装一个文丘里管,即成文丘里洗涤器。文丘里洗涤器是一种高效湿式洗涤器,常用在高温烟气降温和除尘上,其结构主要由收缩管、喉管和扩散管组成。含尘气体由进气管进入收缩管后,流速逐渐增大,气流的压力能逐渐变为动能,在喉管入口处,气流速度达到最大值。洗涤液通过沿喉管周边均匀分布的喷嘴进入,液滴被高速气流雾化和加速,充分的雾化是实现高速除尘的基本条件。通常假定微细颗粒以与气流相同的速度进入喉管且洗涤液滴的轴向初速度为零,由于气流曳力,液滴在喉管部分被逐渐加速。在液滴加速过程中,由于液滴与粒子之间惯性碰撞,实现微细颗粒的捕集。当液滴速度接近气流速度时,液滴与颗粒之间相对速度接近零。在喉管下部,惯性碰撞的可能迅速减小。因为碰撞捕集效率随相对速度增加而增加,因此,气流入口速度必须高。在扩散管中,气流速度减小和压力回升,使以颗粒为凝结核的液滴凝聚速度加快,形成直径较大的含尘液滴,以便于被低能洗涤器或除雾器捕集下来。

文丘里洗涤器内高速气流的动能主要用于雾化和加速液滴,因而气流的压力损失大于其他干式和湿式除尘器。

在文丘里洗涤器中所进行的除尘过程可分为雾化、凝聚、除雾三个过程,前两个过程在文丘里管内进行,后一个过程在捕滴器内完成。文丘里管可以使小颗粒灰尘变成大颗粒,但尚不能除尘,所以必须安装捕滴器。本实验中采用传统的旋风分离器。含一定液固凝结核的气流由下部切向引入,形成螺旋形旋转气流。气流作旋转运动时,凝结核在离心力的作用下逐步移向外壁,到达外壁的凝结核在气流和重力共同作用下沿壁面落入灰斗。净化后的烟气经捕滴器的上部轴向收缩引出,经引风机排入大气。

三、实验流程及装置

1.实验装置

实验装置如图 4-5 所示,包括一个文丘里管和旋风分离器以及其他辅助设备。

2.实验仪器

微电脑烟尘平行采样仪,1 台;玻璃纤维滤筒,若干;镊子,1 支;分析天平(分度值 0.001g),1 台;烘箱,1 台;橡胶管,若干。

四、实验步骤

1.滤筒的预处理:测试前先将滤筒编号,然后在 105℃烘箱中烘 2h,取出后置于干燥器内冷却 20min,再用分析天平测得初重 G_1 并记录。

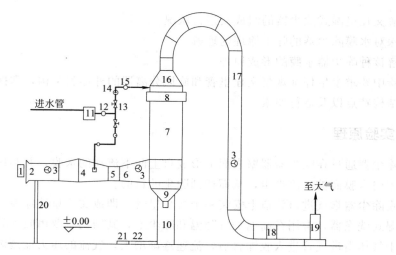

图 4-5 文丘里洗涤器除尘模拟实验系统示意图

1—配尘装置；2—集流器；3—测量孔；4—文丘里管收缩端；5—文丘里管喉管；6—文丘里管渐扩段；
7—捕滴器；8—溢流槽；9—灰斗；10—水封筒；11—高位储水箱；12—微型水泵；13—阀门；
14—压力表；15—水表；16—烟气引出段；17—烟道；18—风量调节板；19—通风机；20—支架；
21—灰水沟；22—下水道

2. 检查微电脑烟尘平行采样仪干燥筒内的硅胶干燥剂，保证其呈蓝色，清洗瓶内装入 3% 的 H_2O_2 150mL，仔细阅读该装置的说明书及线路连接图，连接线路。然后打开电源开关，预热 20~30min。

3. 启动风机：风机启动应在无负荷或负荷很低的情况下，否则会烧坏电动机，因此要在风机前的阀门处于全闭时启动，待运行正常再打开阀门。

4. 启动微型水泵，为系统供水，通过压力表控制压力在 0.1kPa 左右。

5. 在烟气进口配备粉尘吸入送尘装置。

6. 实验装置性能测试：

（1）把预先干燥、恒重、编号的滤筒用镊子小心装在采样管的采样头内，再把选定好的采样嘴装到采样头上；

（2）用橡胶管将采样管连接到烟尘测试仪上，将采样枪采样嘴和皮托管伸入文丘里水膜除尘器烟气进口采样口内，使采样嘴背对气流预热 10min 后转动 180°，即采样嘴正对气流方向，同时打开抽气泵的开关进行等速采样；

（3）采样完毕后，关掉仪器开关，抽出采样枪，待温度降低后，小心取出滤筒保存好；

（4）采尘后的滤筒称重：将采集尘样的滤筒放在 105℃ 烘箱中烘 2h，取出置于玻璃干燥器内冷却 20min 后，用分析天平称重 G_2 并记录；

（5）计算各采样点烟气的含尘浓度；

（6）在文丘里洗涤器的烟气出口烟道上和采样口内，同时测定烟气参数并记录；

（7）其他：

① 测试完毕，关掉配尘装置；

② 用清水冲洗系统 5min，停止自吸泵，停止鼓风机；

③ 切断所有带电设备电源；

④ 整理实验室。

五、实验记录

按照表 4-7 记录实验数据。

表 4-7 文丘里水膜除尘器进出口烟气流量及含尘浓度测定实验记录表

第_____组 姓名_____

（1）测定日期_____ 测定烟道_____

项目	大气压力 /kPa	大气温度 /℃	烟气温度 /℃	烟道全压 /Pa	烟道静压 /Pa	烟气干球 温度/℃	烟气湿球 温度/℃	烟气含湿量 X_{sw}
烟气进口								
烟气出口								

（2）烟道断面积_____ m² 测点数_____

采样点 编号	动压 /Pa	烟气流速 /(m/s)	采样嘴直径 /mm	采样时间 /min	采样体积 /L	换算体积 /L	滤筒号	滤筒初重 /g	滤筒总重 /g	烟尘浓度 /(mg/L)
1										
2										
3										
⋮										
⋮										

（3）文丘里洗涤器除尘数据

项目	烟道断面平均 流速/(m/s)	烟道断面流量 /(m³/s)	平均烟尘浓度 /(mg/L)	除尘器的除尘 效率/%
烟气进口				
烟气出口				

六、分析和讨论

1. 文丘里洗涤器的除尘效率由哪些因素确定？
2. 实验前需要完成哪些准备工作？
3. 后接的分离器有什么要求？

实验五 布袋除尘实验

一、实验目的

袋式除尘器利用织物过滤气流中的粉尘，使其沉积在织物表面，净化后的气体从排气口排出，从而使含尘气流得以净化。在实验中，学生应观察袋式除尘器的结构特点和布局，进一步提高对袋式除尘器结构形式和除尘机理的认识。在除尘操作中，应仔细观察除尘布袋的形变，对袋式除尘器主要性能如除尘效率和压力损失进行测定。本实验还可设计成过滤速度的单因素多水平实验，考察过滤速度对袋式除尘器压力损失及除尘效率的影响，以提高学生分析问题的能力。

二、实验原理

袋式除尘器是一种干式滤尘装置。一般含尘气流从下部进入圆形滤袋，在通过滤料的空隙时，粉尘被捕集于滤料上，透过滤料的清洁气体由排气口排出。沉积在滤料上的粉尘可在机械振动的作用下从滤料表面脱落，抖入灰斗中。滤料使用一段时间后，由于筛滤、碰撞、滞留、扩散、静电等效应，表面积聚了一层粉尘，这层粉尘称为粉尘初层，在以后的粉尘过滤中，粉尘初层成了滤料的主要过滤层，依靠初层的作用，网孔较大的滤料也能获得较高的过滤效率。随着粉尘在滤料表面的积聚，除尘器的效率和阻力都相应增加，当滤料两侧的压力差很大时，会把有些已附着在滤料上的细小尘粒挤压过去，使除尘效率下降。另外，除尘器的阻力过高会使除尘系统的风量显著下降。因此，除尘器的阻力达到一定数值后，要及时清灰。清灰时不能破坏粉尘初层，以免效率下降。

过滤速度对袋式除尘器的效率也有重要影响。它定义为烟气实际体积流量与滤布面积之比，所以称气布比。过滤速度是一个重要的技术经济指标。从经济上考虑，选用高的过滤速度，处理相应体积烟气所需的滤布面积小，则除尘器体积、占地面积和一次投资等都会减小，但除尘器的压力损失却会加大。从除尘机理看，过滤速度主要影响惯性碰撞和扩散作用。选取过滤速度时还应当考虑捕集粉尘的粒径及其分布。一般来讲，除尘效率随过滤速度增加而下降。另外，过滤速度的选取还与滤料种类和清灰方式有关。

袋式除尘器主体结构主要由上部箱体、中部箱体、下部箱体（灰斗）、清灰系统和排灰机构等部分组成。

滤袋材料对袋式除尘器的性能起着决定性的作用。袋式除尘器的滤料种类较多，常用的有海绵纤维、毛纤维、合成纤维以及玻璃纤维等。不同纤维制成的滤料具有不同性能。常用的滤料有 208 或 901 涤纶绒布，使用温度一般不超过 120℃；经过硅酮树脂处理的玻璃纤维滤袋，使用温度一般不超过 250℃；棉毛织物一般适用于没有腐蚀性、温度在 80～90℃ 以下的含尘气体。

除了滤袋材料外，清灰系统对袋式除尘器的性能亦有重要影响。袋式除尘器常按清灰方法进行分类，常用的清灰方法有以下几种：

（1）气体清灰 借助于高压气体或外部大气流反吹滤袋，以清除滤袋上的积灰。气体清灰包括脉冲喷吹清灰、反吹风清灰和反吸风清灰。

（2）机械振打清灰 分顶部振打清灰和中部振打清灰（均对滤袋而言），借助于机械振打装置周期性地轮流振打各排滤袋，以清除滤袋上的积灰。

（3）人工敲打 人工拍打每个滤袋，以清除滤袋上的积灰。

袋式除尘器运转时，必须对系统的单一部件进行检查，然后做适应性运转，并要做部分性能试验。在日常运转中，仍应进行必要的检查，特别是袋式除尘器的性能检查。要注意主机设备负荷的变化会对除尘器性能产生影响。在机器开动后，应密切注意袋式除尘器的工作状况，做好有关记录。

袋式除尘器的性能与其结构形式、滤料种类、清灰方式、粉尘特性及其运行参数等因子有关。本实验是在其结构形式、滤料种类、清灰方式和粉尘特性已定的前提下，测定袋式除尘器的主要性能指标，并在此基础上，测定运行参数 Q、u_F 对袋式除尘器压力损失（p）

和除尘效率（η）的影响。

1. 处理气体流量和过滤速度的测定和计算

（1）处理气体流量的测定和计算

本实验采用在线风量仪测定袋式除尘器处理气体流量（Q）。一般在线风量仪仅为气体运行的线速度乘以流通管道的横截面积，即为气体流量。应同时测除尘器进、出口连接管道中的气体流量，取其平均值作为除尘器的处理气体量：

$$Q = \frac{1}{2}Q = \frac{1}{2}(Q_1 + Q_2) \tag{4-15}$$

式中，Q_1、Q_2 分别为袋式除尘器进、出口连接管道中的气体流量，m^3/s。

除尘器漏风率（δ）按下式计算：

$$\delta = \frac{Q_1 - Q_2}{Q_1} \times 100\% \tag{4-16}$$

一般要求除尘器的漏风率小于 $\pm 5\%$。

（2）过滤速度的计算

若袋式除尘器总过滤面积为 F，则其过滤速度 u_F 按下式计算：

$$u_F = \frac{Q_1}{F} \tag{4-17}$$

2. 压力损失的测定和计算

袋式除尘器压力损失（Δp）为除尘器进、出口管中气流的平均全压之差。当袋式除尘器进、出口管的断面面积相等时，可采用其进、出口管中气体的平均静压之差计算，即

$$\Delta p = p_{s1} - p_{s2} \tag{4-18}$$

式中　p_{s1}——袋式除尘器进口管道中气体的平均静压，Pa；

　　　p_{s2}——袋式除尘器出口管道中气体的平均静压，Pa。

袋式除尘器的压力损失与清灰方式和清灰制度有关。本实验装置采用手动清灰方式，实验应尽量保证在相同清灰条件下进行。当采用新滤料时，应预先发尘运行一段时间，使新滤料在反复过滤和清灰过程中，残余粉尘基本达到稳定后再开始实验。

考虑到袋式除尘器在运行过程中，其压力损失随运行时间产生一定的变化，因此，在测定压力损失时，应每隔一定时间连续测定（一般可考虑 5 次），并取其平均值作为除尘器的压力损失（Δp）。

3. 除尘效率的测定和计算

除尘效率采用质量浓度法测定，即采用等速采样法同时测除尘器进、出口管道中气流的平均含尘浓度 ρ_1 和 ρ_2，按下式计算：

$$\eta = 1 - \frac{\rho_2 Q_2}{\rho_1 Q_1} \times 100\% \tag{4-19}$$

管道中气体含尘浓度的测定和计算方法详见相关参考文献。由于袋式除尘器除尘效率高，除尘器进、出口气体浓度相差较大，为保证测定精度，可在除尘器出口采样中，适当加大采样流量。

4. 压力损失、除尘效率与过滤速度关系的分析测定

为了得到除尘器的 $u_F - \eta$ 和 $u_F - \Delta p$ 的性能曲线，应在除尘器清灰制度和进口气体含

尘浓度（ρ_1）相同的条件下，测出除尘器在不同过滤速度（u_F）下的压力损失（Δp）和除尘效率（η）。

过滤速度的调整可通过改变风机入口阀门开度实现，利用动压法测定过滤速度。

保持实验过程中 ρ_1 基本不变。可根据发尘量（S）、发尘时间（τ）和进口气体流量（Q_1），按下式估算除尘器入口含尘浓度（ρ_1）：

$$\rho_1 = \frac{S}{\tau Q_1} \tag{4-20}$$

三、实验装置及仪器

1. 实验装置

实验流程及装置如图 4-6 所示。本套系统包括鼓风机、空气压缩机等。在进口管道处已经安装在线风量仪，压差计读数直接显示布袋内外压差。

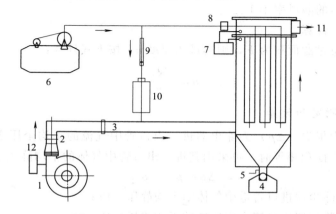

图 4-6　布袋除尘实验装置工艺流程图

1—风机；2—手动蝶阀；3—在线风量仪；4—转移箱；5—清灰手柄；6—空气压缩机；

7—压差计；8—电磁阀；9—流量计；10—储尘箱；11—出口引至窗外；12—变频器

2. 实验仪器和试剂

微电脑烟尘平行采样仪，1 台；玻璃纤维滤筒，若干；镊子 1 只；分度值 0.001g 分析天平，1 台；烘箱，1 台；橡胶管，若干；实验中选用的粉尘主要有飞灰、石灰石和烧结机尾粉尘以及火力发电厂静电除尘器收集的粉尘。

四、实验步骤

1. 滤筒的预处理：测试前先将滤筒编号，然后在 105℃烘箱中烘 2h，取出后置于干燥器内冷却 20min，再用分析天平测得初重为 G_1 并记录。

2. 检查微电脑烟尘平行采样仪干燥桶内的硅胶干燥剂，保证其呈蓝色，清洗瓶内装入 3% 的 H_2O_2 150mL，仔细阅读该装置的说明及线路连接图，连接线路。然后打开电源开关，预热 20～30min。

3. 打开布袋除尘器实验装置总电源，仔细检查系统阀门状态，蝶阀全开。

4. 开启风机，观察记录在线风量仪的读数，读取布袋内外压差；通过控制蝶阀开度调节气流量。

5.开启微型空气压缩机,打开进气调节阀,观察粉尘的混合状态及进入除尘器的过程。要注意粉尘需要干燥后使用,必要时可以用一根竹棒搅动粉尘。

6.运行稳定的情况下,可对进出气体的粉尘浓度取样分析(出口含尘浓度较低,每次采样时间不低于30min,进出口含尘气体浓度测定可连续采样3~4次,取平均值),测读布袋内外压差(对应每次测浓度时的压差)。具体操作如下:

(1)把预先干燥、称重、编号的滤筒用镊子小心装在采样管的采样头内,再把选定好的采样嘴装到采样头上;

(2)用橡胶管将采样管连接到烟尘测试仪上,将采样枪采样嘴和皮托管伸入烟气进口采样口内,使采样嘴背对气流预热10min后转动180°,即采样嘴正对气流方向,同时打开抽气泵的开关进行等速采样;

(3)采样完毕后,关掉仪器开关,抽出采样枪,待温度降低后,小心取出滤筒保存好;

(4)采尘后的滤筒称重:将采集尘样的滤筒放在105℃烘箱中烘2h,取出置于玻璃干燥器内冷却20min后,用分析天平称重 G_2 并记录;

(5)计算各采样点烟气的含尘浓度。

7.运行到布袋表面明显有一层灰尘时,关闭进灰的进气阀门,关闭风机,摇动排灰手柄,观察排灰的过程。

8.查看空气压缩机压力指示和压差计读数,达到要求数值时,点开电磁阀控制按钮,对布袋进行清灰操作。建议每一组实验完毕,都要将布袋喷吹干净。

9.排出的灰尘用小的塑料箱转运至储存箱,要注意布袋除尘器底部要保留少量余灰以防漏气。

五、实验数据及处理

1.按表4-8记录实验数据。

表 4-8 布袋除尘器进出口烟气流量及含尘浓度测定实验记录表

第_____组   姓名_____实验日期_____

编号		流量 /(m³/s)	滤筒初重 /g	滤筒总重 /g	烟尘浓度 /(mg/L)	过滤速度 /(m/min)	除尘效率 /%	压力损失 /Pa
1	进口							
	出口							
2	进口							
	出口							
3	进口							
	出口							
4	进口							
	出口							

2.计算除尘效率。

六、分析与讨论

1.用发尘量求得的入口含尘浓度和用等速采样法测得的入口含尘浓度,哪个更准确些?

为什么？

2.压差计读出数据与压力损失有什么关系？

3.如何根据压差计读数判断布袋除尘器的运行状况？

4.根据实验数据分析过滤速度对袋式除尘器压力损失和除尘效率的影响。

5.总结在一个清灰周期中，压力损失、除尘效率和过滤速度随过滤时间的变化规律。

七、注意事项

1.清灰频率可根据布袋除尘器的缩胀时间和空气压缩机的压力指示进行适当调整。

2.本实验所用粉尘应避免黏结性和吸水性粉尘，最好采用碳酸钙粉末或火力发电厂电除尘得到的粉尘。

3.粉尘入口浓度可通过发尘量进行适当调整。

实验六　旋风除尘器性能测定

一、实验目的

通过本实验，希望达到以下目的：

1.掌握旋风除尘器性能测定的主要内容和方法，并对影响旋风除尘器性能的主要因素有较全面的了解。

2.掌握旋风除尘器入口风速与阻力、全效率、分级效率之间的关系，了解进口浓度对除尘效率的影响。

3.通过对分级效率的测定与计算，进一步了解粉尘粒径大小等因素对旋风除尘器效率的影响，熟悉除尘器的应用条件。

二、实验装置与设备

1.实验装置

本实验装置如图 4-7 所示。含尘气体由双扭线集流器流量计进入系统，通过旋风除尘器将粉尘从气体中分离，净化后的气体由风机经过排气管排入大气。所需含尘气体浓度由发尘装置配制。

2.仪器

（1）手持式 DP2000 数字微压计：1 台。

（2）干湿球温度计：1 支。

（3）空盒气压计：DYM-3，1 台。

（4）分析天平：分度 0.0001g，1 台。

（5）天平：分度 0.1g，1 台。

（6）秒表：1 块。

（7）钢卷尺：1 个。

（8）组合工具：1 套。

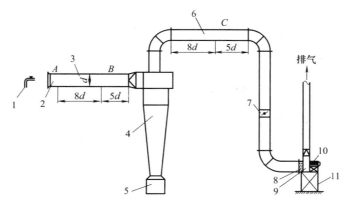

图 4-7 旋风除尘器性能测定实验装置示意图

1—发尘装置；2—双扭线集流器流量计；3—进气管道；4—旋风除尘器；5—灰斗；
6—排气管道；7—调节阀；8—软接头；9—风机；10—电机；11—支架

三、旋风除尘器测定项目计算

1. 气象参数测定

气象参数包括空气温度、密度、相对湿度和大气压力。空气的温度和湿度用干湿球温度计测定，大气压力由气压计测定，干空气密度由下式计算：

$$\rho_g = \frac{p}{RT} = \frac{101325}{287T} = \frac{353}{273+t} \tag{4-21}$$

式中　ρ_g——空气密度，kg/m^3；

　　　t——空气温度，℃；

　　　p——大气压力，Pa；

　　　T——空气绝对温度，K；

　　　R——通用气体常数，$J/(kg \cdot K)$。

实验过程中，要求空气相对湿度不大于 75%。

2. 除尘器处理风量测定和计算

在含尘浓度较高和气流不太稳定时，用毕托管测定风速有一定困难，故本实验采用双扭线集流器流量计测定气体流量。该流量计利用将空气动压能转化为静压能的原理，将流量计入口气体动压转化成静压（转化率接近 100%），通过测定静压并换算成管内气体动压，得到管道内的气体流速和流量。另外，气体静压比较稳定且有自平均作用，因而测量结果比较稳定、可靠。流量计的流量系数（φ）由实验方法标定得出，通常接近 1。本实验中，流量系数：

$$\varphi = \frac{\overline{p_d}}{|p_s|} = 0.997 \tag{4-22}$$

式中　$\overline{p_d}$——用毕托管法测量的管道截面平均动压；

　　　$|p_s|$——双扭线集流器的静压值，pa。

管内流速 u_1（m/s）：

$$u_1 = \sqrt{\frac{2}{\rho_g}|p_s|\varphi} \tag{4-23}$$

除尘器处理风量 $Q(\mathrm{m^3/h})$：

$$Q = 3600 f_1 \sqrt{\frac{1}{\rho_g}|p_s|\varphi} \tag{4-24}$$

式中，f_1 为风管面积，$\mathrm{m^2}$。

由于 XZZ 型旋风除尘器进风口为渐缩形，进风口流速是指内进口处断面流速。除尘器入口流速 u_2 按下式计算：

$$u_2 = \frac{Q}{3600 f_2} \tag{4-25}$$

式中，f_2 为除尘器内进口面积，$\mathrm{m^2}$。

3. 除尘器阻力测定和计算

由于实验装置中除尘器进、出口管径相同。可用 A、C 之间的静压差（扣除管道沿程阻力与局部阻力）求得：

$$\Delta p = \Delta H - \sum \Delta h = \Delta H - (R_m L + z) \tag{4-26}$$

式中　Δp——除尘器阻力，Pa；

　　　ΔH——前后测量断面上的静压差，Pa；

　　　$\sum \Delta h$——测点断面之间系统阻力，Pa；

　　　R_m——比摩阻（查相关气体管道计算手册），Pa/m；

　　　L——管道长度，m；

　　　z——异形接头的局部阻力，Pa。

$$z = \sum \frac{\zeta_i \rho_g u_i^2}{2} \tag{4-27}$$

式中　ζ_i——异形接头的局部阻力系数（可查相关手册得）；

　　　u_i——i 异形接头入口断面风速，m/s。

将 Δp 换算成标准状态（101325Pa，0℃）下的阻力 Δp_N：

$$\Delta p_N (\mathrm{Pa}) = \Delta p \frac{p_N T}{p T_N} \tag{4-28}$$

式中　T_N，T——标准状态和实验状态下的空气温度，K；

　　　p_N，p——标准状态和实验状态下的空气压力，Pa。

除尘器阻力系数 ζ 按下式计算：

$$\zeta = \frac{\Delta p_N}{p_{di}} \tag{4-29}$$

式中　ζ——除尘器阻力系数；

　　　Δp_N——标准状态下的除尘器阻力，Pa；

　　　p_{di}——除尘器内进口截面处动压，Pa。

4. 除尘器进、出口浓度计算

$$\rho_1 = \frac{G_1}{Q_1 \tau} \times 6 \times 10^2 \tag{4-30}$$

$$\rho_2 = \frac{G_1 - G_2}{Q_2 \tau} \times 6 \times 10^2 \tag{4-31}$$

式中　ρ_1，ρ_2——除尘器进口与出口的气体含尘浓度，g/m^3；

　　G_1，G_2——发尘量和收尘量，kg；

　　Q_1，Q_2——除尘器进口和出口空气量，m^3/h；

　　　　τ——发尘时间，min。

5. 除尘效率计算

（1）重量法：

$$\eta = \frac{G_1}{G_2} \times 100\% \tag{4-32}$$

式中　η——除尘效率，%；

　　G_1——实验粉尘发尘量，kg；

　　G_2——实验粉尘收尘量，kg。

（2）浓度法：

$$\eta = \left(1 - \frac{Q_2 G_2}{Q_1 G_1}\right) \times 100\% \tag{4-33}$$

当系统中除风率小于 3% 时，可认为 $Q_1 = Q_2$，上式可化简为

$$\eta = \left(1 - \frac{G_2}{G_1}\right) \times 100\% \tag{4-34}$$

6. 粉尘分散度测定

粉尘分散度可根据除尘机理采用离心沉降法、移液管法、计数法等进行测定，并可选用 YFC 粒度分析仪、库尔特（Coulter）计数仪、KF-9 型颗粒分析计数器等仪器。本实验中讨论的是旋风除尘器，所以采用巴柯（Bahco）法，详见本章实验三。

7. 分级效率计算

$$\eta_i = \eta \frac{g_{si}}{g_{fi}} \times 100\% \tag{4-35}$$

式中　η_i——粉尘某一粒径范围的分级效率，%；

　　g_{si}——收尘某一粒径范围的质量分数，%；

　　g_{fi}——发尘某一粒径范围的质量分数，%。

8. 除尘器动力消耗计算

$$N = 2.78 \times 10^{-8} \Delta p_N Q + \Delta N \tag{4-36}$$

式中　N——动力消耗，kW；

　　Δp_N——标准状态下除尘器阻力，kPa；

　　Q——除尘器进口的气体流量，m^3/h；

　　ΔN——辅助设备动力消耗，kW。

9. 除尘器负荷适应系数计算

负荷适应系数分为高负荷和低负荷两种：

$$\varepsilon_g = \frac{\eta_g}{\eta}, \varepsilon_d = \frac{\eta_d}{\eta} \qquad\qquad (4\text{-}37)$$

式中 ε_g，ε_d——高负荷和低负荷适应系数；

         η——额定风量下的除尘效率，%；

         η_g——风量为额定风量的 1.1 倍时的除尘效率，%；

         η_d——风量为额定风量的 0.7 倍时的除尘效率，%。

四、实验步骤

1.除尘器处理风量的测定

（1）用干湿球温度计和空盒气压计测定室内空气的温度、相对湿度和气压，按式（4-21）计算管内的气体密度。

（2）启动风机，在管道断面 A 处（图 4-8），利用双扭线集流器和手持式 DP2000 数字微压计测定该段面的静压，并从微压计中读出静压值（p_s），按式（4-24）计算管内的气体流量（即除尘器的处理风量），并计算断面的平均动压值（$\overline{p_d}$）。

2.除尘器阻力的测定

（1）用 DP2000 数字微压计测量 B、C 断面间的静压差（ΔH）。

（2）量出 B、C 断面间的直管长度（L）和异形接头的尺寸，求出 B、C 断面间的沿程阻力和局部阻力。

（3）按式（4-26）和式（4-27）计算除尘器的阻力。

注：本实验中，取弯头 $\zeta = 0.25$，直管 $\lambda/d = 0.30$，$R_m = \lambda/d \times P_d$。由于实验系统管道截面积基本相同，系统中管道的动压基本相同，计算时可取均值。

3.除尘器效率的测定

（1）用托盘天平称出发尘量（G_1）。

（2）通过发尘装置均匀地加入发尘量（G_1），记下发尘时间（τ），按式（4-30）计算除尘器入口气体的含尘浓度（ρ_1）。

（3）称出收尘量（G_2），按式（4-31）计算除尘器出口气体的含尘浓度（ρ_2）。

（4）按式（4-32）计算除尘器的全效率（η）。

改变调节阀开启程度，重复以上实验步骤 1~3，测定除尘器各种不同的工况下的性能。

每个实验小组选择一组工况，通过本章实验三测定本实验用尘和收集灰斗中所收集粉尘的粒径分布，并根据式（4-35）由总效率和实验用尘、收集粉尘的粒径分布求出分级效率。

五、实验结果整理

1.除尘器处理风量的测定

实验时间_____年_____月_____日

空气干球温度 $t_d =$ _____℃   空气湿球温度 $t_w =$ _____℃

空气相对湿度 $\phi =$ _____%

环境空气气压 $p =$ _____Pa   空气密度 $\rho_g =$ _____kg/m³

将测定结果整理成表（表 4-9）。

表 4-9 除尘器处理风量测定结果记录表

测定次数	微压计读数 静压 p_s/Pa	流量系数 φ	管内流速 u_1/(m/s)	风管横截面积 f_1/m²	风量 Q/(m³/h)	除尘器进口 面积 f_2/m²	除尘器进口 气速 u_2/(m/s)

2. 除尘器阻力的测定

参见表 4-10。

表 4-10 除尘器阻力测定结果记录表

测定 次数	B、C 断面 间静压差 ΔH/Pa	比摩阻 R_m	直管长度 L/m	管内平均 动压 $\overline{p_d}$/Pa	管间的总 局部阻力 系数 $\sum \overline{\zeta_i}$	管间的局 部阻力 Δp_m/Pa	除尘器 阻力 Δp/Pa	除尘器 标准状态 下的阻力 Δp_N/Pa	除尘器进 口截面处 动压 p_{di}/Pa	除尘器阻 力系数 ζ

3. 除尘器全效率的测定

结果记录参见表 4-11。

表 4-11 除尘器效率测定结果记录表

测定 次数	发尘量 G_1/g	发尘时间 τ/s	除尘器进口气体 含尘浓度 ρ_1/(g/m²)	收集量 G_2/g	除尘器出口气体 含尘浓度 ρ_2/(g/m²)	除尘器全 效率 η/%

以 u_1 为横坐标、Δp 为纵坐标，以 ρ_1 为横坐标、η 为纵坐标，以 u_1 为横坐标、η 为纵坐标，将上述实验结果绘成曲线（图 4-8）。

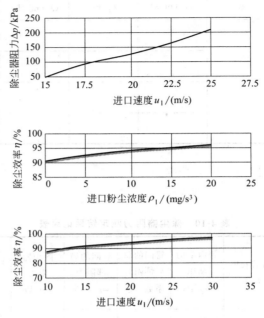

图 4-8 旋风除尘器性能实验曲线

4. 除尘器分级处理效率

将粒径分布测定结果列于表 4-12 中，对各个工况条件下发尘和收尘的粒径分布测定结果计算分级效率，列于表 4-13 中。

表 4-12 粒径分布测试数据记录表

样品名称_____

测试工况_____

片号	分级粒径 $d_{pi}/\mu m$	筛上残留量 G/g	筛上累计质量 分数 $R_X/\%$	质量频率 $S/\%$
18				
17				
16				
14				
12				
8				
4				
0				

表 4-13　工况分级效率数据计算表

工况全效率_____

序号	粒径 $d_{pi}/\mu m$	入口颗粒质量 频率/%	出口颗粒质量 频率/%	分级效率 $\eta_i/\%$
1				
2				
3				
4				
5				
6				
7				
8				

根据表 4-13 作如图 4-9 所示的分级效率曲线。

5. 技术性能示意表达

旋风除尘器的主要性能曲线（冷态）Δp-u_1、η-u_1、η-ρ_1、η-d_{pi} 如表 4-12 和图 4-9 所示。这些性能曲线是在下列测试条件下测出的：

实验用除尘器规格：XZZ － Ⅲ 型，$D =$ _____ mm

实验粉尘：医用滑石粉（$d_{pm} =$ _____ μm，$\sigma =$ _____）

实验环境：气温 $t =$ _____ ℃，相对湿度 $\phi =$ _____%

空气密度：$\rho_g =$ _____ kg/m^3

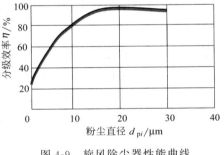

图 4-9　旋风除尘器性能曲线

六、实验结果讨论

1. 通过实验，从旋风除尘器全效率 η 与运行阻力 Δp 随入口气速 u_1 变化的规律中可得到什么结论？它对除尘器的选择和运行有何意义？

2. 对于目前关注的 PM_{10} 的净化，旋风除尘器能否达到较好的净化效果？

3. 如果用于压力测定的 B、C 管段截面积不同，除尘器的压降又应该如何计算？

实验七　干法脱除烟气中的 SO₂

干法烟气脱硫常用粉状或粒状吸收剂、吸附剂或催化剂来脱除烟气中的 SO_2，工艺过程简单，无须用水，可避免污水、污酸处理问题。烟气经干法净化后温度降幅较小，不需要二次加热即可引入烟囱排放，同时可避免产生"白烟"现象，腐蚀性小且系统能耗低。但干法烟气脱硫剂利用率和脱硫效率均较低，设备庞大，导致一次性投资和占地面积较大，对操作技术要求较高。

一、实验目的

本实验采用石灰石和活性炭作吸附剂，实验中烟气进入固体吸收 U 形吸收管，与吸收管中的固体吸收剂反应，干净的烟气直接排空。实验中应注意实验操作的步骤、流程，观察固体吸收剂的变化，对进出口烟气 SO_2 浓度进行分析并对脱硫效率做出评价。通过该实验，使学生：

1. 理解干法脱硫原理。
2. 了解物理吸附和化学吸附的原理和区别。
3. 掌握干法脱硫的基本特点和工艺流程。
4. 掌握干法脱硫工艺的操作和维护。

二、实验原理

我国是以煤炭为主要能源的国家，是世界上 SO_2 污染最为严重的国家之一，严格控制和减少 SO_2 的排放刻不容缓。目前，脱硫工艺处理有多种方法：按脱硫剂化学成分划分有石灰石法、氨法、氧化镁法和活性炭吸附法等；按脱硫剂形态（液态、固态）划分有湿法、半干法和干法烟气脱硫等，其中石灰石干法脱硫具有投资少、设备简单、操作方便等优点，已得到广泛应用。一般认为石灰石钙基干法脱硫的化学反应为：

$$CaCO_3 \longrightarrow CaO + CO_2$$
$$CaO + SO_2 \longrightarrow CaSO_3$$
$$2CaSO_3 + O_2 \longrightarrow 2CaSO_4$$

实施中，将石灰石破碎至合适颗粒度后，喷入烟气中。石灰石在高温下分解成 CaO 和 CO_2。随着烟气中的 SO_2 与 CaO 反应生成 $CaSO_3$，完成 SO_2 的吸收过程。当炉内有足够的氧气时，在吸收 SO_2 的同时还发生氧化反应生成 $CaSO_4$。

活性炭作为吸附剂吸附二氧化硫，是由于活性炭具有较大的比表面和较高的物理吸附性能，能够将气体中的二氧化硫浓集于其表面而分离出来。活性炭吸附二氧化硫的过程是可逆过程：在一定温度和气体压力下达到吸附平衡；而在高温、减压条件下，被吸附的二氧化硫又被解吸出来，使活性炭得到再生。本实验仅对石灰石、活性炭的吸附性能进行研究，不考虑其再生。

本实验采用 SO_2 快速检测法进行测定。

三、实验流程及装置

1. 实验流程

实验采用 U 形管反应床。可以根据需要自行确定直径和长度。实验装置流程图如图 4-10 所示，本套实验装置设计了旁路系统。所有旁路气流通过一个装有吸收二氧化硫填料的吸收塔，并避免实验过程造成空气污染。

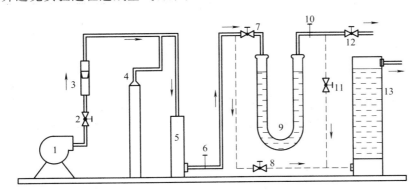

图 4-10　干法脱硫实验流程图

1—鼓风机；2—流量控制阀；3—气体流量计；4—二氧化硫气体钢瓶；5—缓冲罐；
6—入口取样阀；7—吸收管入口阀；8—吸收管入口旁路阀；9—U 形吸收反应管；
10—出口取样管；11—吸收管出口旁路阀；12—吸收管出口控制阀；13—填料塔

2. 实验仪器和试剂

手动采样器 1 个；二氧化硫快速检测管数根；石灰石。

四、实验内容及步骤

1. 配气：含二氧化硫烟气由纯二氧化硫和空气配制而成，可根据需要选择鼓风机型号。
2. 对石灰石分别称重，并把石灰石装入 U 形吸收反应管和填料塔。
3. 按图 4-10 连接好各装置，关闭吸收反应管入口阀门，开启旁路阀门。
4. 开启鼓风机，调节流量计流量至合适数值。
5. 缓慢开启二氧化硫钢瓶减压阀，通过减压阀出口流量计控制配气中二氧化硫浓度 $[(200\sim500)\times10^{-6}]$。
6. 待入口二氧化硫浓度和气体流量稳定后，开启吸收反应管出、入口阀。
7. 关闭出、入口旁路阀，开始计时。
8. 每间隔 3min 在进、出气取样管处，用手动采样器配合快速检测管采集 200mL 气体样品，读取快速采样管读数，记录入口二氧化硫浓度数据。
9. 实验结束时，关闭二氧化硫钢瓶总阀，关闭减压阀。
10. 二氧化硫钢瓶关闭后，鼓风机继续运行 3min 之后停掉鼓风机。
11. 拆下 U 形管反应床，对吸收剂吸收二氧化硫前后的外形进行对比并称重，记录实验数据。
12. 整理实验室内务，切断所有带电设备电源。

五、实验数据记录及处理

1. 实验数据按表 4-14 记录。

表 4-14　实验数据记录表

姓名＿＿＿＿第＿＿＿＿组　实验日期＿＿＿＿＿

吸收剂石灰石含量＿＿＿＿温度＿＿＿相对湿度＿＿＿

项目		通气时间 t/min	气体流量 $v/(\text{L/min})$	采集体积 /mL	快速检测 管读数	SO_2 浓度 $C/(\text{mg/m}^3)$	脱硫效率 $\eta/\%$
进气口							
出气口	1						
	2						
	3						
	4						
	5						
	6						
	7						

2. 脱硫效率计算公式:

$$\eta = \frac{C_r - C_t}{C_r} \times 100\% \qquad (4\text{-}38)$$

式中　η——脱硫效率;

C_r——SO_2 入口浓度;

C_t——SO_2 出口浓度。

3. 以脱硫效率对时间作图。

4. 根据入口二氧化硫浓度和吸收反应时间,计算吸收过程中参与反应的石灰石量以及结束时吸收剂质量的理论变化值。

5. 比较吸收剂实际变化值和理论变化值。

六、讨论与分析

1. 评价脱硫剂的脱硫效率。

2. 计算脱硫剂在实验结束时的利用率。

3. 计算脱硫剂在实验条件下的工作硫容。

4. 分析吸收剂实验前后总质量的理论与实际变化量之间的差异可能存在的原因。

5. 综合评价干法脱硫剂的优缺点。

七、注意事项

1. 实验中应严格防止二氧化硫气体泄漏。

2. 钢瓶操作时应缓慢开启并仔细查漏。

3. 如果有泄漏现象,应快速关闭钢瓶总阀,打开通风系统,组织人员撤离。

4. 填料塔内的脱硫剂反应到中层以后,应加强对填料塔内的脱硫剂的定期观察。

5.若填料塔内的脱硫剂反应量达到 80％时，应进行更换。

实验八　机动车尾气排放检测

一、实验意义和目的

机动车排放污染控制是机动车排放控制中非常重要的一项工作，而怠速排放检测又是汽油车排放检测中最简便和常用的方法。通过检测可以判定汽车发动机燃烧是否达到正常状态，从而降低油耗和排放。

通过本实验，学习使用汽油车尾气分析仪在怠速和高怠速情况下对在用汽油车排气中的一氧化碳（CO）和碳氢化合物（HC）浓度（体积分数）的测量方法。

二、实验原理

机动车在怠速工况下（注：当发动机运转、离合器处于接合位置、油门踏板与手油门处于松开位置、变速器处于空挡位置，且当采用化油器的供油系统其阻风门处于全开位置时，即为怠速工况），发动机汽缸内通常处于不完全燃烧状况，此时尾气中 CO 和 HC 的排放相对较高，但 NO_x 排放则很低。由于怠速工况时机动车没有行驶负载，无需底盘测功机就可进行尾气排放检测，故虽然怠速法不能全部反映实际运行工况下的机动车排放，仍是目前各国普遍采用的在用车排放检测方法之一。

汽油车怠速检测的主要内容是尾气中 CO 和 HC 的体积分数，一般采用汽油车尾气四气（或五气）分析仪。对 CO 和 HC 的体积分数检测均为不分光红外法。其基本原理是根据物质分子吸收红外辐射的物理特性，利用红外线分析测量技术确定物质的浓度。光学平台的示意图如图 4-11 所示。

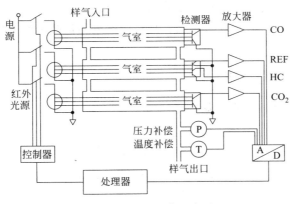

图 4-11　光学平台示意图

红外光源驱射的红外光线，经由微处理器操作的电子开关控制发出低频的红外光脉冲，检测和参比脉冲光束通过气室到达检测器。检测器是多元型的，每一个检测单元前均有一个窄带干涉光滤片，红外光电检测器件分别接收到对应波长的光，将光电信号线性放大后，送入 A/D 转换器，转换成数字信号送到微处理器处理。在检测气路上分别有压力传感器和温度传感器进行压力和温度补偿校正，以消除外界环境变化对气体浓度测量误差的影响。

三、实验仪器和设备

1. 汽油车尾气四气（或五气）分析仪

1台。取样软管长度为 5.0m，取样探头长度不小于 600mm，并应有插深定位装置；仪器的取样系统不得有泄漏，由标气口静态标定和由取样系统动态标定的结果对 CO 应一致，对 HC 允差 100×10^{-6}；仪器应有在大气压为 86~106kPa 范围内保持上述各项性能指标要求的措施。

2. 受检车辆或发动机

不同型号若干台。进气系统应装有空气滤清器，排气系统应装有排气消声器，并不得有泄漏；汽油应符合 GB 484 的规定；测量时发动机冷却水和润滑油温度应达到汽车使用说明书所规定的热状态；自 1995 年 7 月 1 日起新生产汽油发动机应具有怠速螺钉限制装置，点火提前角在其可调整范围内都应达到排放标准要求。

3. 其他

必要时在发动机上安装转速计、点火正时仪、冷却水和润滑油测温计等测试仪器。

四、实验方法和步骤

怠速检测介绍如下。

（1）发动机由怠速工况加速至 0.7 额定转速，维持 60s 后降至高怠速状态。

（2）发动机降至高怠速状态后，将取样探头插入排气管中，深度等于 400mm，并固定于排气管上。

（3）发动机在高怠速状态维持 15s 后开始读数，读取 30s 内的最高值和最低值。取平均值即为高怠速排放测量结果。

（4）发动机从高怠速状态降至怠速状态，在怠速状态维持 15s 后开始读数，读取 30S 内的最高值和最低值，其平均值即为怠速排放测量结果。

（5）若为多排气管时，分别取各排气管高怠速排放测量结果的平均值和怠速排放测量结果的平均值。

五、实验数据记录与计算

汽油车怠速污染物测量记录见表 4-15。

尾气分析仪型号：＿＿＿＿＿＿＿＿＿＿＿＿＿＿＿＿＿＿＿＿＿＿＿＿＿＿＿＿

转速仪型号：＿＿＿＿＿＿＿＿＿＿＿＿＿　点火正时仪型号：＿＿＿＿＿＿＿＿＿

大气压力：＿＿＿＿＿＿＿＿＿＿＿＿　大气温度：＿＿＿＿＿＿＿＿＿＿＿＿

实验地点：＿＿＿＿＿＿＿＿　实验人员：＿＿＿＿＿＿＿＿　实验日期：＿＿＿＿＿＿＿

表 4-15　汽油车怠速污染物测量记录表

序号	车(机)型	车(机)号	转速 /(r/ min)	点火提前角/(°)	CO 体积分数/%			HC 体积分数/%		
					最高值 V_1	最低值 V_2	平均值	最高值 V_1	最低值 V_2	平均值

六、实验结果讨论

1. 根据本实验的结果，各监测车辆（或发动机）是否能够达标？

2. 双怠速阀为何不能反映实际运行工况下的机动车排放？替代的在用车排放检测方法有什么？

实验九　放电等离子体烟气脱硫脱硝

一、实验目的

通过实验室配气形成含二氧化硫和二氧化氮的模拟烟气，在放电反应器内进行反应、活化，然后进入吸收反应器与稀氨水进一步反应，生成硫酸铵和硝酸铵。实验过程中，通过实验装置和设备的启动、进出口气流中目标污染物的监测和评价以及吸收液的 pH 变化，可初步了解影响放电等离子体脱硫脱硝状态和效果的主要因素，加深对放电技术脱硫脱硝原理的理解，掌握脉冲电压、电流、功率和脱硫脱硝效率测定、计算、评价的方法。

二、实验原理

等离子体被称作除固态、液态和气态之外的第 4 种物质存在形态，是由电子、离子、自由基和中性粒子组成的导电性流体，整体保持电中性。按粒子的温度，等离子体可分为热平衡等离子体（热等离子体，thermal plasma）和非平衡等离子体（低温等离子体，cold plasma）。在热平衡等离子体中，电子与其他粒子的温度相等，即达到热平衡，一般在 5000K 以上；在非平衡等离子体中，电子的运动温度一般高达数万摄氏度，而其他粒子和整个系统的温度只有 $300\sim500K$，故电子与其他粒子为非平衡态。非平衡等离子体较平衡等离子体易在常温常压下产生。因此在环保领域有着广泛的应用前景。

本实验采用脉冲电晕放电等离子体。当在非平衡电场施加强脉冲电压时，诱发产生大量的高能电子及高能电子激励产生的 $O\cdot$、$\cdot OH$ 等活性粒子，从而诱发一系列等离子体发生化学反应：

电子的碰撞离解反应：

$e+O_2 \longrightarrow 2e+O_2^+$，类似反应可产生 $NH:O\cdot$、CO 等；

$e+O_2 \longrightarrow 2e+O\cdot+O^+$，类似反应可产生 N^+、H^+；

电荷转移反应：

$$N_2^+ + O_2 \longrightarrow N_2 + O_2^+$$

产生水合离子的反应：

$$O_2^+ + H_2O + M \longrightarrow O_2^+(H_2O) + M$$

水合离子的分解反应：

$$O_2^+(H_2O) + H_2O \longrightarrow H_3O^+ + O_2 + \cdot OH$$

$$O_2^+(H_2O) + H_2O \longrightarrow H_3O^+(OH) + O_2$$

$$H_3O^+(OH) + H_2 \longrightarrow H_3O^+ + H_2O + \cdot OH$$

生成自由基与 SO_2 和 NO_2 反应，生成稀酸：

$$SO_2 \xrightarrow{O \cdot} SO_3 \xrightarrow{H_2O} H_2SO_4$$

$$SO_2 \xrightarrow{\cdot OH} SO_3 \xrightarrow{\cdot OH} H_2SO_4$$

$$NO \xrightarrow{O \cdot} NO_2 \xrightarrow{\cdot OH} HNO_3$$

$$NO \xrightarrow{HO_2 \cdot} NO_2 \xrightarrow{\cdot OH} HNO_3$$

$$NO_2 \xrightarrow{\cdot OH} HNO_3$$

稀酸可进一步与 NH_3 反应生成硫酸铵或硝酸铵:

$$H_2SO_4 + 2NH_3 \longrightarrow (NH_4)_2SO_4$$

$$HNO_3 + NH_3 \longrightarrow NH_4NO_3$$

三、实验装置及仪器设备

1. 实验装置

本实验的流程图如图 4-12 所示。主要包括模拟废气的配气系统、等离子反应器 9 和高压脉冲电源 10。由鼓风机产生的空气流与目标废气 4 和 5,在缓冲罐 6 内与空气主流混合均匀。然后进入等离子体反应器 9 处理,图中箭头指气路流动方向。

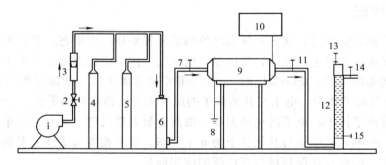

图 4-12 放电等离子体脱硫脱硝实验装置工艺流程图

1—鼓风机;2—阀门;3—流量计;4—NO 气体钢瓶;5—SO₃ 气体钢瓶;6—缓冲罐;7—进口取样点;
8—接地端;9—放电反应器;10—高压电源;11—放电反应器出口取样点;12—吸收反应器;
13—吸收反应器气体出口取样点;14—进水阀;15—排水阀及吸收液取样口

设计反应器结构如图 4-13 所示。线板式反应器内腔尺寸:长×宽×高＝1200mm×120mm×250mm。电晕线为直径 0.5mm 的镍铬合金丝,电晕线与极板间距 60mm,电晕线间距 100mm(可调),进口处有气体分布多孔板,利于气体在反应器内横向分布均匀。接地极板材料(包括阻挡介质)放入反应器壳体的边上卡槽内,电晕线框架则放在中间的卡槽内,这种设计结构利于拆卸,正脉冲高压加在电晕线上。

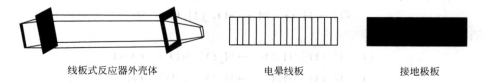

线板式反应器外壳体　　　　　　电晕线板　　　　　　接地极板

图 4-13 线板式反应器

2. 实验仪器和试剂

交流电压电流功率表；手动采样器 2 个；二氧化硫和二氧化氮快速检测管若干；酸度计 1 台；氨水（1%）。

四、实验操作步骤

1. 实验操作

（1）开启鼓风机，调节进气流量。

（2）给吸收反应器装入自来水（5L）。

（3）开启气体钢瓶，调节 NO_2 和 SO_2 的进气流量。

（4）开启高压电源（电压，30kV；频率，150Hz）；测定电源交流输入端功率并记录。

（5）运行稳定后，在进口取样点、放电反应器出口取样点以及吸收反应器出口取样点取样分析 NO_2 和 SO_2 的浓度并记录数据。

（6）每间隔 3min 测定吸收液 pH 一次。

（7）调节电压（25kV，20kV，15kV）或频率（200Hz，100Hz，50Hz），重复（5）和（6）操作，每次调节电压或频率时，测量电源回路交流输入端功率。

（8）运行结束，关闭 NO_2 和 SO_2 气源。

（9）关闭电源。

（10）排空吸收液，关闭鼓风机。

2. 高压脉冲电源操作方法

（1）控制台接上电源（交流 220V，50Hz）。将总电源钥匙向右拧动，接通电源，此时停止按钮和正高压归零指示灯亮。

（2）按下电源启动按钮（绿色）此时该按钮灯亮，主接触器吸合。

（3）按住频率调节"升"按钮，调整脉冲频率至所需要的频率值。

（4）按住正高压调节"升"按钮，调节到所需要的输出电压（火花开关正常，工作电压在 15～20kV，低于此值，火花开关不工作。因此首先调节电压使火花开关正常工作，之后再继续调节输出电压到所需要的数值）。

（5）工作中，若出现过流过压保护，主接触器断开。此时频率控制输出和高压控制输出自动降到零位，等到正高压归零指示灯亮后，重复步骤（2）～（4）。

（6）工作完毕后，首先按住正高压调节"降"按钮，将输出电压降至零位；然后按住频率调节"降"按钮，将输出脉冲频率降至零位。

（7）按下停止按钮，将总电源钥匙向左拧动，关闭总电源。

（8）电源工作停止后，如果需要靠近负载高压端进行其他操作时，首先用放电棒与高压端接触，放掉残余电量，然后进行其他操作。

五、数据记录及处理

1. 实验数据按表 4-16 记录。

表 4-16 实验数据记录表 1

姓名_____ 第_____组 实验日期_____

峰值电压对 SO_2、NO_x 脱除效率的影响（频率 150Hz）

流量_____ 温度_____ 相对湿度_____

峰值电压/kV		15	20	25	30
交流输入功率/W					
SO_2	$C_0/(mg/m^3)$				
	$C_1/(mg/m^3)$				
	$C_2/(mg/m^3)$				
	$\eta_1/\%$				
	$\eta_2/\%$				
NO_2	$C_0/(mg/m^3)$				
	$C_1/(mg/m^3)$				
	$C_2/(mg/m^3)$				
	$\eta_1/\%$				
	$\eta_2/\%$				
能量效率/(mg/J)					

2. 重复。

频率对 SO_2、NO_x 脱除效率的影响（电压 25kV）（见表 4-17）

表 4-17 实验数据记录表 2

流量_____ 温度_____ 相对湿度_____

重复频率/Hz		50	100	150	200
交流输入功率/W					
SO_2	$C_0/(mg/m^3)$				
	$C_1/(mg/m^3)$				
	$C_2/(mg/m^3)$				
	$\eta_1/\%$				
	$\eta_2/\%$				

续表

重复频率/Hz		50	100	150	200
NO$_2$	C_0/(mg/m^3)				
	C_1/(mg/m^3)				
	C_2/(mg/m^3)				
	η_1/%				
	η_2/%				
能量效率/(mg/J)					

3. 根据所测数据，计算二氧化硫和二氧化氮的质量流量。

4. 去除率按下式计算：

$$R_1 = \frac{C_1 - C_0}{C_0} \times 100\%　\tag{4-39}$$

$$R_2 = \frac{C_2 - C_1}{C_1} \times 100\%　\tag{4-40}$$

式中　R_1——放电反应器二氧化硫或二氧化氮去除率；

　　　R_2——吸收反应器二氧化硫或二氧化氮去除率；

　　　C_0——二氧化硫或二氧化氮入口浓度；

　　　C_1——放电反应器出口二氧化硫或二氧化氮浓度；

　　　C_2——吸收反应器出口二氧化硫或二氧化氮浓度。

能量效率公式：

$$\eta = \frac{(C_i - C_0)Q}{W}　\tag{4-41}$$

式中　Q——气体流量；

　　　W——输入能量。

5. 绘制 pH 随时间变化而变化的曲线。

六、分析与讨论

1. 从实验结果可以得出哪些结论？

2. 实验中还可以考虑哪些影响脱硫脱氮效率的因素？

3. 设计一个关于电压和频率的两因素三水平正交实验。

4. 分析 pH 变化的原因。

七、高压脉冲电压操作注意事项

1. 确保高压脉冲电源和反应器接地。

2. 旋转火花开关工作时，请勿靠近，保持 2m 以上距离，避免无关人员靠近。工作完毕后，在确定控制台停止按钮亮灯之后，用放电棒泄放掉残余电压，然后再进行其他操作。

3. 严格遵守电源的开机、关机顺序。电源的开机顺序：①按启动按钮；②调节频率到所需要的数值；③调节高压到所需要的数值。电源的关机顺序：①将高压输出归至零位；②将频率输出归至零位；③按停止按钮。

4. 高压脉冲电源的极限输出电压为 +50kV，工作频率 200Hz，操作过程中，禁止超过电源的极限电压和频率。电源工作的一般范围 +15～+40kV，频率 0～180Hz。

5. 高压输出电缆（电源箱体顶部，黑色单芯）在使用时不允许接近"地"或较低电位的物体。

实验十 放电等离子体技术处理甲苯废气

有机废气的排放随着生产行业、工艺条件的不同，其组成、浓度、气量也不相同，这就给其治理带来了一定的难度。目前控制有机废气排放的方法大致分为两大类：生产设备、工艺改进（采用清洁生产思路）与末端治理。尽管前者是一种理想的方法，但其应用还是受到一定的限制，特别是对于那些工艺和设备暂无法改变的过程必须采取后者。末端治理技术可进一步分成两类：破坏法和回收法。破坏法是通过热力、催化、非平衡等离子体等来氧化有机物或通过生物好氧菌分解，最终转化为无害或低害物质，如 CO_2、H_2O、N_2 等。回收法是将有机物从废气中分离、富集、回收。

本实验利用介质阻挡放电处理甲苯废气，属于破坏法。

一、实验目的

在非平衡电场施加强电压，引发放电，致使中性分子解离，形成等离子体流。等离子体具有强烈的反应活性，可破坏甲苯的分子结构，促使其降解。本实验利用介质阻挡放电辅助液相吸收治理甲苯废气，实验过程中可对放电现象进行观察，通过输入电压调节，分析输入能量对放电强度的影响，理解基本的放电原理和放电体系的主要组成和关键设备。实验中需要完成配气、治理、运行过程监测等具体实验项目，通过分析放电等离子体技术治理甲苯气体的主要影响因素，加深对甲苯降解机理的理解和掌握，进一步熟悉高压电源的操作和注意事项。

二、实验原理

介质阻挡放电是产生常温非平衡等离子体较理想的方法，也是最早得到应用的放电方法之一，其基本原理是：在常温常压下，等离子体反应器的两极中至少一个电极上面覆盖一层阻挡介质，在两极上加频率在几十赫兹到几兆赫兹间的交流高压电，在阻挡介质表面产生微放电，在这些微放电中产生非平衡等离子体，可进一步与废气发生氧化反应，达到净化的目的。根据电极的结构可将介质阻挡放电分为：无声放电型、沿面放电型、填充型，如图 4-14 所示。

无声放电反应器中 [图 4-14 (a)、(b)、(c)]，电介质层将两电极隔开，介质可以覆盖在电极上或放置于电极之间，在两电极间加上足够高的交流电压时，电极间隙的气体就会被击穿，形成大量微细的快脉冲放电通道，电介质在放电过程中起到储能作用，使放电稳定并产生延时极短的脉冲，同时能抑制火花放电的产生。沿面放电技术的放电结构如图 4-14 (d) 所示。反应器的主体为结构致密的陶瓷（陶瓷管或陶瓷板），在陶瓷的内部埋有金属作为接地极，陶瓷的一侧面上布置导电条作为高压电极，另一侧作为反应器的散热面。在中、高频作用下，放电从放电极沿陶瓷表面延伸，在陶瓷表面形成许多细微放电。填充型反应器中，所填充的绝缘介质颗粒介电常数较高，一般在 1000 以上，较典型的填充介质有 $BaTiO_3$ 和 Al_2O_3，当交流高

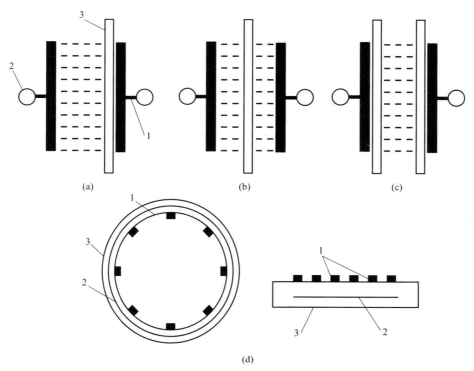

图 4-14　介质阻挡放电反应器

(a)、(b)、(c) 无声放电型；(d) 沿面放电型

1—高压极；2—接地极；3—阻挡介质

压加在反应器的两极时，绝缘介质颗粒即开始极化，在颗粒的接触点周围便产生强磁场，强磁场导致微放电。三种类型反应器内的微放电即产生了非平衡等离子体。

一般认为非平衡等离子体降解有机废气的机理过程有两种：①有机废气分子直接受到高能电子的碰撞激发或离解形成相应的基团和自由基；②非平衡等离子体内 O·、·OH 等自由基与有机废气分子或基团发生一系列的反应，最终将其彻底氧化。

有机物分子激发、离解的难易程度一方面取决于电子的能量，另一方面与分子的化学结构有关，即取决于分子内化学键的键能，键能最薄弱的地方最易发生断裂，此外，还与电子-分子碰撞的截面有关。常见的有机物的离解能如表 4-18 所示，可见大部分有机物分子的离解能都小于 5eV，电晕放电所产生的高能电子有足够的能量使有机物分子离解，形成自由基，进一步氧化降解。

表 4-18　部分有机物中化学键的离解能

化学键	离解键能/eV	化学键	离解键能/eV
CH_3—H	4.3	H—OCH_3	4.3
CH_3—Cl	3.5	CCl_2—CHCl	7.1
CCl_3—Cl	2.9	C_6H_5—H	4.6
CH_3—CH_3	3.6	$C_6H_5CH_2$—H	3.5
H—CHO	3.6	C_6H_5—CH_3	3.8
H—CH_2OH	3.9	S=C=S	6.9

烷烃有机化合物降解的可能过程是：自由基先夺取烷基中的氢原子并使之羰基化，接着再逐步进行深度氧化，最终使有机物降解为 CO_2 和 H_2O；对于烯烃，则是自由基或电子直接攻击其不饱和双键，经过环氧化后，再使之羰基化，再降解。反应如下：

$$RCH_2CH_3 + 2O \cdot \longrightarrow RCOCH_3 + H_2O$$
$$RCHCH_2 + O \cdot \longrightarrow RCOCH_3$$

芳烃在非平衡等离子体作用下，自由基先与苯环或苯环的取代基反应，最终导致开环降解。

含有杂原子（S、N、Cl 等）的有机物的降解过程大致相似，形成的中间产物复杂。

总之，非平衡等离子体降解有机废气是一个复杂过程，由于自由基存在的时间极短，反应速率也相当快。要具体确定某一个反应过程是十分困难的，但随着非平衡等离子体诊断技术的不断深入研究，人们将对此有进一步的了解。

三、实验装置

1. 实验装置

实验流程如图 4-15 所示，主要包括模拟甲苯废气的配气系统、等离子体反应器 9 和等离子体电源 10。由鼓风机产生的空气流分成两股，小股通过恒温槽中的有机废气发生装置 5 带出高浓度有机蒸气，在缓冲罐 6 内与空气主流混合均匀，然后进入等离子体反应器 9 处理，图中箭头指示气路流动方向。等离子体反应器 9 的进出口设置进口取样点 7 和放电反应器出口取样点 11。经等离子体处理后的气体进入吸收塔，进一步净化。

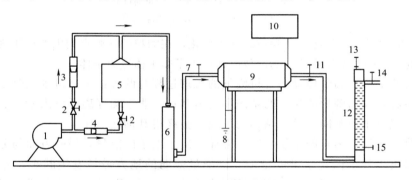

图 4-15　放电等离子体治理甲苯废气工艺流程图

1—鼓风机；2—阀门；3—流量计a；4—流量计b；5—甲苯气体发生器；6—缓冲罐；7—进口取样点；
8—接地端；9—等离子体反应器；10—等离子体电源；11—放电反应器出口取样点；12—吸收塔；
13—吸收塔气体出口取样点；14—进水阀；15—排水阀及吸收液取样点

2. 实验仪器和试剂

交流电压电流功率表；手动采样器 2 个；甲苯气体快速检测管若干；酸度计 1 台；紫外分光光度计 1 台；甲苯。

四、实验步骤

1. 实验操作

（1）关闭甲苯发生器气体入口阀，开启鼓风机，通过调节流量计 a 调节进气流量。

（2）给吸收反应器装入自来水（5L）。

（3）开启高压电源（电压，15kV；频率，1000Hz左右）；测定电源交流输入端功率并记录。

（4）开启甲苯发生器前进气阀。将甲苯（分析纯）试剂置入鼓泡瓶，鼓泡口低于液面高度；小股流量进入鼓泡瓶带出甲苯蒸气，进入缓冲罐稀释获得低浓度甲苯废气。鼓泡瓶置于超级恒温水浴槽内，根据不同废气浓度选择不同的水浴温度。

（5）运行稳定后，取进口气体、放电反应器出口取样点以及吸收反应器出口取样点取样分析甲苯的浓度并记录数据。

（6）每间隔5min取吸收液紫外扫描一次。

（7）调节电压（10kV、20kV），重复（5）和（6）步操作；每次调节电压或频率时，测量电源回路交流输入功率。

（8）运行结束，关闭甲苯气体发生器前进气阀。

（9）关闭电源。

（10）排空吸收液，关闭鼓风机。

2.高压脉冲电源操作方法

（1）打开电源。

（2）调节升压器至峰值电压为目标值。

（3）调节频率调节旋钮，至电源面板上电流显示值最大（核心频率）。

（4）电源工作停止后，如果需要靠近负线高压端进行其他操作时，首先用放电棒与高压端接触，泄放掉残余电量，然后进行其他操作。

五、实验数据记录及处理

（1）按表4-19整理实验数据。

表 4-19 实验数据记录表

姓名_____ 第_____组 实验日期_____

流量_____ 温度_____ 相对湿度_____

① 甲苯浓度数据表

	峰值电压/kV	15	20	25	30
	交流输入功率/W				
甲苯	$C_0/(\text{mg/m}^3)$				
	$C_1/(\text{mg/m}^3)$				
	$C_2/(\text{mg/m}^3)$				
	$R_1/\%$				
	$R_2/\%$				
	能量效率 $\eta/\%$				

② 吸收液 pH 及紫外吸收数据

时间/min	0	5	10	15	20	25	30
pH							
紫外吸收(275nm)							

（2）计算甲苯的质量流量。

（3）计算甲苯的去除率。

甲苯的去除率按下式计算：

$$R_1 = \frac{C_1 - C_0}{C_0} \times 100\% \tag{4-42}$$

$$R_2 = \frac{C_2 - C_1}{C_1} \times 100\% \tag{4-43}$$

式中　R_1——放电反应器甲苯去除率；

　　　R_2——吸收反应器甲苯去除率；

　　　C_0——甲苯入口浓度；

　　　C_1——放电反应器出口甲苯浓度；

　　　C_2——吸收反应器出口甲苯浓度。

（4）能量效率计算公式为：

$$\eta = \frac{(C_i - C_0)Q}{W} \tag{4-44}$$

式中　Q——气体流量；

　　　W——输入能量。

（5）画出吸收液 pH 随时间变化的曲线。

（6）画出吸收液吸光度随时间变化的曲线。

六、分析与讨论

1. 分析吸收液 pH 和紫外吸收随放电时间变化的特点和原因。

2. 实验中入口气体流量增加时，应如何保证入口甲苯浓度不变？

3. 甲苯在放电等离子反应器内的分解机理是什么？

4. 如果不经过放电反应器，甲苯能否被吸收反应器吸收？为什么？

5. 废气甲苯浓度不同，为什么需要选择不同的水浴温度？

七、操作注意事项

1. 确保高压脉冲电源和反应器接大地。

2. 电源工作时，请勿靠近，保持 2m 以上距离，避免无关人员靠近。工作完毕后，在确定控制台停止按钮亮灯之后，用放电棒泄放掉残余电压，然后再进行其他操作。

3. 高压脉冲电源的极限输出电压为 +50kV，工作频率 20Hz，操作过程中，禁止超过电源的极限电压和频率。电源工作的一般范围 +15～+40kV，频率 0～180Hz。

4. 高压输出电缆（电源箱体顶部，黑色单芯）在使用时不允许接近"地"或较低电位的物体。

5. 实验中应确保系统无泄漏。

实验十一　活性炭吸附净化气体中的 NO_x

一、实验目的

吸附法广泛应用于有机、石油化工等生产部门，成为不可缺少的分离手段。由于吸附过程能有效地捕集浓度很低的有害物质，因此，在环境保护方面的应用越来越广泛。活性炭吸附主要用于大气污染、水质污染和有害气体净化领域。用活性炭净化氮氧化物废气是一种简便有效的方法，通过吸附剂的物理吸附性能和较大的比表面积将废气中的气体分子吸附在吸附剂上，经过一定时间，吸附达到饱和，通过吸附剂温度、压力等吸附条件的改变，使吸附质从吸附剂中解析下来达到净化回收的目的，吸附剂解析后可重复循环利用。

本实验采用有机玻璃吸附塔，以活性炭作为吸附剂，通过模拟氮氧化物废气，得出吸附净化效率、空塔气速和失效时间等数据。通过本实验希望达到以下目的。

1. 深入理解吸附法净化有害废气的原理和特点。

2. 掌握活性炭吸附法的工艺流程和吸附装置的特点。

3. 训练工艺实验的操作技能，掌握主要仪器设备的安装和使用。

4. 掌握活性炭吸附法中的样品分析和数据处理的技术。

二、实验原理

吸附是利用多孔性固体吸附剂处理流体混合物，使其中所含的一种或几种组分浓集在固体表面，而与其他组分分开的过程。产生吸附作用的力可以是分子间的引力，也可以是表面分子与气体分子的化学键力。前者称为物理吸附，后者则称为化学吸附。

活性炭吸附气体中的氮氧化物是基于其较大的比表面积和较高的物理吸附性能，活性炭吸附氮氧化物是可逆过程，在一定温度和压力下达到吸附平衡，而在高温、减压下被吸附的氮氧化物又被解吸出来，使活性炭得到再生而能被重复使用。

三、实验装置、仪器设备和试剂

1. 实验装置

实验装置如图 4-16 所示，主要包括酸雾发生器、吸附塔、尾气净化系统、真空泵及流量计、冷凝器等部分。

2. 仪器设备

有机玻璃吸附塔，$D=40mm$，$H=380mm$，1 台；真空泵，流量 30L/min，1 台；气体转子流量计，$0\sim40L/min$，1 个；玻璃洗气瓶，500mL，2 个；玻璃干燥瓶，500mL，2 个；玻璃细口瓶，2 个；紫外分光光度计，1 台；电热器，1 台；冷凝器，2 支；双球玻璃氧化管，2 支；采样用注射器，2 支；玻璃三通管，2 个；玻璃四通管，1 个；浴气瓶，100mL，20 个。

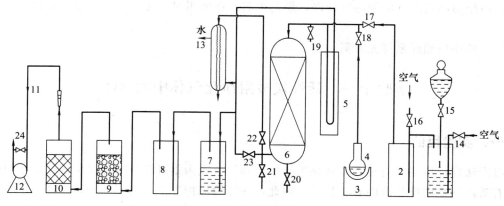

图 4-16　活性炭吸附装置流程图

1—酸雾发生器；2—缓冲瓶；3—电热器；4—蒸汽瓶；5—压差计；6—吸附塔；7—液体吸收瓶；
8—缓冲瓶；9—固体吸收瓶；10—干燥瓶；11—转子流量计；12—真空泵；13—冷凝器；
14—关闭阀；15、17、18、20、22、23—控制阀；16—进气阀；19—进口采样点；
21—出口采样点；24—气量调节阀

3.试剂

活性炭；硝酸，分析纯，1瓶；NaOH 溶液，10%；固体 NaOH，分析纯，1瓶；铁屑或铜屑；三氧化铬，分析纯，1瓶；对氨基苯磺酸，分析纯，1瓶；盐酸乙二胺，分析纯，1瓶；冰醋酸，分析纯，1瓶；盐酸，分析纯，1瓶；亚硝酸钠，分析纯，1瓶。

四、实验步骤

1.实验准备

(1) 三氧化铬氧化管的制作

筛取 20～40 目砂子，用盐酸（1+2）溶液浸泡一晚，用水洗至中性，烘干。把三氧化铬及砂子按质量比（1：20）混合，加少量水调匀，放在红外灯下或烘箱里于 15℃ 下烘干，称取约 8g 三氧化铬一砂子装入双球玻璃管，两端用少量脱脂棉塞紧即可使用，使用前用乳胶管或用塑料管制成的小帽将氧化管两端密封。

(2) 吸收液的配制

所用试剂均用不含亚硝酸根的重蒸蒸馏水配制，即所配吸收液的吸光度不超过 0.005。配制时称取 5.0g 对氨基苯磺酸，通过玻璃小漏斗直接加入 1000mL 容量瓶中，加入 50mL 冰醋酸和 900mL 的混合溶液，盖塞振摇使其溶解，待对氨基苯磺酸完全溶解，再加入 0.050g 盐酸萘乙二胺，溶解后，用水稀释至标线。此为吸收原液，储于棕色瓶，在冰箱中可保存 2 个月，保存时可用聚四氯乙烯生胶密封瓶口，以防止空气与吸收液接触。采样时按 4 份吸收原液和 1 份水的比例混合。

(3) 亚硝酸钠标准溶液的配制

称取 0.1500g 粒状亚硝酸钠（$NaNO_2$，顶先在干燥器内放置 24h 以上），溶解于水，移入 1000mL 容量瓶中，用水稀释至标线，此溶液每毫升含 100.0μg 亚硝酸根（NO_2^-），储于棕色瓶保存在冰箱中，可稳定 3 个月。临用前，吸取储备液 5.00mL 于 100mL 容量瓶中，用水稀释至标线。此溶液每毫升含 5.0μg 亚硝酸根（NO_2^-）。

（4）标准曲线的绘制

在 7 只 10mL 具塞比色管中分别准确加入 0mL、0.10mL、0.20mL、0.30mL、0.40mL、0.50mL、0.60mL 亚硝酸钠标准溶液，然后在每个比色管中分别加入 4mL 吸收原液和 1.00mL、0.90mL、0.80mL、0.70mL、0.60mL、0.50mL、0.40mL 蒸馏水，摇匀，避光放置 15min，在波长 540nm 处，用 1cm 比色皿，以水为参比，测定吸光度，根据测定结果，绘制吸光度对 NO_2^- 含量的标准曲线。

2. 实验操作

（1）按图 4-16 所示的流程图连接好实验装置。

（2）将铜丝或铁丝（块）放入酸雾发生器中，配制 40% HNO_3 溶液；装入分液漏斗中，洗气瓶中装入 10% NaOH 溶液，干燥塔中装入固体 NaOH。

（3）检查管路系统是否漏气，开动真空泵，使压差计有一定压力差，并将各调节阀关死，保持一段时间，看压力是否有变化，如有漏气，可以压差计为中心向远处逐步检查，查到整个系统不漏气为止。

（4）将铜丝或铁丝（块）放入酸雾发生器中，配制 40% HNO_3 溶液；装入分液漏斗中，将分液漏斗的阀门打开，酸雾发生器中便有氮氧化物放出。

（5）关闭控制阀 15、18、20 和 22，开动真空泵，调节气量调节阀 24 及转子流量计 11，使流量达到一定值。

（6）开启控制阀 15，调节进气阀 16，观察缓冲瓶中黄烟的变化情况，并调节转子流量计，使其回到规定值，保持气流稳定。

（7）在整个系统稳定 2～5min 后取样分析，以后每 30min 取样一次，每次取 3 个。

（8）当吸附净化效率低于 80% 时，停止吸附操作，将气量调节阀 24 打开，停止真空泵，关闭控制阀 14、15、16、17 和 23。

（9）开启控制阀 18 和 22，使管路系统处于解吸状态，打开冷水管开关，向吸附塔通入水蒸气进行解吸。

（10）当解吸液 pH 值小于 6 时，关闭控制阀 18 和 22，停止解吸。

3. 采样与分析

分析氮氧化物采用盐酸萘乙二胺比色法。

（1）准确吸取 10mL 采样用的吸收液；装入干净的溶气瓶中，用于取净化后的气体（取原气体样品时，吸收液量为 40mL）样品。用翻口塞和弹簧夹封好瓶口和支臂口，并用注射器抽出瓶内空气，使瓶内保持负压。

（2）用 5mL 的医用注射器在出口气体取样口取样 5mL（在原气体样品进气口取样 2mL）缓慢注射到溶气瓶中（注意要将针头插入液体内），并不断摇动溶气瓶。注射完样气后，继续摇动 2～3min。静置 30min 后可进行分析。每次取样品 3 个，结果取平均值。

（3）比色测定，用紫外分光光度计在波长 540nm 处测得样品的光密度值，并在标准曲线上查出相应的 NO_2^- 含量。若 NO_2^- 浓度过高，可稀释后进行测定。

五、实验数据整理

1. 实验数据的处理

（1）标准状态下气体中 NO_2 浓度的计算

$$\rho_{NO_2} = \frac{aV_s}{V_N V_1 \times 0.76} \tag{4-45}$$

式中 a——样品溶液中 NO_2 的含量，μg；

   V_s——样品溶液的总体积，mL；

   V_1——分析时所取样品溶液的体积，mL；

   0.76——转换系数，气体中 NO_2 被吸收转换为 NO_2^- 的系数；

   V_N——标准状态下的采样体积。

   V_N 可用下式计算

$$V_N = V_f \frac{23}{273 + t_f} \times \frac{p_a}{101.3} \tag{4-46}$$

式中 V_f——注射器采样体积，L；

   t_f——室温，℃；

   p_a——大气压力，kPa。

（2）吸附塔的平均净化效率（η）

$$\eta = \left[1 - \frac{\rho_2(NO_2)}{\rho_1(NO_2)}\right] \times 100\% \tag{4-47}$$

式中 $\rho_1(NO_2)$——标准状态下吸附塔入口处气体中 NO_2 的浓度，mg/m^3；

   $\rho_2(NO_2)$——标准状态下吸附塔出口处气体中 NO_2 的浓度，mg/m^3。

（3）空塔气速

$$W = \frac{Q}{F} \tag{4-48}$$

式中 Q——气体体积流量，m^3/s；

   F——床层横截面积，m^2。

实验基本参数记录如下：

吸附器：直径 $D=$ _____ mm 高度 $H=$ _____ mm 床层横截面积 $F=$ _____ m^2

活性炭：种类_____ 粒径 $d=$ _____ mm 装填高度_____ mm 装填量_____ g

操作条件：气体密度_____ mg/L 室温_____ ℃ 气体流量_____ L/min

2.实验结果及整理

（1）将实验数据及分析结果记入表 4-20 中。

表 4-20 实验数据记录及分析表

实验时间	1# 光密度	2# 光密度	3# 光密度	1# 净化率/%	2# 净化率/%	3# 净化率/%	平均净化率/%	空塔气速/(m/s)

（2）根据实验结果绘出净化效率随吸附操作时间变化的曲线。

六、问题与讨论

1. 从实验结果得到的曲线中，你可以得出哪些结论？
2. 空塔气速与吸附效率有何关系，通常吸附操作空塔气速为多少？
3. 长时间使用的活性炭，采用什么方法进行活化处理？
4. 通过实验，你有什么体会？对实验有何改进意见？

实验十二　活性炭吸附法净化 VOCs 废气

一、实验目的

活性炭是由各种含碳物质如煤、木材、石油焦、果壳、果核等炭化后，再用水热气或化学药品进行活化处理，制成孔穴十分丰富的吸附剂，它具有非极性表面，为疏水性和亲有机物的吸附剂，因此常用于某些特定生产工艺（化学工业、石油化工等）的废气处理。在这些生产工艺中，常排放出含有不同浓度的苯、甲苯等挥发性有机污染物（VOCs），苯类物质大多易燃、有毒，通过呼吸系统进入人体易损害人的中枢神经，造成神经系统障碍，其被摄入人体后，会危及血液及造血器官。因此，含苯有机废气不经处理直接排放，不仅危害人体健康，同时还会造成严重的环境污染。

活性炭吸附法处理低浓度 VOCs 是工业上较为常用的方法。本实验通过气体发生器产生的苯蒸气作为 VOCs，用活性炭对其进行吸附，通过本实验进一步提高对吸附机理的认识，了解影响吸附效率的主要因素。

二、实验原理

气体吸附是用多孔固体吸附剂将气体混合物中的一种或数种组合浓集于固体表面，而与其他组分分离的过程。根据吸附剂与吸附质之间发生吸附作用力的性质不同，吸附过程可分为物理吸附与化学吸附。物理吸附是由于气相吸附质的分子与固体吸附剂的表面分子间存在的范德华力所引起的，它是个可逆过程；化学吸附则是由吸附质分子与吸附剂表面的分子发生化学反应而引起的，化学吸附的强弱由两种分子的化学键的亲和力大小决定，化学吸附是不可逆的。用吸附法净化有机废气时，在多数情况下发生的是物理吸附。吸附了有机组分的吸附剂，在温度、压力等条件改变时，被吸附组分可以脱离吸附剂表面，而得到纯度较高的产物，使有机废气得以回收利用，同时利用这一点，使吸附剂得到净化而能被重复使用。

三、实验流程、仪器设备和试剂

1. 实验流程

实验装置如图 4-17 所示。该流程可分为如下几个部分。

（1）配气部分。气体压缩机 1 送出的空气进入缓冲瓶 2，然后通过放空阀 3 调节进入转子流量计 4 的气体流量。气体经转子流量计计量后分成两股：一股进入装有苯的气体发生器 5，将气体发生器中挥发的苯带出；另一股不经气体发生器直接通过。两股气体在进入吸附柱 9 前混合，混合气的含苯浓度通过调节两股气的流量比例来控制，两股气的流量比例则是

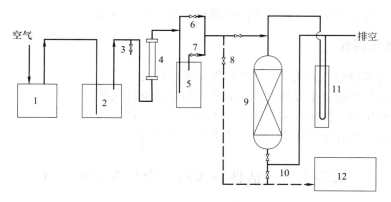

图 4-17　吸附实验装置流程图

1—压缩机；2—缓冲瓶；3—放空阀；4—转子流量计；5—气体发生器；6、7—控制阀；
8、10—取样口；9—吸附柱；11—U形管压差计；12—气质联机

通过控制阀 6、7 来调节的。

（2）吸附部分。混合后气体通过阀门进入吸附柱 9，吸附柱中装有一定高度的活性炭。吸附净化后的气体排空。

（3）取样部分。在吸附柱前、后设置两个取样点，实验时按需要将取样点分别与气质联机相连（先用针筒从两处取样，再用气质联机分析取出的样品），以测定吸附柱进、出口气体的含苯浓度。

2. 主要仪器设备及规格

压缩机，压力 294kPa，1 台；转子流量计，1 只；U 形管压差计，1 只；三口瓶，500mL，1 个；广口瓶，10000mL，1 个；吸附柱，有机玻璃 $\phi40mm\times400mm$，2 个；气质联机，TRACEMS，1 台。

3. 实验用吸附剂

活性炭。

四、实验方法与步骤

1. 实验准备

实验准备工作在学生进行实验之前由实验室工作人员完成。

（1）按图 4-17 所示的流程图连接好装置并检查气密性。

（2）校定转子流量计并给出流直曲线图。

（3）将活性炭放入烘箱中，在 100℃以下烘 1～2h，过筛备用。

2. 实验步骤

（1）标准曲线的绘制。用 5 支 100mL 注射器分别抽取 5mL、10mL、20mL、40mL、80mL 浓度为 1mg/L 的苯标准气用清洁空气稀释至 100mL。其浓度分别为 50mg/m^3、100mg/m^3、200mg/m^3、400mg/m^3、800mg/m^3。按气质联机操作方法进样、测量峰面积，绘制标准曲线。

（2）取三根吸附柱，测量管径，然后分别向吸附柱中装入 14cm、12cm 和 10cm 高已烘干的活性炭，然后把 14cm 炭层的吸附柱装在流程上，另两根柱备用。

（3）根据测定的管径，计算出空塔气速为 0.3m/s 时所应通的气量，并记录该空塔气速

下的流量计刻度值。

（4）打开放空阀 3，关闭控制间，开启压缩机 1，然后利用放空阀 3 将气体流量调节到所需流量值。

（5）打开取样口 10，将气体接通气质联机，不断开启控制阀 7，关小控制阀 6，并保持流量计刻度值不变，调节混合气含苯浓度为 250mg/m³，并记下此时时间。

（6）关闭取样口 10，使气体全部通过吸附柱，并保持上述条件连续通气，通过取样口不断将气体导入气质联机，测定吸附柱出口气体的含苯浓度，当出口气体中有微量苯浓度显示时停止通气，记下时间。

（7）将 14cm 炭层柱由流程上卸下，并分别将装有 12cm 和 10cm 炭层的吸附柱装入流程，重复（3）、（4）、（5）、（6）的操作，在操作中保持相同的条件。

（8）实验完毕后，关闭压缩机，切断电源，清洗、整理仪器和药品。

五、实验数据的记录和整理

1. 实验数据的处理

（1）气体中苯浓度的计算

$$\rho_i = \frac{\rho_0}{\varphi} \tag{4-49}$$

式中　ρ_i——苯的浓度，mg/m³；

ρ_0——由标准曲线上查出的样品浓度，mg/m³；

φ——将样品体积换算成标准状况下体积的换算系数。

（2）希洛夫公式中 K、τ_0 的求取

依据所得实验结果，计算希洛夫公式中的常数 K 和 τ_0 值。

$$\tau = KL - \tau_0 \tag{4-50}$$

式中　τ——保持作用时间；

L——炭层高度。

（3）吸附容量的计算

活性炭的吸附容量按下式计算。

$$a = \frac{KV\rho}{\rho_b} \tag{4-51}$$

式中　a——活性炭吸附容量，kg/kg；

K——吸附层保护作用系数，s/m；

V——空塔气速，m/s；

ρ——气流中污染物入口浓度，kg/m³；

ρ_b——吸附剂的堆积密度，kg/m³。

2. 实验基本参数记录

吸附柱：直径 $D=$ _____ mm

活性炭：种类_____　粒径 $d=$ _____ mm　堆积密度_____ kg/m³

操作条件：室温_____ ℃　气压_____ kPa　气体流量_____ L/min　空塔气速_____ m/s

3. 实验结果与整理

将实验条件、结果及其计算值记入表 4-21。

表 4-21 实验条件、结果及其计算值

序号	吸附柱号	1#	2#	3#
1	炭层高度/m			
2	进气浓度/(mg/m³)			
3	保护作用时间/min			
4	吸附容量/(kg/kg)			
希洛夫公式的 K、τ_0 值		$K =$ _____ min/m $\tau_0 =$ _____ min		

六、问题与讨论

1. 影响吸附容量的因素有哪些？在实验中若空塔气速、气体进口浓度的值发生变化，将会对吸附容量的值产生什么影响？

2. 若要测定气体进口浓度的变化对吸附容量的影响，应该怎样设计实验？

3. 在什么样的条件下可以使用希洛夫公式进行吸附床层的计算？根据实验结果，若设计一个炭层高度为 0.5m 的吸附床层，它的保护作用时间为多少？

第二节 综合性设计性实验

实验一 板式静电除尘实验

一、实验目的

1. 通过实验让学生进一步理解静电除尘的工作原理。

2. 了解静电除尘实验设备的工艺流程、单元组成，掌握基本操作。

3. 通过静电除尘实验设备对灰尘的实际处理，让学生了解工作电压对静电除尘实验设备脱除灰尘的效果的影响。

二、实验原理

电除尘器是利用静电力实现气体中的固体、液体粒子与气流分离的一种高效除尘装置，含尘气体在通过高压电场进行电离的过程中，使尘粒荷电，并在电场力的作用下使尘粒沉积在集尘极上，由此将尘粒从含尘气体中分离出来。

电除尘器的放电极（或电晕极）和收尘极（或集尘极）接电压直流电，维持一个足以使气体电离的静电场，当含尘气体通过两极间非均匀电场时，在放电极周围强电场作用下发生电离，形成气体离子和电子并使粉尘粒子子荷电。荷电后的粒子在电场力作用下向收尘极运动并在收尘极上沉积，从而达到粉尘和气体的分离。当收尘极上粉尘达到一定厚度时，借助于机械振动可使粉尘落入下部灰斗中。电除尘器的工作原理包括电晕放电、气体电离、粒子荷电、荷电粒子的迁移和捕集以及清灰等过程。

　　与其他除尘机理相比，电除尘过程的分离力直接作用于粒子上，而不是作用于整个气流上，这就决定了它具有分离粒子耗能小、气流阻力小的特点。由于作用在粒子上的静电力相对较大，即使对亚微米级的粒子也能有效捕集。在收集细粉尘的场合，电除尘器已是主要的除尘装置。

三、实验仪器与装置

　　本实验所用的板式静电除尘实验设备由以下几部分组成，见图 4-18。

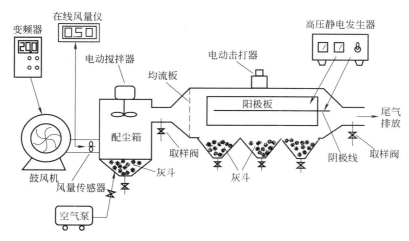

图 4-18　板式静电除尘实验设备

　　1.配尘系统

　　(1) 配尘箱　配尘箱由 300L 有机玻璃灰斗箱构成，内放置 10kg 左右的超细粉煤灰来作为灰尘源。在配尘箱中安装有空气泵和搅拌风扇，空气泵用来调节扬尘，搅拌风扇用来进行灰尘与空气的混合搅拌。

　　(2) 鼓风机　该鼓风机的作用是向配尘箱中送入空气，由变频器控制鼓风机的转速来控制送风量。进入配尘箱的空气带走配尘箱中的扬尘，一并进入静电除尘柜。

　　(3) 在线检测风量仪　它的作用是用来在线检测鼓风机送入除尘系统的风量的大小。它由两部分组成，风量传感器部分安装在鼓风机与配尘箱之间的管路中，以获取管路中风速大小的物理量；另一部分为数字显示仪表，它将风速信号经过处理后直接以 m^3/min 的数字形式显示出来，为实验提供空气流量参数。

　　(4) 电气控制箱　安装有一只变频器控制器，用来控制调节鼓风机的转速，旁边有供给鼓风机的三相输出电源插座。另有一只供应给灰尘搅拌风扇的输出电源插座。还有一只供应给空气泵的输出电源插座。此外，该电气控制箱中还安装了在线风量检测显示仪。

　　2.静电除尘系统

　　(1) 有机玻璃卧式除尘柜　该卧式除尘柜体积 300L，另加上三个灰尘斗，用于收集被除下的灰尘。当灰尘斗中的灰尘积累较多时，打开下方的阀门，将灰尘放出后返回到配尘箱。

　　(2) 均流板　它位于除尘柜的进风端，用来均匀分布带灰尘的气流进入除尘柜。

　　(3) 电极线和电极板　电极板为正极，位与卧式除尘柜的后方，灰尘最终被静电吸附在此板上。电极线为负极，上面还分布有芒刺，用于均匀电场分布。

（4）电动击打器　位于除尘柜中间位置的上方。当灰尘吸附到电极板上达到一定厚度时，可开动电动击打器，将电极板上的灰尘振动下来，掉入灰尘斗中。

（5）高压静电发生器　该高压静电发生器输出直流静电高压1万～10万伏（我国工业化使用电压8万伏），可调，它直接安放在除尘柜的上面，由高压输电线将高电压输入除尘柜的电极上。

3. 取样口与专用取样头

（1）进口取样阀　它位于配灰箱与除尘柜之间的管道上，用来对配完灰尘的气流进行采样。

（2）出口取样阀　它位于除尘柜的出气端，用来对经过静电除尘处理的气流进行采样。

（3）专用取样头　该取样头一端旋入取样口，另一端与TSP采样设备连接使用。将取样头旋开，把TSP过滤膜放入中间，再旋上，整个取样头用万分之一电子天平称重。计算取样前后的质量差值和采样体积，最后计算出气样的灰尘浓度。

四、实验步骤

1. 根据灰尘采样头裁剪好TSP采样膜，将TSP采样膜安装在灰尘采样头中，一起放在电子天平上称重，记录下质量。

2. 仔细了解整个实验设备的工艺流程、各个单元的连接情况与操作方法。开启变频器，确定一个鼓风机的工作频率，一般选择20Hz的工作频率。开启高压静电发生器的电源开关，将高压输出调节钮慢慢调大，使输出电压表指示至50kV。开启灰尘搅拌风扇的控制开关，搅拌风扇运转。开启空气泵的电源开关，空气泵开始工作，将空气压入粉煤灰中并将它们扬起。被扬起的灰尘在搅拌风扇的搅拌混合作用下，与鼓风机送进来的空气充分混合后被送入除尘柜进行除尘，可以通过调节空气泵出气阀的大小来控制扬起灰尘的多少。

3. 打开设备的取样阀门，开启已经调节好流量的TSP采样器，开始取样，取样时间视灰尘浓度而定，一般进气端1～2min，出气端2～3min。取样完毕后，先关闭TSP采样器，再关闭取样阀门，拔掉连接管，旋下取样头。注意，在取样过程中随着取样头中灰尘的增多，气流阻力增加，要及时观察和调节TSP采样器的流量，以保持抽气量的基本稳定。

4. 可以设计不同的鼓风机风流量、扬尘的气流量和静电电压等条件来进行实验。鼓风机风流量不要超过30Hz的转速频率，静电电压可以调节到80kV（工业用标准电压）。

5. 在每一个工作电压下，从除尘器的进气端和出气端采集灰尘样品，称重，根据采集气量和灰尘质量计算出灰尘浓度。

6. 当各个实验条件都取样完毕后，开启电动击打器，并同时观察灰尘在阳极板上被击打下来的过程。当阳极集尘板上的灰尘收集到2～5mm厚度时，集尘效果便会下降，此时按下电动击打器的电源按钮，电动击打器撞击阳极板（撞击时间在10s左右），便可以将灰尘振动下来，掉入集灰斗，然后关闭电动击打器。

7. 实验结束后，关闭空气泵电源开关，关闭灰尘搅拌器电源开关，停止扬灰尘。待配尘箱中的扬灰静止下来以后，将静电发生器的电压输出调节钮旋至0位，关闭静电发生器电源开关。按照要求关闭变频控制器，鼓风机停止工作。关闭电器控制箱的电源开关。

五、实验结果整理

1. 记录和计算实验数据，见表 4-22。

表 4-22　实验结果记录表

工作电压/kV	除尘器进口灰尘浓度/(mg/m³)	除尘器出口灰尘浓度/(mg/m³)	灰尘去除率/%

2. 建立工作电压与灰尘去除率之间的关系曲线。

3. 分析实验数据，解释实验结果。

六、注意事项

1. 必须严格按照开机顺序和关机顺序进行操作。严禁灰尘从鼓风机倒灌出来，以免损坏风量传感器。

2. 高压静电发生器的阳极线和除尘柜中的阳极板必须要与独立的专业地线可靠连接，以防止引起仪器故障和安全问题。

3. 在实验过程中尽量避免人体和手接触除尘箱的外壳，因为强大的高压静电可能会给人体带来不适。

4. 当除尘柜灰斗中的灰尘比较多时，要打开灰斗的放空阀，将灰尘放入一个容器中，然后打开配尘箱盖，将灰尘倒入配尘箱，并将灰尘铺平。注意，最后一定要将空气吹气管放到灰尘的表面。

5. 实验结束后一定要将排尾气管从窗外拖至室内，以防止室外的气流从排尾气管倒灌至设备内部，引起设备内部扬尘而损坏风量传感器。

实验二　催化转化法去除氮氧化物

氮氧化物是主要的大气污染物之一，包括一氧化氮、二氧化氮、一氧化二氮、三氧化二氮、五氧化二氮等多种氮的氧化物。近年来，我国总颗粒物排放量基本得到控制，二氧化硫排放量有所下降，但氮氧化物排放量随着我国能源消费和机动车保有量的快速增长而迅速上升。"十一五"期间，氮氧化物排放的快速增长加剧了区域酸雨的恶化趋势，部分抵消了我国在二氧化硫减排方面所付出的巨大努力。随着国民经济发展、人口增长和城市化进程的加快，中国氮氧化物排放量将继续增长。2008 年全国氮氧化物排放量达到 2000 万吨，成为世界第一氮氧化物排放国。若不加以控制，氮氧化物排放量在 2020 年将达到 3000 万吨，给我国大气环境带来巨大威胁。由于氮氧化物对大气环境的不利影响以及目前火电厂氮氧化物排放控制的严峻形势，国家提出了"十二五"期间控制氮氧化物排放的规划和要求，加大对氮氧化物排放的控制力度。

一、实验目的

本实验设计了氮氧化物催化转化实验体系，通过实验室配气，配制成一定浓度的 NO 和 NO_2 混合气体，进入催化转化反应器。进气中的 NO 和 NO_2 在反应器内被转化为 N_2 和 H_2O，实验中可根据配气系统调节进气氮氧化物浓度，通过反应器出口采样分析出口 NO 和 NO_2 浓度。通过实验操作和分析，可加深对催化转化法去除氮氧化物原理的理解，并掌握实验操作和分析的基本技能。

二、实验原理

催化转化法利用不同还原剂，在一定的温度和催化剂作用下，将 NO_x 还原为无害的 N_2 和 H_2O。按还原剂是否与空气中的 O_2 发生反应分为选择性催化还原法（SCR）和非选择性催化还原法两类。

非选择性催化还原法是在一定温度和催化剂（一般为贵金属 Pt、Pd 等）作用下，废气中的 NO_2 和 NO 被还原剂（H_2、CO_2、CH_4 及其他低碳氢化合物等燃料气）还原为 N_2，同时还原剂还与废气中 O_2 作用生成 H_2O 和 CO_2，反应过程放出大量热能。该法燃料耗量大，需贵金属作催化剂，还需设置热回收装置，投资大，国内未见使用，国外也逐渐被淘汰，多改用选择性催化还原法。选择性催化还原法（SCR）用 NH_3 作还原剂，加入氨至烟气中，NO_x 在 300～400℃ 的催化剂层中分解为 N_2 和 H_2O。因没有副产物，并且装置结构简单，所以该法适用于处理大气量的烟气。

以氨作还原剂，通常在空气预热器的上游注入含 NO_x 的烟气。此处烟气温度约 290～400℃，是还原反应的最佳温度。在含有催化剂的反应器内 NO_x 被选择性还原为 N_2 和 H_2O：

$$4NH_3 + 4NO + O_2 = 4N_2 + 6H_2O$$
$$8NH_3 + 6NO_2 = 7N_2 + 12H_2O$$

与氨有关的氧化反应包括：

$$4NH_3 + 5O_2 = 4NO + 6H_2O$$
$$4NH_3 + 3O_2 = 2N_2 + 6H_2O$$

运行中，通常取 NH_3：NO_x（摩尔比）为 0.81～0.82，NO_x 的去除率约为 80%。温度对还原效率有显著影响，提高温度能改进 NO_x 的还原，但当温度进一步提高时，氧化反应变得越来越快，从而导致 NO_x 的产生。

在脱氮装置中催化剂大多采用多孔结构的钛系氧化物，烟气流过催化剂表面，由于扩散作用进入催化剂细孔中，使 NO_x 的分解反应得以进行。催化剂有许多种形状，如粒状、板状和格状，主要采用板状或格状以防止烟尘堵塞。

SCR 系统对 NO_x 的转化率为 60%～90%。压力损失和催化转化器空间气速的选择是 SCR 系统设计的关键。催化转化器的压力损失介于 $(5～7) \times 10^2 Pa$，取决于所用催化剂的几何形状。例如平板式（具有较低的压力损失）或蜂窝式。当 NO_x 的转化率为 60%～90%

时，空间气速可选为 $2200\text{m}^3/\text{h}\sim7000\text{m}^3/\text{h}$。由于催化剂的费用在 SCR 系统的总费用中占较大比例，从经济的角度出发，总希望有较大的空间气速。

催化剂失活和烟气中残留的氨是与 SCR 工艺操作相关的两个关键因素。长期操作过程中"毒物"的积累是催化剂失活的主要原因，降低烟气的含尘量可有效地延长催化剂的寿命。由于二氧化硫的存在，所有未反应的 NH_3 都将转化为硫酸盐。下式是一种可能的反应路径：

$$2NH_3(g)+SO_3(g)+H_2O(g)\Longrightarrow(NH_4)_2SO_4(s)$$

生成的硫酸铵为亚微米级的微粒，易于附着在催化转化器内或者下游的空气预热器以及引风机中。随着 SCR 系统运行时间的增加，催化剂活性逐渐丧失，烟气中残留的氨或者"氨泄漏"也将增加。根据日本和欧洲 SCR 系统运行的经验，最大允许的氨泄漏为 5×10^{-6}（体积分数）。

三、实验装置及仪器、试剂

实验装置如图 4-19 所示，利用高压钢瓶气配制成模拟 NO_x 和适当配比的 NH_3，经缓冲罐充分混合和加热器加热到一定温度，进入催化转化反应器进行反应，净化后的气体经冷却器冷却后排出。冷却器为金属水冷蛇形管，通流气体与冷却水无接触。加热器可在管道内设置电加热管或者直接连接管式炉作为加热器。催化转化反应器内装填二氧化钛为载体的五氧化二钒催化剂。

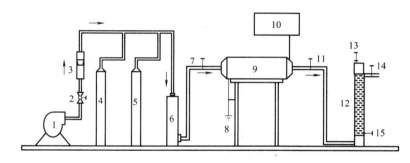

图 4-19　催化转化法去除氮氧化物工艺流程图

1—鼓风机；2—进气阀门；3—流量计；4—NO_2 气体钢瓶；5—NO 气体钢瓶；6—NH_3 气体钢瓶；

7—缓冲罐；8—进口气体取样点；9—加热器；10—催化转化反应器；11—净化气体冷凝水取样阀；

12—冷却器；13—冷却水进样阀；14—净化气体取样点；15—冷却水排水阀

四、实验步骤

1. 打开进气阀门 2，启动鼓风机。

2. 调节气体流量计控制进气流量。

3. 打开加热器，调节温度为 250℃。

4. 打开冷却水进水和排水阀门。

5. 待加热器温度升到 250℃后，打开 NO 和 NO_2 钢瓶，调节 NO 和 NO_2 浓度约为 $200\text{mg}/\text{m}^3$；打开 NH_3 钢瓶，调节 NH_3 浓度约为 $154\text{mg}/\text{m}^3$。

6. 3min 后取净化气体样分析 NO、NO_2 和 NH_3 浓度。

7. 调节加热器温度为 300℃。

8. 待加热器温度升到 300℃，3min 后取净化气体样分析 NO、NO$_2$ 和 NH$_3$ 浓度。

9. 取冷凝水测 pH。

10. 分别调节加热器温度为 350℃、400℃、450℃，重复 8 和 9 的操作。

11. 最后一次样品测定结束后，关闭 NO、NO$_2$ 和 NH$_3$ 钢瓶微调阀和总阀。

12. 关闭加热器。

13. 关闭鼓风机。

14. 关闭冷却水进、出水阀。

15. 整理实验室内务，切断所有带电设备电源。

五、数据记录及处理

1. 记录实验数据并处理。

2. 把上表浓度数据换算成物质的量浓度（mmol/m^3）。

3. 计算氮氧化物去除率：

$$\eta = \frac{(C_t - C_0)}{C_0} \times 100\% \tag{4-52}$$

式中　　η——NO、NO$_2$ 或总氮氧化物去除效率；

　　C_0——NO、NO$_2$ 或总氮氧化物入口浓度，mmol/m^3；

　　C_t——t 时刻所测 NO、NO$_2$ 或总氮氧化物出口浓度，mmol/m^3。

4. 计算不同温度下 NH$_3$ 利用率。

5. 画出温度-去除率曲线。

6. 画出温度-氨利用率曲线。

六、分析与讨论

1. 在实验温度范围内，分析氮氧化物去除率和温度的关系。

2. 氨的利用率和氮氧化物去除率有什么关系？

3. 氨的理论投加量如何计算？

4. 常用于氮氧化物催化转化的催化剂有哪些？

5. 分析进、出口气体取样点的合理取样位置。

七、注意事项

1. 实验中应该严格防止氮氧化物和氨气泄漏。

2. 钢瓶操作时应缓慢开启并仔细查漏，如果有泄漏现象，应快速关闭钢瓶总阀。

3. 实验一段时间以后，应防止催化转化反应器内催化剂失活。当去除率数据相差较大时，在排除其他原因的基础上，应对催化剂进行更换或再生。

实验三　填料吸收法处理废气实验

一、实验目的

1. 了解填料吸收法处理废气的工作原理。

2.了解填料吸收塔处理废气实验设备的工艺流程、单元组成。

二、实验原理

填料吸收塔实验装置，主要用于吸收法净化气态污染物，用于一些浓度低且气体流量较大的废气处理。它是利用废气中各混合组分在选定的吸收剂中溶解度不同，或者其中一种或多种组分与吸收剂中活性组分发生化学反应，达到将有害物从废气中分离出来从而净化气体目的的一种方法。从吸收过程的本质来看，吸收净化法即将气态污染物转移到液相，以水合物或某种新化合物形式存在于液相中。吸收过程可分为物理吸收和化学吸收两种。物理吸收的主要分离原理是气态污染物在吸收剂中具备不同的溶解能力，化学吸收的主要分离原理是气态污染物与吸收剂中的活性组分具备选择性反应能力。废气吸收净化的特点是气态污染物含量低、废气量大、净化要求高。反应机理包括：气体在液相中的溶解及平衡（亨利定律）、气液传质（双膜理论、菲克定律、气膜与液膜控制）等。

本实验装置的填料吸收塔结构，采用四层填料结构，其目的是为了方便塔体中间的取样。具有一定风压、风速的待处理气流从塔的底部进、上部出，吸收液从塔的上部进、下部出，气流与吸收液在塔内作相对运动。吸收液在填料表面形成很大表面积的水膜，从而大大提高了吸收作用。每一层的吸收液经过隔板的均流作用掉入下一层填料中，一层一层往下进行吸收作用。

三、实验仪器与装置

本实验所用的填料吸收塔实验设备由以下几部分组成（图 4-20）。

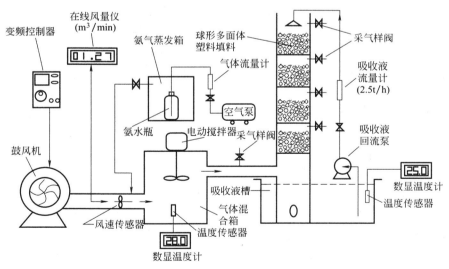

图 4-20 填料吸收塔实验设备

1.鼓风机

鼓风机的作用是向填料吸收塔送入一定风压、一定流量的试验气流。通过变频控制器控制鼓风机的转速，来控制鼓风机的送风量，并由在线风量检测仪指示风流量。

2.空气泵和氨气发生箱

由空气泵压出的空气经流量计控制后通入氨气发生箱中的氨水瓶，由空气鼓泡产生的氨气体经管道通入配气箱。通过调节流量计来控制氨气的发生浓度。

3.配气箱

配气箱位于鼓风机和填料吸收塔之间，由鼓风机送入的空气和实验模拟废气在此箱中混合成实验浓度的气体进入填料吸收塔。通过调节送入的实验模拟废气气体流量，来配制不同浓度的实验气体。

4.电气控制箱

电气控制箱中安装有多个电气单元，包括变频控制器和三相输出电源插座（用来调节控制鼓风机的转速，从而达到控制进入填料吸收塔的风量）、在线风量检测仪和风量信号输入插座、循环泵电源插座（用来控制循环泵）、混合搅拌器电源插座（混合搅拌气体）、数显温度计（用于测定进入吸收塔的气体温度和吸收液的温度）。

5.采气、检测系统

该系统由三部分组成。第一部分为一个 $500 \sim 1000 \text{mL}$ 的抽滤瓶，一根直径为 8mm 的玻璃管从抽滤瓶上的橡皮塞中间插入抽滤瓶的底部位置（不要插到底），玻璃管的上端与一根橡皮管连接，该橡皮管的另一端可以移动，从不同的取样阀进行取气样。第二部分为采气泵，它的进气端用橡皮管与抽滤瓶的抽气端连接，出气端与氨气体测定仪连接。第三部分为便携式氨气体测定仪，美国产 AIM-450 型，$0 \sim 250 \times 10^{-6}$ 量程，使用时用塑料管或橡皮管与采气泵连接。

四、实验步骤

1.仔细了解整个实验设备的工艺流程、各个单元的连接情况与操作方法。

2.按照氨水：水＝1：1的比例稀释 400mL 氨水溶液，倒入氨气蒸发箱的玻璃瓶中。

3.将自来水或配制 0.01mol/L 的盐酸溶液倒入吸收液槽至 4/5 体积。

4.按照设备使用说明书的要求启动与操作实验设备。

首先，插上电气控制箱的总电源插头，开启总电源开关。开启循环泵，打开循环泵的流量调节阀，调节到实验所需的流量。开启变频控制器，让鼓风机运转起来，调节变频控制器到实验所需的进风流量（建议采用 50Hz 的运行频率）。开启空气泵，调节气体流量计至实验所需的空气进气流量，此时可以看到氨水瓶中有空气泡鼓出。打开氨气挥发箱的出气阀，让氨气体进入气体混合箱。

经过一定时间的稳定运转，从配气箱的出口取样阀取样，测定氨气体浓度。同样，再从填料吸收塔的最上层开始，逐一往下进行取气样，进行氨气体浓度的测定。根据实验方案可以获取大量的实验数据，最终进行整理、分析，找出该实验的最佳条件参数。

5.实验结束后，关闭氨气体发生系统的空气泵，关闭氨气体发生箱的气体输出阀门。关闭循环泵的电源，将循环泵的电源控制开关打到"关"位置。关闭变频控制器。鼓风机停止工作。如果不再进行实验，则将实验吸收液排空，以免长期浸泡潜水泵而损坏水泵。将自来水注入水箱，开启循环泵，用清水清洗管路和填料吸收塔以及水箱。清洗完毕，放空所有积水，待下次实验使用。

五、实验结果整理

1.记录实验数据：包括实验气体温度、吸收液温度、实验气体流量和在塔内的流速、吸收液的流量等参数。

2.求出填料高度与吸收率的关系曲线。

3.计算出该实验条件下的填料塔吸收负荷 $[kg/(m^3 \cdot d)]$。

4.分析实验数据（表 4-23），解释实验结果。

表 4-23　实验结果记录表

取样口	塔体积/L	填料体积/L	氨气浓度/($\mu L/L$)	氨气去除率(单层)/%
吸收塔进口	—			—
第一层塔 （由下到上）				
第二层塔 （由下到上）				
第三层塔 （由下到上）				
第四层塔 （由下到上）				
总去除率/%	—			—

六、注意事项

1.当设备长期不使用后重新开始使用，由于水泵的泵体中留有空气，可能会引起水泵运转不正常，此时要立即关闭水泵，采用挤、捏皮管和反复开启、关闭水泵的方法来排除空气，直至水泵正常工作为止。

2.在实验过程中，一定要将吸收塔的尾气通过管道排放至室外。

3.在实验过程中，一定要将实验室的门窗打开，以保持实验室内良好的通风状态。

4.实验结束后，一定要关闭氨气体发生器的输出阀门。

5.由于氨气浓度测定仪的量程是有范围的，因此，氨气发生时的浓度不要超过仪器的量程范围，否则会引起仪器的灵敏度钝化或者死机等现象的出现。

实验四　生物洗涤塔净化挥发性有机物

一、实验目的

本实验设计了生物洗涤塔净化挥发性有机物，可进行配气、净化和检测操作，通过实验现象观察和实验数据分析，熟悉生物法降解挥发性有机物的系统设备和工艺流程，进一步提高对生物法控制挥发性有机物原理的理解，掌握实验的基本操作技能和挥发性有机物的检测方法。

二、实验原理

生物净化技术利用附着在滤料介质中的微生物，在适宜的环境条件下，以废气中的有机成分作为碳源和能源，维持其生命活动，并将有机物分解为二氧化碳、水、无机盐和生物质等无害的物质。

生物法是一种经济有效、环境友好的 VOCs 治理方法，主要适用于低浓度有机废气的治理。按照传统生物膜理论，生物法处理有机废气一般要进行以下步骤：废气中的有机污染物首先与水接触，并溶解于靠近气-水界面的液膜中；溶解于液膜中的有机污染物在浓度差的推动下进一步扩散到生物膜，继而被微生物捕获并吸收；微生物以有机物为能源或碳源进行生长代谢，从而将其分解为简单无毒的无机物（如 CO_2 和 H_2O）和低毒的有机物；生物代谢产物一部分重新回到液相，一部分气态物质（如 CO_2）脱离生物膜，通过扩散进入大气圈。依据该理论，生物净化有机气体的速率主要取决于气相和液相中有机物的扩散速率及生化反应速率。废气的生物净化过程和废水的生物净化过程的最大的区别在于：气态污染物首先要经历由气相转移到液相或固体表面的液膜中的传质过程，然后污染物才在液相或固相表面被微生物降解。

目前，主要的生物净化工艺有生物过滤、生物洗涤和生物滴滤。

一般认为，处理亨利系数较低（HC<0.01）、易溶于水的污染物，倾向于采用生物洗涤法；亨利系数较高（HC>1）、难溶于水的污染物适宜用生物过滤法；溶解度介于两者之间的污染物质（0.01<HC<1），则可选用生物滴滤塔进行处理；而当污染物的亨利系数大于 10、极难溶于水时，则不宜用生物法处理。

生物过滤法是指将湿化的有机废气通入填充有填料如土壤、堆肥、泥煤、树皮、珍珠岩、活性炭等的生物过滤器中，与在填料上附着生长的生物膜（微生物）接触，被微生物所吸附降解，最终转化为简单的无机物（如 CO_2、H_2O、SO_4^{2-}、NO_3^- 和 Cl^- 等）或合成新细胞物质，处理后的气体再从生物过滤器的另一端排出。生物洗涤法利用由微生物、营养物和水组成的微生物吸收液处理有机废气，适合于去除可溶性有机废气。吸收了废气的微生物混合液再进行好氧处理，去除液体中吸收的污染物，经处理后的吸收液再重复使用。在生物洗涤法中，微生物及其营养物配料存在于液体中，气体污染物通过与悬浮液的接触转移到液体中，从而被微生物降解。

生物滴滤法处理 VOCs 的原理与生物过滤法基本相同，它是介于生物过滤法与生物洗涤法之间的一种生物处理技术。生物滴滤反应器中一般填充惰性填料，如陶瓷、碎石、珍珠岩、塑料材质填料等，在此系统中填料仅为微生物提供一定的附着表面。废气同生长在惰性填料上的生物膜（微生物）接触，从而被生物降解。

虽然生物法在处理挥发性有机废气方面有很多优点和好处，但生物法所能承载的污染物负荷不能太高，因而一般占地较大。另外，对于气态污染物生物净化的机制了解还不充分，设计和运行基本还停留在经验和现场实验获取数据水平，造成一些设备的运行效果不稳定。

三、实验装置及仪器、试剂

1. 实验装置

实验装置如图 4-21 所示，生物洗涤塔由内径 120mm、高度 800mm 的有机玻璃组成，塔底有气体分布器，液体有效高度为 650mm，有效体积约为 6L，塔内布置有微生物附着毛刷，在实验正式开始前，需要先进行微生物培养、驯化。

2. 实验仪器和试剂

手动气体采样器；甲苯快速检测管；酸度计 1 台；COD 快速测定仪 1 台；200mL 烧杯 5 个；100mL 量筒 3 个；COD 测定所需试剂；甲苯，尿素，葡萄糖，磷酸二氢钾。

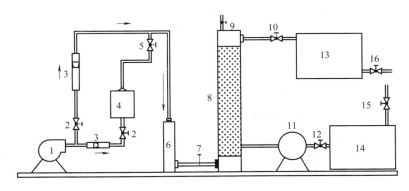

图 4-21　实验装置流程图

1—鼓风机；2—进气流量控制阀门；3—气体流量计；4—甲苯发生器；5—甲苯发生器出口阀；
6—缓冲罐；7—进口取样阀；8—接触氧化生物洗涤塔；9—净化气体出口取样点；10—生物洗涤塔出水阀；
11—营养液进液泵；12—营养液进液阀；13—洗涤塔出水收集槽；14—营养液储备槽；
15—营养液储液槽进液阀；16—出水收集槽排水排泥阀

四、实验步骤

1.实验前预备（由实验准备人员负责完成）。实验前需进行生物洗涤塔内生物膜挂膜；配制一定量营养液，取一定体积的培养好的微生物混合液；开启鼓风机，把微生物混合液倒入生物洗涤塔内，调节鼓风机出口气体流量，进行适量曝气；间隔一定时间添加一定的营养液 [营养液添加操作：将配制好的营养液倒入营养液循环槽，开启营养液进液阀门和生物洗涤塔出水阀（定期操作）]，一般挂膜需要 1 周时间；约 10 天后开始驯化，驯化时利用甲苯作为碳源，逐步替代葡萄糖，驯化 20 天左右；挂膜驯化过程中应该注意生物膜的厚度和生物洗涤塔内悬浮物的浓度，挂膜驯化完成后在无实验开展时，仍需进行维护（补充水，排泥，增加营养物），鼓风机一直处于开启状态，使系统一直处于备用状态，备用时鼓风机进气流量可适当调小。

2.甲苯气体配气操作与实验十相关操作相同。

3.调节鼓风机主进气流量（50～200L/min）。

4.开启甲苯发生器前进气阀，将甲苯（分析纯）试剂置入鼓泡瓶，鼓泡口低于液面高度；小股流量进入鼓泡瓶带出甲苯蒸气，进入缓冲罐稀释，获得低浓度甲苯废气。鼓泡瓶置于超级恒温水浴槽内，根据不同废气浓度选择不同的水浴温度。

5.每间隔 10min 取样监测生物洗涤塔进、出口气体甲苯浓度并记录。

6.每间隔 10min 取生物洗涤塔内液体样品，测 pH 和 COD 值。

7.实验结束，先关闭甲苯发生器出、入口阀门。

8.按需要进行营养液添加操作。

9.按需要调节主气管气体流量。

10.排空出水收集槽。

五、实验数据记录及处理

1.整理实验数据。

2.计算甲苯的去除率。

$$\eta = \frac{(C_t - C_0)}{C_0} \times 100\% \tag{4-53}$$

式中　η——甲苯去除率；

C_0——甲苯入口浓度；

C_t——t 时刻所测洗涤塔出气口气体甲苯浓度。

3. 绘制甲苯去除率随时间变化的曲线。

4. 绘制洗涤塔内液相 pH 和 COD 变化的曲线。

5. 表征生物洗涤塔降解性能的关键参数是比降解速率，它直接反映了装置内微生物对有机物的降解能力和有机物的活性，比降解速率越大，表明微生物对有机物的降解能力越强。比降解速率（γ）的计算公式如下：

$$\gamma = \frac{Q(\rho_{in} - \rho_{out})}{XV} \tag{4-54}$$

式中　γ——比降解速率，h^{-1}；

Q——有机物的流量，L/h；

ρ_{in}——有机物进口质量浓度；

ρ_{out}——有机物出口质量浓度；

X——洗涤塔内挥发性悬浮固体浓度（MLVSS），mg/L；

V——洗涤塔内有效体积。

六、分析和讨论

1. 生物洗涤塔内液相 pH 值和 COD 值随实验时间有无变化？分析其变化原因和规律。

2. 生物洗涤法净化甲苯废气的制约因素有哪些？如何克服？

3. 鼓风机在系统待用情况下需要小气流流量，为什么？

七、注意事项

1. 实验中应该严格防止甲苯泄漏，如若发生泄漏，应先关闭甲苯发生器入口进气阀。

2. 甲苯配气浓度控制应同时考虑主、支气管气流流量和水浴温度。

3. 应定期对生物洗涤塔内生物膜进行维护，控制微生物总量。

第五章　固体废物处理与处置

第一节　基础性实验

实验一　固体废物热值的测定

一、实验目的

固体废物热值是固体废物的一个重要物理化学指标。固体废物热值的大小直接影响着固体废物处理处置方法的选择。通过本实验，希望达到以下目的。

1. 掌握固体废物热值的测定方法。
2. 培养学生动手能力，使其熟悉相关仪器设备的使用方法。

二、实验原理

热化学定义，1mol物质完全氧化时的反应热称为燃烧热。对生活垃圾和无法确定分子量的混合物，其单位质量完全氧化时的反应热称为热值。

测量热效应的仪器称为量热计（卡计），量热计的种类很多，本实验采用氧弹量热计，图 5-1 为氧弹量热计外形图，图 5-2 为氧弹量热计剖面图。测量基本原理是：根据能量守恒定律，样品完全燃烧时放出的能量促使氧弹量热计本身及周围的介质（本实验用水）温度升高，通过测量介质燃烧前后温度的变化，就可以求出该样品的热值。计算式如下：

$$mQ_V = (3000\rho C + C_卡)\Delta T - 2.9L \tag{5-1}$$

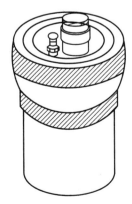

图 5-1　氧弹量热计外形图

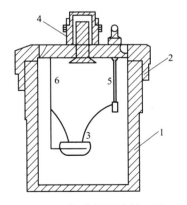

图 5-2　氧弹量热计剖面图

1—桶；2—盖；3—小皿；4—出气道；
5—进气管（作电极）；6—另一根电极

式中　Q_V——燃烧热，J/g；

　　　ρ——水的密度，g/cm³；

　　　C——水的比热容，J/（℃·g）；

　　　m——样品质量，kg；

　　$C_卡$——氧弹量热计的水当量，J/℃；

　　　L——铁丝长度，cm（其燃烧值为 2.9J/cm）；

　3000——实验用水量，mL。

氧弹量热计的水当量 $C_卡$ 一般用纯净苯甲酸的燃烧热来标定，苯甲酸的恒容燃烧热 $Q_V=26460$J/g。

为确保实验的准确性，完全燃烧是实验的第一步。要保证样品完全燃烧，氧弹中必须有充足的高压氧气（或者其他催化剂），因此要求氧弹密封、耐高压、耐腐蚀，同时粉末样品必须压成片状，以免充气时冲散样品，使燃烧不完全而引起实验误差；第二步还必须使燃烧后放出的热量不散失，不与周围环境发生热交换而全部传递给氧弹量热计本身和其中盛放的水，促使氧弹量热计和水的温度升高。为了减少氧弹量热计与环境的热交换，氧弹量热计放在一恒温的套壳中，故称环境恒温或外壳恒温卡计。氧弹量热计壁须高度抛光，也是为了减少热辐射。氧弹量热计和套壳中间有一层挡屏，以减少空气的对流量。虽然如此，热漏还是无法避免，因此燃烧前后温度变化的测量值必须经过雷诺图法以校正，其校正方法如下。

称适量待测物质，使燃烧后水温升高 1.5～2.0℃。预先调节水温低于室温 0.5～1.0℃，然后将燃烧前后历次观察的水温对时间作图，连成 $FHIDG$ 折线（图 5-3），图中 H 相当于开始燃烧之点，D 为观察到最高的温度读数点，作相当于室温之平行线 JI 交折线于 I，过 I 点作 ab 垂线，然后将 FH 线和 GD 线外延至 ab 线于 A、C 两点，A 点与 C 点所表示的温度差即是欲求温度的升高 ΔT。图中 AA'' 为开始燃烧到温度上升至室温这一时间段的 Δt_1 内，由环境辐射进来和搅拌引进的能量而造成卡计温度的升高，必须扣除。CC' 为温度由室温升高至最高点 D 这一段时间 Δt_2 内，卡计向环境辐射出能量而造成卡计温度的降低，因此需要加上。由此可见，A、C 两点的温度差客观地表示了由于样品燃烧使卡计温度升高的数值。

有时卡计的绝热情况良好时，热漏小，而搅拌器功率大，不断引进微量能量使得燃烧后的最高点不出现（图 5-4），这种情况下 ΔT 值仍然可以按照同法校正之。

温度测量采用贝克曼温度计，其工作原理和调节方法参阅其说明书。

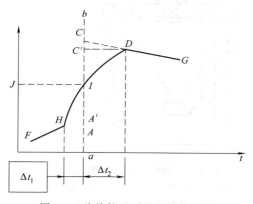

图 5-3　绝热较差时的雷诺校正图

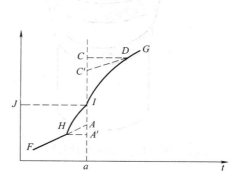

图 5-4　绝热良好时的雷诺校正图

三、实验仪器和试剂

氧弹量热计，1 支；放大镜，1 支；氧气钢瓶，1 支；贝克曼温度计，1 支；氧气表，1 块；0～100℃温度计，1 支；压片机，1 台；苯甲酸（分析纯或燃烧热专用），若干；铁丝，若干。

四、实验步骤

1. 测定氧弹量热计的水当量 $C_卡$

（1）样品压片

用台秤称取 1g 左右的苯甲酸（切勿超过 1.1g）。用分析天平准确称量长度为 15cm 的铁丝。按照图 5-5（a）所示，将铁丝穿在模子的底板内，下面填以托板，徐徐旋紧压片机的螺丝，直到压紧样品为止（压得太过分会压断铁丝，以致造成样品点火不能燃烧起来）。抽取底板的拖板，再继续向下压，则样品和底板一起脱落。压好的样品形状如图 5-5（c）所示，将此样品在分析天平上准确称量后即可供燃烧使用。

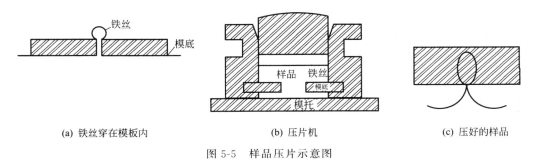

| (a) 铁丝穿在模板内 | (b) 压片机 | (c) 压好的样品 |

图 5-5　样品压片示意图

（2）充氧气

在氧弹中加入 1mL 蒸馏水，再将样品片上的铁丝绑牢于氧弹中的两根电极上（见图 5-6 氧弹卡计剖面图）。打开氧弹出气道，旋紧氧弹盖。用万用电表检查进气管电极与另一根电极是否通路。若通路，则旋紧出气道后就可以充氧气了。充气示意图如图 5-6 所示。充氧气程序如下：将氧气表头的导管和氧弹进气管接通，此时减压阀门 2 应逆时针旋松（即关紧）。打开阀门 1，直至表头指针指在表压 100kg/cm² （100kg/cm²＝98.0665kPa）左右，然后渐渐旋紧减压阀门 2（即渐渐打开），使表 2 指针指在表压 100kg/cm²，此时氧气已充入氧弹中。1～2min 后旋松（即关闭）减压阀门 2，关闭阀门 1，在打开导气管，氧弹已冲入 21atm（21atm＝101325kPa）的氧气（注意不可超过 30atm），可作燃烧之用。但阀门 1 和阀门 2 之间尚有余气，再旋松阀门 1，使钢瓶和氧气表头恢复原状。

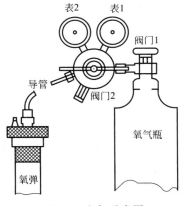

图 5-6　充气示意图

（3）燃烧和测量温度

将充好氧气的氧弹用万用电表检查是否通路，若通路则将氧弹放入恒温槽内。用容量瓶准确称取已被调节到低于室温 0.5～1.0℃ 的自来水 3000mL，并倒入盛水桶内，装好搅拌电动机，盖上盖子，将已调节好的贝克曼温度计插入水中，将氧弹两电极用电极线连接在点火变压器上。接着开动搅拌电动机，待温度稳定上升后，每隔1min读取贝克曼温度计（读数时用放大镜读至千分之一摄氏度），这样继续10min，然后按下变压器上电键，通电点火。若变压器上指示灯亮后熄掉而温度迅速上升，则表示氧弹内样品已燃烧，可以停止按键；若指示灯亮后不熄，表示铁丝没有烧断，应立即加大电流引发燃烧；若指示灯根本不亮或者虽加大电流也不熄灭，而且温度也不见迅速上升，则可以当温度升高到最高点以后，读数仍改为1min一次，共继续10min，方可停止实验。

实验停止后，小心取下温度计，拿出氧弹，打开氧弹出气口，放出余气，最后旋出氧弹盖，检查样品燃烧结果。若氧弹中无燃烧的残渣，表示燃烧完全；若氧弹中有许多黑色的残渣，表示燃烧不完全，实验失败。燃烧后剩下的铁丝必须用尺测量，并记录数据。最后倒去自来水，擦干盛水桶待下次实验用。

2. 样品热值的测定

（1）固体状样品的测定

将混匀具有代表性的生活垃圾或固体废物粉碎成粒径为2mm的粉粒，且应于105℃下烘干，并记录水分含量，然后称取1g左右，同法进行上述实验。

（2）流动性样品的测定

流动性污泥或不能压成片状物的样品，则称取1g左右样品置于小皿，铁丝中间部分浸在样品中，两端与电极相连，同上法进行实验。

五、实验数据处理

1. 用图解法求出苯甲酸燃烧引起氧弹量热计温度变化的差值 ΔT_1，并根据公式计算氧弹量热计的水当量。

2. 用图解法求出样品燃烧引起氧弹量热计温度变化的差值 ΔT_2，并根据公式计算样品的热值。

六、问题与讨论

1. 本实验中测出的热值与高热值及低热值的关系是什么？
2. 固体状样品与流动状样品的热值测量方法有何不同？
3. 在利用氧弹量热计测量废物的热值中，有哪些因素可能影响测量分析的精度？

实验二　固体废物的风力分选实验

一、实验目的

风力分选是垃圾分选中常用的方法之一，是以空气为分选介质，将轻物料从较重物料中分离出来的一种方法。风选实质上包含两个分离过程：一是分离具有低密度、空气阻力大的轻质部分（提取物）和具有高密度、空气阻力小的重质部分（排出物）；二是进一步将轻颗粒从气流中分离出来。后一分离步骤由旋流器完成。

本实验测定在不同风速条件下，不同粒径颗粒的分选效果与风速的关系。通过本实验，希望达到以下目的：

　　1.初步了解风力分选的基本原理和基本方法。

　　2.了解水平风力分选的构造与原理。

二、实验原理

　　空气与水相比较，其密度和黏度都较小，并具有可压缩性。当压力为 1MPa、温度为 20℃时，空气密度为 0.00118g/cm³，黏度为 0.018mPa·s。因为在风选过程中采用风压不超过 1MPa。所以，实际上可以忽略空气的压缩性，而将其视为具有液体性质的介质。颗粒在水中的沉淀规律同样适用于空气中的沉降。但由于空气密度较小，其密度与颗粒相比可忽略不计，所以颗粒在空气中的沉降末速（v_0）可用下式计算：

$$v_0 = \sqrt{\frac{\pi d \rho_s g}{6 \psi \rho}} \tag{5-2}$$

式中　d——颗粒直径；

　　　ρ_s——颗粒的密度；

　　　ρ——空气的密度；

　　　ψ——阻力系数；

　　　g——重力加速度。

　　从上式可以明显看出，颗粒粒度一定时，密度大的颗粒沉降末速大；颗粒密度相同时，直径大的颗粒沉降末速大。颗粒的沉降末速与颗粒的密度、粒度及形状有关，因而在同一介质中，密度、粒度和形状不同的颗粒在特定条件下可以具有相同的沉降速率，这样的颗粒称为等降颗粒。其中，密度小的颗粒粒度（d_{r1}）与密度大的颗粒粒度（d_{r2}）之比，称为等降比，以 e_0 表示，即

$$e_0 = \frac{d_{r1}}{d_{r2}} > 1 \tag{5-3}$$

　　等降比的大小可由沉降末速的个别公式或通式写出，如两颗粒等降，则 $v_{01} = v_{02}$，那么

$$\sqrt{\frac{\pi d_1 \rho_{s1} g}{6 \Psi_1 \rho}} = \sqrt{\frac{\pi d_2 \rho_{s2} g}{6 \Psi_2 \rho}} \tag{5-4}$$

$$\frac{d_1 \rho_{s1}}{\Psi_1} = \frac{d_2 \rho_{s2}}{\Psi_2} \tag{5-5}$$

所以

$$e_0 = \frac{d_1}{d_2} = \frac{\Psi_1 \rho_{s2}}{\Psi_2 \rho_{s1}} \tag{5-6}$$

　　式（5-6）即为自由等降比（e_0）的通式。从该式可见，等降比（e_0）随两种颗粒密度差（$\rho_{s1} - \rho_{s2}$）的增大而增大；e_0 同时还是阻力系数（φ）的函数。理论与实践都表明，e_0 随颗粒粒度变细而减小。颗粒在空气中的等降比远远小于在水中的等降比，大约为其的 1/5～1/2。所以，为了提高分选效率，在风选之前需要将废物进行窄分级，或通过破碎使粒度均匀，再按照密度差异进行分选。

　　颗粒在空气中沉降时所受到的阻力远小于在水中沉降时所受到的阻力。所以，颗粒在静止空气中沉降到达末速所需要的时间和沉降距离都较长。颗粒在上升气流中达到沉降末速时，其沉降速率（v_0'）等于颗粒对介质的相对速率（v_0）与上升气流速率（u_a）之差，即

$$v_0' = v_0 - u_a \tag{5-7}$$

所以，上升气流可以缩短颗粒达到沉降末速的时间和距离。因此，在风选过程中常采用上升气流。

颗粒在实际的风选过程中的运动是干涉沉降。在干涉条件下，当上升气流速率远小于颗粒的自由沉降末速，颗粒群就呈悬浮状态。颗粒群的干涉末速（v_{hs}）为

$$v_{hs} = v_0(1-\lambda)^n \tag{5-8}$$

式中　λ——物料的溶剂浓度；

　　　n——与物料的粒度与状态有关的系数，多介于 2.33～4.65 之间。

在颗粒达到末速并保持悬浮状态时，上升气流速率（u_a）和颗粒的干涉末速（v_{hs}）相等，使颗粒群开始松散和悬浮的最小上升气流速率（u_{min}）为

$$u_{min} = 0.125v_0 \tag{5-9}$$

在干涉沉降条件下，使颗粒群按密度分选时，上升气流速度的大小应根据固体废物中各种成分的性质通过实验确定。

在分选中还常采用水平气流。在水平气流分选器中，物料是在空气动压力和本身重力的作用下按粒度或密度进行分选的。由图 5-7 可以看出，若在缝隙处有一直径为 d 的球形颗粒，并且通过缝隙的水平气流速度大小为 u，那么，颗粒将受到以下两个力的作用。

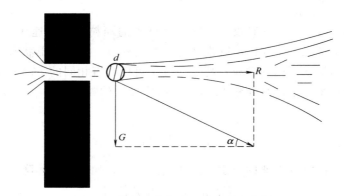

图 5-7　颗粒（直径为 d）的受力分析

空气的动压力（R）：

$$R = \psi d^2 u^2 \rho \tag{5-10}$$

式中　ψ——阻力系数；

　　　ρ——空气的密度；

　　　u——水平气流的速率。

颗粒本身的重力（G）：

$$G = mg = \frac{\pi d^3 \rho_s}{6}g \tag{5-11}$$

颗粒的运动方向与两力的合力方向一致，并且由合力与水平方向夹角（α）的正切角来确定：

$$\tan\alpha = \frac{G}{R} = \frac{\pi d^3 \rho_s g}{6\psi d^2 u^2 \rho} = \frac{\pi d \rho_s g}{6\psi u^2 \rho} \tag{5-12}$$

式中　m——颗粒的质量；

ρ_s——颗粒的密度。

由上式可知，当水平气流速度一定、颗粒粒度相同时，密度大的颗粒沿水平方向夹角较大的方向运动；密度较小的颗粒沿夹角较小的方向运动，从而达到按密度差异分选的目的。

分选方法工艺简单。作为一种传统的分选方式，分选在国外主要用于城市垃圾的分选，将城市垃圾中以可燃性物料为主的轻组分和以无机物为主的重组分分离，以便分别回收利用或处置。

三、实验装置与设备

图 5-8 是水平气流分选机工作原理示意图，图 5-9 为生活垃圾卧式分选机设备示意图。水平气流分选机从侧面送风，固体废物经粉碎机破碎和圆筒筛筛分至粒度均匀后，定量给入机中，当废物在机内下落时，被鼓风机鼓入的水平气流吹散，固体废物中的各种成分使其沿不同的运动轨迹分别落入重物质、中物质和轻物质槽中。要使物料在分选机内达到较好的分选效果，就要使气流在分选桶内产生湍流和剪切力，从而把物料团块分散。水平气流分散机的最佳风速为 20m/s。

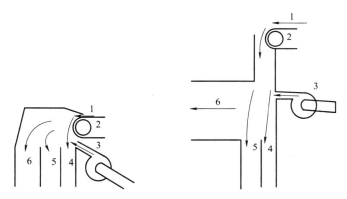

图 5-8　水平气流分选机工作原理示意图

1—给料；2—给料机；3—空气；4—重颗粒；5—中等颗粒；6—轻颗粒

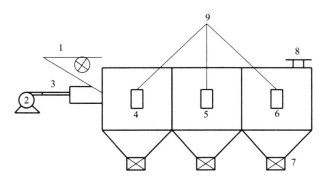

图 5-9　生活垃圾卧式分选机设备示意图

1—进料口；2—风机；3—进风口；4—轻物料槽（长×宽=0.6m×0.8m）；5—中重物料槽（长×宽=0.6m×0.8m）；6—重物料槽（长×宽=0.4m×0.8m）；7—出料口；8—出风口；9—观察窗

四、实验步骤

本实验要测定不同密度的混合垃圾在不同风速条件下的分选效果。不同密度的垃圾混合物在不同风速下的分离比例就是分离效率。实验步骤如下：

1.进行单一组分的风选。选取纸类、金属（尺寸小于 15cm）等密度不同的物质，每种物质先单独进行风选实验。

2.开启风机后，首先利用风速测定仪测定风机出口的风速，然后将单一物质均匀地投入进料口，通过观察窗观察物料在分选机内的运行状态。收集各槽中的物料并称重。

3.风速在 7.5～17.4m/s 之间每隔 1m/s 选取，测定不同风速下轻物质、中重物质、重物质槽中该物质颗粒的分布比例，从而了解单一组分的风选情况。收集各槽中的物料并称重。

4.将选取的单一组分混合均匀。开启风机后，利用风速测定仪测定风机出口的风速，然后将混合物质（X 和 Y）（无比例要求）均匀地投入进料口，通过观察窗观察物料在分选机内的运行状态。收集各槽中的物料并称取混合物中的各单一物质的质量。

5.重复步骤 4，风速在 7.5～17.4m/s 之间每隔 1m/s 选取，测定不同风速下轻物质、中重物质、重物质槽中物质颗粒的分布比例，从而了解混合物料风选情况。收集各槽中的物料并称取混合物中的各单一物质的质量。

6.利用公式 $P(X_i) = \dfrac{X_i}{X_i + Y_i} \times 100\%$ 及 $E = \left| \dfrac{X_i}{X_0} - \dfrac{Y_i}{Y_0} \right| \times 100\%$ 计算分选物料的纯度（purity）和分选效率。其中，X_0 和 Y_0 表示进料物 X 和 Y 的质量，g；X_i 和 Y_i 表示同一槽中出料物 X 和 Y 的质量，g。

本实验有如下注意事项。

（1）风机速率应逐渐增大，开始时速率不宜过大。

（2）根据分选精度，及时调整风机速率。

五、实验数据整理

按表 5-1 记录实验数据。

表 5-1　风选实验数据记录表

实验日期＿＿＿＿＿年＿＿＿＿＿月＿＿＿＿＿日

序号	风速/(m/s)	进料量/g		重颗粒/g		中重颗粒/g		轻颗粒/g	
		X_0	Y_0	X_i	Y_i	X_i	Y_i	X_i	Y_i
1									
2									
3									
……									

六、问题与讨论

1.与立式相比，水平分选有什么优缺点？如何加以改进？水平分选机的分选效率与什么因素有关？怎样提高分选效率？

2.根据实验及计算结果，确定水平分选的最佳风速。

实验三　固体废物的重介质分选实验

一、实验目的

在重介质中使固体废物中颗粒按密度分开的方法称为重介质分选。通过本实验，希望达到以下目的。

1.了解重介质分选方法的原理。

2.了解重介质分选中重介质的正确制备方法。

3.了解重介质密度的准确测定方法。

4.了解重介质分选实验的操作过程和实验数据的整理。

二、实验原理

为使分选过程有效地进行，需选择重介质密度（ρ_C）介于固体废物中轻物料密度（ρ_L）和重物料密度（ρ_W）之间，即

$$\rho_L < \rho_C < \rho_W$$

在重介质中，颗粒密度大于重介质密度的重物料将下沉，并集中于分选设备底部成为重产物；颗粒密度小于重介质密度的轻物料将上浮，并集中于分选设备的上部成为轻产物，从而重产物和轻产物可以分别排出，实现分选的目的。

三、实验设备及原料

1.实验设备

浓度壶，1个；玻璃杯，250mL以上，10个；量筒，高和直径大于200mm，10个；玻璃棒，10根；漏勺，4把；重介质加重剂（硅铁或磁铁矿），1kg；托盘天平，2kg，1台；烘箱，1台；筛子，标准筛，8mm、5mm、3mm、1mm、0.074mm，各1个；铁铲，2把。

2.实验物料

根据各地的实际情况确定实验的物料，物料中的成分有一定的密度差异，能满足按密度分离即可，如可以选用煤矸石、含磷灰石的矿山尾矿、含铜铁锌的矿山尾矿等作为实验的物料。

四、实验步骤

1.实验物料的制备

将物料进行破碎，并按筛孔尺寸8mm、5mm、3mm、1mm、0.074mm进行分级，然

后按其不同的级别分别称重。

2. 重介质的制备

按照分选要求制备不同密度（重度计）的重介质，所需加重剂的质量为

$$m=\frac{\rho_P-\rho_1}{\rho_S-\rho_1}V \tag{5-13}$$

式中　m——加重剂的质量；

　　　V——重介质的体积；

　　　ρ_P——重介质的密度；

　　　ρ_S——加重剂的密度；

　　　ρ_1——水的密度。

3. 重介质悬浮液密度的测定

采用浓度壶测定，测定的原理和方法为：设空比重瓶的质量为 m_1，注满水后比重瓶与水的总质量为 m_2，注满待测液后比重瓶与待测重介质悬浮液的总质量为 m_3，则待测重介质悬浮液的密度为 ρ，水的密度（密度）为 ρ_1。

$$\rho=\frac{m_3-m_1}{m_2-m_1}\rho_1 \tag{5-14}$$

同时，也可采用浓度壶测定待测重介质的密度。

4. 实验过程

（1）按照实验的要求破碎物料、进行分级并称重。

（2）按照分选要求配制重介质悬浮液。

（3）用配制好的悬浮液润湿物料。

（4）将配制好的悬浮液注入分离容器，不断搅拌，保证悬浮液的浓度不变。在缓慢搅拌的同时，加入同样悬浮液润湿过的试样。

（5）停止搅拌，5～10s 用漏勺从悬浮液表面（插入深度约相当于最大物料的尺寸）捞出浮物，然后取出沉物。如果有大量密度与悬浮物相近的物料，则单独取出收集。

（6）取出的产品分别置于筛子上用水冲洗，必要时再利用带筛网的盛器置清水桶中淘洗。待完全洗净黏附于物料上的重介质后，分别烘干、称重、磨细、取样、化验。

（7）记录整理实验数据，并进行计算。

五、实验数据的记录和处理

1. 实验数据的处理。

（1）计算固体废物分选后各产品的质量分数。

$$产品的质量分数=\frac{某产品的质量}{给入作业的总质量}\times100\%$$

（2）计算分选效率（回收率）。

$$回收率=\frac{某密度组分中某种成分的质量}{某种成分的质量}\times100\%$$

2. 将实验数据和计算结果记录在表 5-2 中。

表 5-2　实验记录表

实验时间＿＿＿＿＿年＿＿＿＿＿月＿＿＿＿＿日　　实验试样名称：＿＿＿＿＿＿

密度组分	各单位组分				沉物累计			浮物累计		
	质量/g	产率/%	品位/%	分布率/%	产率/%	品位/%	分布率/%	产率/%	品位/%	分布率/%
共计										

3.以实验结果为依据分别绘制沉物和浮物的"产率-品位""产率-回收率"曲线。

六、问题与讨论

1.探讨物料按密度分离的可能性和难易程度并分析重介质分选方法的原理。
2.掌握重介质分选实验中重介质的正确制备方法。
3.根据实验结果分析利用重介质分选法进行分级的重要性。

实验四　好氧堆肥模拟实验

一、实验目的

有机固化废物的堆肥化技术是一种最常用的固体废物生物转换技术，是对固体废物进行稳定化、无害化处理的重要方式之一。

通过本实验，达到以下目的：

1.加深对好氧堆肥化的了解。
2.了解好氧堆肥化过程的各种影响因素和控制措施。

二、实验原理

好氧堆肥化是在有氧条件下，依靠好氧微生物的作用来转化有机废物。有机废物中的可溶性有机物质可透过微生物的细胞壁和细胞膜被微生物直接吸收，不溶性的胶体有机物质则先吸附在微生物体外，依靠微生物分泌的胞外酶分解为可溶性物质，再渗入细胞。微生物通过自身的生命活动进行分解代谢和合成代谢，把一部分被吸收的有机物氧化成简单的无机物，并释放生物生长、活动所需要的能量；把另一部分有机物转化合成新的细胞物质，使微生物繁殖，产生更多的生物体。

三、实验装置与设备

实验装置由反应器主体、供气系统和渗滤液分离收集系统三部分组成，如图 5-10 所示。

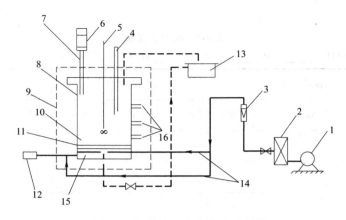

图 5-10　好氧堆肥实验装置示意图

1—空气压缩机；2—缓冲器；3—流量计；4—测温装置；5—搅拌装置；6—取样器；7—气体收集管；8—反应器主体；
9—保温材料；10—堆料；11—渗滤层；12—温控仪；13—渗滤液收集槽；14—进气管；15—集水区；16—取样口

1.反应器主体

实验的核心装置是一次性发酵反应器，如图 5-10 中的 8 所示。设计采用有机玻璃制成罐：内径 390mm，高 480mm，总容积 57.32L。反应器侧面设有采样口，可定期采样。反应器设有气体收集管（图 5-10 中的 7），用医用注射器作取样器（图 5-10 中的 6），定期收集反应器内的气体样本。此外，反应器上还配有测温装置（图 5-10 中的 4）、恒温搅拌装置（图 5-10 中的 5）等。

2.供气系统

气体由空气压缩机（图 5-10 中的 1）产生后可暂时储存在缓冲器（图 5-10 中的 2）中，定量后从反应器底部供气。供气管为直径 5mm 的蛇皮管，并采用双路供气的方式。

3.渗滤液分离收集系统

反应器底部设有多孔板（图 5-11 中的 2）以分离渗滤液。多孔板用有机玻璃制成，板上布满直径为 5mm 的小孔。多孔板下部的集水区底部为倾斜的锥面，可随时排出渗滤液。渗滤液储存在渗滤液收集槽（图 5-10 中的 13）中，需要时可进行回灌，以调节堆肥含水率。

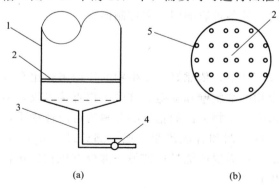

(a)　　　　　　　　　　　　　(b)

图 5-11　渗滤液分离收集系统示意图

1—反应器；2—多孔板；3—出水收集管；4—球阀；5—导排管

实验设备规格如表 5-3 所示。

表 5-3　实验设备规格表

序号	名称	型号规格	备注
1	空气压缩机	Z-0.29/7	
2	缓冲器	$H/\phi = 380mm/260mm$	最高压力:0.5MPa
3	转子流量计	LZB-6,量程 0~0.6m³/h	20℃,101.3MPa
4	温度计	量程 0~100℃	
6	注射器	5.5mL	
8	反应器主体	$H/\phi = 480mm/390mm$	材料:有机玻璃
12	温控仪	0~50℃	

四、实验步骤

1. 将约 40kg 有机垃圾进行人工剪切破碎,并过筛,使垃圾粒度小于 10mm。

2. 测定有机垃圾的含水率。

3. 将破碎后的有机垃圾投加到反应器中,控制供气流量为 1m³/(h·t)。

4. 在堆肥开始第 1、3、5、8、10、15 天分别取样测定堆体的含水率,记录堆体中央温度,从气体取样口取样测定 O_2、CO_2 的浓度。

5. 再调节供气流量分别为 5m³/(h·t) 和 8m³/(h·t),重复上述实验步骤。

五、实验结果整理

1. 记录实验主体设备的尺寸、实验温度、气体流量等基本参数。

2. 实验数据可参考表 5-4 记录。

表 5-4　好氧堆肥实验数据记录表

项目	供气流量 1m³/(h·t)				供气流量 1.5m³/(h·t)			
	含水率/%	温度/℃	CO_2/%	O_2/%	含水率/%	温度/℃	CO_2/%	O_2/%
原始垃圾								
第 1 天								
第 3 天								
第 5 天								
第 8 天								
第 10 天								
第 15 天								

六、实验结果讨论

1. 分析影响堆肥过程中堆体含水率的主要因素。

2. 分析堆肥中通气量对堆肥过程的影响。

3. 绘制堆体温度随时间变化的曲线。

实验五　工业废渣渗滤模型实验

一、实验目的

工业固体废物在堆放过程中由于雨水的冲淋和自身的关系，可能通过渗滤而污染周围的土地和地下水，因此需要对渗滤液进行测定。通过本实验，达到以下目的：

1. 掌握工业渗滤液的渗滤特性。
2. 掌握工业渗滤液的研究方法。

二、实验原理

实验采用模拟的手段，在玻璃管内填装经粉碎的固体废渣，以一定的流速滴加蒸馏水，从测定渗滤液中有害物质的流出时间和浓度变化规律，推断固体废物在堆放时的渗滤情况和危害程度。

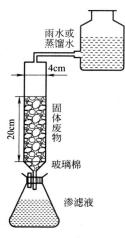

图 5-12　工业废渣渗滤模型实验装置

三、实验装置与设备

实验装置如图 5-12 所示。

色层柱，$\phi25mm$，1300mm，1 个；带活塞试剂瓶，1000mL，1 个；锥形瓶，500mL，1 个。

四、实验步骤

将去除草木、砖石等异物的含镉工业废渣置于阴凉通风处，使之风干。压碎后，用四分法缩分，然后通过 0.5mm 孔径的筛，制备样品约 1000g，装入色层柱，约高 200mm。试剂瓶中装蒸馏水，以 4.5mL/min 的速度通过色层柱流入锥形瓶，待滤液收集至 400mL 时，关闭活塞，摇匀滤液，取适量样品按水中镉的分析方法，测定镉的浓度。同时测定废渣中镉含量。

本实验也可根据实际情况测定铬、锌等。

五、问题与讨论

1. 根据测定结果推算，如果这种废渣堆放在河边土地上，可能产生什么后果？
2. 如何处置这类废渣？

实验六　浸出毒性鉴别实验

一、实验目的

危险废物是指具有腐蚀性、急性毒性、浸出毒性、反应性、传染性、放射性等一种或一种以上危害特性的废物。浸出毒性是指固态的危险废物遇水浸滤，其中有害的物质迁移转化而污染环境的特性。生产及生活过程中产生的固态的危险废物浸出毒性的鉴别方法如下：在实验室中，用蒸馏水在特定条件下对危险废物进行浸取，并分析浸出液的毒性，从而测定危险废物的浸出毒性。

通过本实验，希望达到以下目的：

1. 加深对危险废物和浸出毒性基本概念的理解。
2. 了解测定危险废物浸出毒性的方法。

二、实验原理

汞、砷等及其化合物以及铅、镉、铬、铜等重金属及其化合物等有害物质遇水后，可通过浸滤作用从危险废物中迁移转化到水溶液中。

延长接触时间、采用水平振荡器等强化可溶性物质的浸出，测定强化条件下浸出的有害物质浓度，可以表征危险废物的浸出毒性。

三、实验装置与设备

广口聚乙烯瓶，2L，2 个；烘箱，1 台；电子天平，精度 0.01g，1 台；双层回旋振荡器，1 台；原子吸收分光光度计，1 台；漏斗，漏斗架，若干；量筒，1000mL，1 个；微孔滤膜，45μm，若干；定时钟，1 只。

四、实验步骤

1. 取固体废物试样 100g（干基）（无法采用干基的样本则先测定水分加以换算），放入 2L 具盖广口瓶中。
2. 另取一个 2L 的广口聚乙烯瓶，作为空白对照。
3. 将蒸馏水用氢氧化钠或盐酸调 pH 值至 5.8～6.3，分别取 1L 加入上述两个聚乙烯瓶中。
4. 盖紧瓶盖，固定于水平振荡机上，于室温下振荡 8h[（110±10）r/min，单向振幅 20mm]。
5. 取下广口瓶静置 16h。
6. 用 0.45μm 微孔滤膜抽滤（0.035MPa 真空度），收集全部滤液即浸出液，供分析用。
7. 用火焰原子吸收分光光度计分别测定两个瓶的浸出液中的 Cr、Cd、Cu、Ni、Pb 和 Zn 的浓度。
8. 记录并分析整理实验结果。

五、实验结果整理

按表 5-5 记录实验数据。

表 5-5　浸出毒性测定结果记录表

金属	Cr	Cd	Cu	Ni	Pb	Zn
空白浓度/(mg/L)						
样本浓度/(mg/L)						

六、问题与讨论

1.论述本实验方法和实验结果。

2.以双因素实验设计拟定一个测定不同浸出时间的实验方案。

3.分析哪些因素会影响危险废物在自然界中的浸出浓度。

实验七　热解焚烧条件实验

一、实验目的

废物热解焚烧过程中，有机成分在高温条件下被分解破坏，可实现快速、显著减容。与生化法相比，热解焚烧方法处理周期短、占地面积小、可实现最大限度的减容并可延长填埋场使用寿命。与普通焚烧法相比，热解过程产生的二次污染少。热解生成的气体或液体燃料在空气中燃烧与固体废物直接燃烧相比，不仅燃烧效率高，而且产生的气态污染物相对较少。

通过本实验，希望达到以下目的：

1.了解热解焚烧的概念。

2.熟悉热解过程的控制参数。

二、实验原理

热解是有机物在无氧或缺氧状态下受热而分解为气、液、固三种状态的混合物的化学分解过程。其中，气体是以氢气、一氧化碳、甲烷等低分子碳氢化合物为主的可燃性气体；液体为在常温下为液态的包括乙酸、丙酮、甲醇等化合物在内的燃料油；固体为纯炭与玻璃、金属、土砂等混合形成的炭黑。

热解反应可表示为如下过程：

$$有机物+热\xrightarrow{\text{无氧或缺氧}}g\,G(气体)+l\,L(液体)+s\,S(固体)$$

式中　g——气态产物的化学计量数；

　　　G——气态产物的化学式；

　　　l——液态产物的化学计量数；

　　　L——液态产物的化学式；

　　　s——固态产物的化学计量数；

　　　S——固态产物的化学式。

三、实验装置与设备

1. 实验装置

实验装置主要由控制柜、热解炉和气体净化收集系统三部分组成。如图 5-13 所示。

热解炉可选取卧式或立式电炉，要求炉管能耐受 800℃ 的高温，炉膛密闭。

气体净化收集系统要求密闭性好，有一定的耐气体腐蚀能力。气体净化收集系统主要由

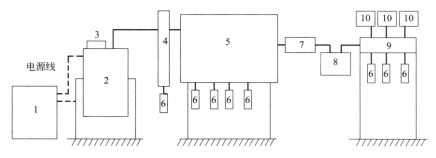

图 5-13 热解实验装置图

1—控制柜；2—固定热解床；3—投料口；4—旋风分离器；5—冷凝管；

6—焦油收集瓶；7—过滤器；8—煤气表；9—取样装置；10—气体收集瓶

旋风分离器、冷凝器、过滤器、煤气表组成。

2.实验材料与仪器仪表

实验材料：可以选取普通混合收集的城市有机生活垃圾，也可以选取纸张、秸秆等单类别的有机垃圾。

烘箱，1台；漏斗、漏斗架，若干；量筒，1000mL，1个；定时钟，1只；破碎机，1台；电子天平，1台。

四、实验步骤

1.称取 1000g 物料，采用破碎机或其他破碎方法将物料破碎至粒度小于10mm。

2.从顶部投料口将炉料装入热解炉。

3.接通电源，升高炉温，升温速度为 25℃/min，将炉温升到 400℃。

4.恒温，并每隔 15min 记录产气流量，共记录 8h。

5.在可能的条件下收集气体进行气相色谱分析。

6.测定收集焦油的量。

7.测定热解后固体残渣的质量。

8.温度分别升高到 500℃、600℃、700℃、800℃，重复步骤1至步骤7。

9.本实验有如下注意事项。

（1）原料不同，产气率会有很大差别，因此，应根据实际情况，适当调整记录气体流量的时间间隔。

（2）气体必须安全收集，避免煤气中毒。

五、实验结果整理

1.记录实验设备基本参数，包括热解炉功率，旋风分离器的型号、风量、总高、直径等，以及气体流量计的量程和最小刻度。

2.记录反应床初始温度和升温时间。

3.参考表 5-6 记录实验数据。

表 5-6　不同终温下产气记录表

热解炉功率＿＿＿＿＿＿＿＿

气体流量计量程＿＿＿＿＿＿　最小刻度＿＿＿＿＿＿

旋风分离器型号＿＿＿＿　风量＿＿＿＿　总高＿＿＿＿　直径＿＿＿＿

实验序号	1	2	3	4	5
初始温度/℃					
升温时间/min					
恒温温度/℃					
恒温后 15min 气体流量/(m^3/h)					
恒温后 30min 气体流量/(m^3/h)					
⋮					
恒温后 8h 气体流量/(m^3/h)					

4. 根据实验数据，以产气流量为纵坐标、热解时间为横坐标作图，分析产气量与时间的关系。

六、问题与讨论

1. 分析不同终温对产气率的影响。

2. 若能测定气体成分，分析不同终温对气体成分的影响。

第二节　综合性设计性实验

实验一　生活垃圾的渗滤实验及渗滤液的处理方案设计

一、实验目的

生活垃圾在堆放、填埋过程中，由于废弃物本身含水以及环境中的降雨、降水等作用，其中的液体部分可通过固体废物层并携带废物中的溶解性和悬浮物质形成一种成分复杂的高浓度有机废水，即渗滤液。通过本实验，达到以下目的：

1. 进一步了解有机废水的全分析过程及各水质指标的分析方法。

2. 了解固体废物堆放过程中渗滤液的形成过程。

3. 掌握渗滤液处理方案的设计思路。

二、实验原理

渗滤液的主要成分典型值见表 5-7。

表 5-7　新、老填埋厂垃圾渗滤液主要成分典型值

主要成分或指标	新填埋厂（<2 年）		老填埋厂（>10 年）
	范围	典型值	
BOD_5/（mg/L）	2000~30000	10000	10~200
TOC/（mg/L）	1500~20000	6000	80~160
COD/（mg/L）	3000~60000	18000	100~500
TSS/（mg/L）	200~2000	500	100~400
有机氮/（mg/L）	10~800	200	80~120
氨氮/（mg/L）	10~800	200	20~40
硝酸盐/（mg/L）	5~40	25	5~10
总磷/（mg/L）	5~100	30	5~10
碱度/[$mg(CaCO_3)$/L]	1000~10000	3000	200~1000
pH 值	4.5~7.5	6	6.6~7.5
总硬度/[$mg(CaCO_3)$/L]	300~10000	3500	200~500
Ca^{2+}/（mg/L）	200~3000	1000	100~400
Mg^{2+}/（mg/L）	50~1500	250	50~200
K^+/（mg/L）	200~1000	300	50~400
Na^+/（mg/L）	200~2500	500	100~200
Cl^{2+}/（mg/L）	200~3000	500	100~400
SO_4^{2-}/（mg/L）	50~1000	300	20~50
总铁/（mg/L）	50~1200	60	20~200

　　从表 5-7 中渗滤液的水质变化可知，填埋厂初期渗滤液中虽然含有高浓度有机物，但其生化性较好，可以采用厌氧生物处理以降低有机污染负荷，再进行常规的生物、物理化学处理；而填埋厂稳定后的渗滤液宜于采用物化处理、自然生物处理或采用一定的管道系统输送到附近的二级污水处理厂。正在研究的渗滤液回灌技术，是依靠土壤的吸附、过滤以及土壤中微生物的分解作用，使其水质能够达到稳定。所有这些都是为了完成渗滤液的妥善收集与处理，大大减少其对土壤、水体的潜在危害。

三、实验装置与设备

　　渗滤模型装置：见图 5-14，铁皮制，高约 1.5m，直径约 1m，1 套。

　　BOD、COD、SS 配套分析装置，1 台；光电式浊度仪或分光光度计，1 台；pH 计，1 台；锥形瓶，500mL，若干；量筒，1000mL，2 个；渗滤液收集桶，10L，2 个；计时器，1 只；其他。

四、实验步骤

　　1.运取生活垃圾，记录垃圾的来源和大致的物理组成。

　　2.将生活垃圾去除砖石等异物后，利用手工分选的

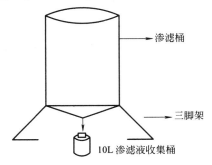

渗滤桶

三脚架

10L渗滤液收集桶

图 5-14　生活垃圾渗滤模型装置

方法进行垃圾分类，取样并记录其物化性质，主要为含水率、挥发性物质与不可燃物质含量等。

3.将去除异物的垃圾加工至一定粒度范围后，混合均匀，分批填入渗滤装置，并添加适量表土压实；至一定高度（堆积高度约 1m）后，盖上顶盖。记下开始时间。

4.用塑料桶收集渗滤液，定时记录环境温度、堆温、渗滤液产生量；定时取样、分析其水质（第一、二天每天分析两次，以后每天一次）。

5.根据收集的渗滤液水质及其处理要求确定 2~3 种渗滤液处理方案（自行设计），并将各方案进行实验模拟运行，以确定方案之间的优越性和可行性。

6.渗滤实验结束后，再次对垃圾进行主要物化性质分析，并妥善处理这些废弃物。

五、实验数据整理

1.垃圾的来源与物理组成数据整理。

2.渗滤液处理前后垃圾的物化性质变化可记录如表 5-8 所示。

表 5-8　垃圾的主要物化性质　　　　单位:%

物化性质	渗滤液处理前	渗滤液处理后
含水率		
挥发性物质		
不可燃物质含量		
⋮		

3.渗滤过程中渗滤液的水量、水质变化情况可记录如表 5-9 所示，作出各分析指标随时间变化的曲线。

表 5-9　渗滤液的水量、水质变化情况

日期	环境温度/℃	堆温/℃	渗滤液产生量/L	渗滤液水质状况					
				pH 值	SS	TDS	COD	BOD	…

4.绘制渗滤处理的流程框图，并说明各个工序的处理目标及采用此工序的主要原因。

5.渗滤液处理模拟实验的运行效果记录如表 5-10 所示。

表 5-10　渗滤液处理模拟实验中水质及运行效果记录

方案	水质指标	进水	工序 1		工序 2		…	总出水	总去除效率/%
			出水 1	去除率/%	出水 2	去除率/%			
I	pH 值 SS COD ⋮								
II									

六、问题与讨论

1.分析垃圾在渗滤处理前后物化性质变化的原因。

2.渗滤液的水质与垃圾的哪些性质有关？该实验所得渗滤液是否可以采用生物处理？为什么？

3.试对采用的几种渗滤液处理方案进行比较分析，并确定该渗滤液的有效处理途径。

实验二 污泥浓缩实验

一、实验目的

从一级处理或二级处理产生的污泥在进行脱水前常需加以浓缩，而最常用的方式为重力浓缩，在污泥浓缩池里，悬浮颗粒的浓度比较高，颗粒的沉淀作用主要为成层沉淀和压缩沉淀。该浓缩过程受悬浮固体浓度、性质和浓缩池的水利条件等因素影响。因此，在有利的情况下，一般需要通过相应的实验来确定工艺中的主要设计参数。

通过本实验，希望达到以下目的：

1.加深对成层沉淀和压缩沉淀的理解。

2.了解运用固体通量设计、计算浓缩池面积的方法。

二、实验原理

浓缩池固体通量（G）的定义为单位时间内通过浓缩池任一横截面上单位面积的固体质量［kg/(m²·d) 或 kg/(m²·h)］。在二次沉淀池和连续流污泥重力浓缩池里，污泥颗粒的沉降主要由两个因素决定：①污泥自身的重力；②由于污泥回流和排泥产生的底泥引起。因此，浓缩池的固体通量 G 应由污泥自重压密固体通量 G_i 和底泥引起的向下流固体通量 G_u 组成。即：

$$G = G_i + G_u \tag{5-15}$$

而

$$G_u = u\rho_i \tag{5-16}$$

$$G_u = u\rho_i \tag{5-17}$$

式中 u——向下流速度，即由底部排泥导致产生的界面下降速度，m/h；

ρ_i——断面 i—i 处的污泥浓度，kg/m³。

若底部排泥量为 Q_u(m³/h)，浓缩池断面面积为 A(m²)，则 $u = Q_u/A$。设计时，u 一般采用经验值，如活性污泥浓缩池的 u 取 0.25～0.51m/h。v_i 为污泥固体浓度为 ρ_i 时的界面沉速，单位 m/h，其值可通过同一种污泥的不同固体浓度的静态实验，从沉降时间与界面高度的曲线关系求得［图 5-15(a)］。例如，对于污泥浓度 ρ_i（设起始界面高度为 H_0），通过该条浓缩曲线的切点作切线与横坐标相交，可得沉降时间 t_i，则该污泥浓度的界面沉速 $v_i = H_0/t_i$（即为此污泥浓度下成层沉淀时泥水界面的等速沉降速度）。

G、G_u、G_i 随断面固体浓度 ρ_i 的变化情况如图 5-15（b）所示。由于浓缩池各断面处固体浓度 ρ_i 是变化的，而 G 随 ρ_i 而变，且有一极小值即极限固体通量 G_L。由固体通量的定义可得浓缩池的设计面积 A 为

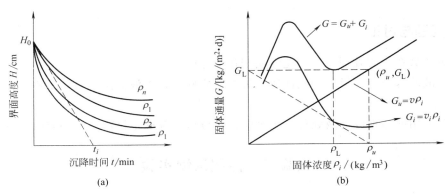

图 5-15　污泥静态浓缩实验中各物理量间的关系

$$A \geqslant \frac{Q_0 \rho_0}{G_L} \tag{5-18}$$

式中，Q_0、ρ_0 分别为入流污泥流量和固体浓度，单位分别为 m/h 和 kg/m^3。

可以看出，G_L 的值对于浓缩池面积的设计计算是至关重要的。在实际工作中，一般先根据污泥的静态实验数据作出 G_i-ρ_i 的关系曲线，根据设计的底流排泥浓度 ρ_0，自横坐标上的点 ρ_u 作该曲线的切线并与纵轴相交，其截距即为 G_L。

三、实验装置与设备

1.实验装置

实验装置的主要组成部分为沉淀柱和高位水箱，如图 5-16 所示。

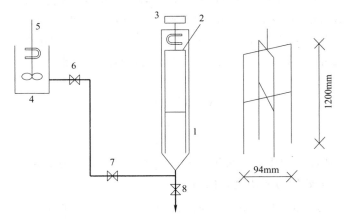

图 5-16　污泥的静态沉降实验装置示意图

1—沉淀柱；2、5—搅拌器；3—电动机；4—高位水箱；6、7—进泥阀；8—排泥阀

2.实验仪器与设备

沉淀柱，有机玻璃制（柱身自上而下标有刻度），高 $H = 1500 \sim 2000$mm，直径 $D = 100$mm，1 根；柱内搅拌器，不锈钢或铜制，长 $L = 1200$mm，直径 $D = 3$mm，4 根；电动机，TYC 型同步电动机，220V/24mA，1 台；高位水箱，硬塑料制，高 $H = 300 \sim 400$mm，直径 $D = 300$mm，1 只；连接管，水煤气管，直径 $D = 20$mm，若干；分析 MLSS 用烘箱；

分析天平；称量瓶；量筒；烧杯；漏斗等。

四、实验步骤

本实验采用多次静态沉淀实验的方法。具体操作如下。

1. 从城市污水处理厂取回剩余污泥和二次沉淀池出水，测取污泥的 SVI 与 MLSS。

2. 将剩余污泥用二次沉淀池出水配制成不同 MLSS 的悬浮液，可以分别为 $4kg/m^3$、$5kg/m^3$、$6kg/m^3$、$8kg/m^3$、$10kg/m^3$、$15kg/m^3$、$20kg/m^3$、$25kg/m^3$、$30kg/m^3$，然后进行不同 MLSS 浓度下的静态沉降实验。

3. 将一配好的悬浮液倒入高位水箱，并加以搅拌使其混合、保持均匀。

4. 把悬浮液注入沉淀柱至一定高度，启动沉淀柱的搅拌器（转速约 1r/min）搅拌 10min。

5. 观察污泥沉降现象。当出现泥水分界面时读出界面高度。开始时 0.5～1min 读取一次，以后 1～2min 读取一次；当界面高度随时间变化缓慢时，停止读数。

本实验有如下注意事项。

（1）污泥注入速度不宜过快或过慢。过快会引起严重紊乱，过慢则会使沉降过早发生，两者均会影响实验结果。另外，污泥注入时应尽量避免空气泡进入沉降柱。

（2）重新进行下一次污泥沉降实验时，应将原有污泥排去，并将沉淀柱清洗干净后再开始。

（3）整个实验可分成 6～8 个组进行。每组完成 1～2 个污泥浓度的沉降实验，然后综合整理所有实验数据，完成实验报告。

五、实验数据整理

1. 记录起始固体浓度、起始界面高度以及不同沉降时间对应的界面高度，可整理如表 5-11 所示。

表 5-11 污泥的静态沉降实验记录表

沉淀柱高 $H =$ _____ cm 直径 $D =$ _____ cm 搅拌器转速 _____ r/min

污泥来源 _____ 污泥的 SVI= _____

沉降时间 /min	起始污泥浓度 _____ kg/m³		起始污泥浓度 _____ kg/m³		起始污泥浓度 _____ kg/m³		...
	界面高度/cm	界面高度/cm	界面高度/cm	界面高度/cm	界面高度/cm	界面高度/cm	...
0							
0.5							
1.0							
1.5							
2.0							
2.5							
⋮							
80							

2. 根据上述实验数据，可得到不同浓度的污泥沉降时的平均界面高度与沉降时间的关系曲线（即 H-t），通过起始界面高度作各曲线的切线，求得相应的沉降时间，从而求出不同

污泥浓度下沉降曲线初始直线段时的界面沉降速度 v_i（即污泥发生成层沉淀时的等速沉降速度）。

3. 求自重压密固体浓度 G，并整理如表 5-12 所示，画出 G_i-ρ_i 关系图。

表 5-12　污泥沉降过程中界面沉速 v_i 与自重压密固体浓度 G_i

起始固体浓度 ρ_i/(kg/m)	起始界面沉速 v_i/(m/h)	自重压密固体浓度 G_i/[kg/(m² · h)]
4.0		
5.0		
6.0		
8.0		
⋮		

4. 根据设计污泥浓缩后需达到的固体浓度即 ρ_u，求出 G_L，即可计算出浓缩池的设计断面面积 A。

六、问题与讨论

1. 本实验中污泥浓度的最低值应取多少？

2. 污泥浓缩池中污泥发生的是成层沉淀和压缩沉淀，试阐述将泥水界面视为等速沉降来估算自重压密固体通量的优缺点。

第六章　环境化学

第一节　基础性实验

实验一　湖水中溶解氧含量日变化的测定

一、目的要求

溶解氧的测定对于了解水体污染状况和自净作用有着重要意义。

本实验通过测定湖水中溶解氧在一天中不同时间的含量和不同水质（污水、自来水、湖水）中溶解氧的含量，了解影响水中溶解氧含量的因素，掌握用碘量法测定溶解氧的基本原理与测定方法。

二、原理与方法

碘量法是基于溶解氧的氧化性，于水样中加入硫酸锰和碱性碘化钾溶液生成三价锰的氢氧化物棕色沉淀。在水中溶解氧充足时，生成四价锰的氢氧化物棕色沉淀，加酸溶解此沉淀，在碘离子存在下即释放出与溶解氧相当的游离碘。然后用硫代硫酸钠标准溶液滴定游离碘，换算出溶解氧含量。

三、仪器与试剂

1. 水质采样器。
2. 溶解氧瓶（或具磨口塞试剂瓶）：250mL 三个。
3. 25mL 碱式滴定管。
4. 硫酸锰溶液。
5. 碱性碘化钾溶液。
6. 浓硫酸。
7. 0.5%淀粉溶液。
8. 硫代硫酸钠标准溶液：0.1mol/L。临用前稀释为 0.0125mol/L 的溶液。
9. 移液管：5mL 三支，100mL 一支。
10. 锥形瓶：250mL 四个。

四、实验步骤

1. 分别在 9 时、11 时、13 时、15 时，用水质采样器在同一地点和同一深度采集湖水四次。同时记录水的温度。
2. 每次采集水样时，把水放入溶解氧瓶内（橡皮管要插入瓶底），并使水从瓶口溢出。

3. 将移液管插入液面下，一次加入 1mL 硫酸锰溶液和 2mL 碱性碘化钾溶液。盖好瓶塞，勿使瓶内有气泡。把溶解氧瓶颠倒摇动，使其充分混合，此时有棕色絮状沉淀物。将此瓶带回实验室进行下面的步骤。

4. 沉淀物沉降到瓶的一半时，再颠倒摇动混合此液，静置，使沉淀物重新沉降至瓶的一半。

5. 将移液管插入液面下，加入 1.5~2.0mL 浓硫酸，盖紧瓶塞，颠倒混合摇匀至沉淀物全部溶解为止（若溶解不完全，可继续加入少量浓硫酸，但此时水样不可溢出溶解氧瓶）。于暗处静置 5min。

6. 用移液管取 100mL 上述水样于 250mL 锥形瓶中，用硫代硫酸钠标准溶液滴定。当溶液变为浅黄色时，加入 1mL 淀粉溶液。继续滴定至蓝色恰好褪去为止。记录硫代硫酸钠的用量。

7. 计算：

$$溶解氧(O_2, mg/L) = \frac{MV \times 8 \times 1000}{100} \qquad (6-1)$$

式中　M——硫代硫酸钠标准溶液物质的量浓度，mol/L；

　　　V——滴定时消耗硫代硫酸钠标准溶液的体积，mL。

8. 在下午采集湖水的同时，采集污水和自来水，按上述步骤测定这三种不同水质水中的溶解氧。

五、数据处理与讨论

将所有实验数据分别记录于表 6-1 和表 6-2 中。

表 6-1　湖水在一天中不同时间的溶解氧含量

时间	9 时	11 时	13 时	15 时
水温/℃				
V/mL				
溶解氧/(mg/L)				

表 6-2　不同水质中溶解氧含量

水样	湖水	污水	自来水
V/mL			
溶解氧/(mg/L)			

根据实验数据和已学过的知识，对实验结果进行分析、讨论。

实验二　富营养化指标——水体中总磷、叶绿素含量的测定

一、目的要求

许多参数可用作富营养化的指标，常用的是磷、叶绿素 a 含量及初级生产率的大小。根据这些指标，水体的营养状况可按表 6-3 划分。

表 6-3　富营养化指标

分类	初级生产率(以氧计)/[mg/(m² · d)]	总磷/(mg/L)	叶绿素 a/(μg/L)
贫营养的	0～136	<0.01	0.3～2.5
中等营养的	—	0.01～0.03	1～15
富营养的	410～547	>0.03	5～14

本实验通过测定湖水中总磷、叶绿素的含量，对湖水的营养状况作一初步评价。

二、仪器与试剂

1. 分光光度计（波长 400～1000nm）。

2. 锥形瓶 250mL；移液管：25mL、5mL。

3. 比色管 25mL；容量瓶 100mL；玻璃纤维滤纸；布氏漏斗；抽滤瓶。

4. 过硫酸铵（固体）。

5. 6mol/L 氢氧化钠溶液。

6. 2mol/L 盐酸溶液。

7. 浓硫酸。

8. 2mol/L 硫酸溶液。

9. 1% 酚酞。

10. 丙酮：H_2O 为 9:1。

11. 混合试剂：50mL 2mol/L 硫酸，5mL 酒石酸锑钾溶液 [溶解 4.4g $K(SbO)C_4H_4O_6 \cdot \frac{1}{2}H_2O$ 于 200mL 蒸馏水中，用棕色瓶在 4℃ 下保存]，15mL 钼酸铵溶液 [溶解 20g $(NH_4)_4MO_2O_{24} \cdot 4H_2O$ 于 500mL 蒸馏水中，用塑料瓶在 4℃ 下保存] 和 30mL 0.1mol/L 抗坏血酸溶液（溶解 1.76g 抗坏血酸于 100mL 蒸馏水中，转入棕色瓶，如在 4℃ 下保存，可保存一星期不变）。混合前，使各溶解达室温后按上述次序混合。在加入酒石酸锑钾或钼酸铵后，如混合试剂有浑浊，须摇动混合试剂，放置几分钟，至澄清为止，在 4℃ 下可保存一星期不变。

12. 磷酸盐储备液：1mg/mL 磷。

13. 磷酸盐标准液：取 1.00mL 储液于 100mL 容量瓶中，稀释至刻度，磷含量为 10μg/mL。

三、实验步骤

1. 磷的测定

在酸性溶液中，经氧化性酸的消化，将各种形态的磷转化为 PO_4^{3-}，随之用钼酸铵和酒石酸锑钾与之反应。生成磷钼锑杂多酸。再用抗坏血酸把它还原为深色钼蓝。然后用比色法测定。

（1）量取 100mL 有代表性水样两份，分别放入 250mL 锥形瓶内。另取 100mL 蒸馏水于另一个锥形瓶中作为空白对照。分别加入 1mL 浓硫酸、8g 过硫酸铵，微沸约 1.5h，补加蒸馏水使体积为 25～50mL（如锥形瓶内有白色凝聚物，应用蒸馏水将其冲入溶液中），再加热数分钟。冷却后，加一滴酚酞，并用 6mol/L 氢氧化钠中和至微红色，再滴加 2mol/L 盐酸使粉红色恰好褪去。将此液转入 100mL 容量瓶中，加水稀释至刻度。吸取 25mL 转移至 50mL 比色管内，加入 1mL 混合试剂，摇匀，放置 10min，使之显色。加水稀释至刻度再摇匀，放置 10min，用 1cm 比色皿以试剂空白作参比。于 800nm 处测定吸光度。

（2）分别吸取 0.00mL、0.50mL、1.00mL、2.00mL、2.50mL、3.00mL 磷酸标准溶液于 50mL 比色管中，加水稀释至约 23mL，加入 1.0mL 混合试剂，摇匀后放置 10min，加水稀释至刻度，再摇匀，10min 后，测定吸光率，作标准曲线。

（3）结果计算。

按下式计算水体中磷的含量：

$$P(g/L) = \frac{P_i}{V} \times 10^{-3} \tag{6-2}$$

式中　P_i——由标准曲线查得磷含量，μg；

　　　　V——测定时吸取水样的体积（本实验 $V = 25.00mL$），mL。

注：若所用分光光度计不能测定 880nm 处的吸光度，则可以测定 710nm 处的吸光度，但工作曲线线性范围较前者小。

2.叶绿素 a 的测定

测定水体中叶绿素 a 的含量，可估计该水体绿色植物存在量。将色素用丙酮萃取，测定其吸光度，便可测得叶绿素 a 的含量。

（1）将 100～500mL 水样经玻璃纤维滤纸过滤，记下过滤液体积，将滤纸卷成筒状，放入比色管内。加入足以使滤纸淹没的丙酮液（9∶1），记录体积，塞好瓶塞，并在 4℃的暗处放置 24h。如有浑浊，可离心。将萃取液倒入 1cm 比色皿中，在 665nm 和 750nm 处分别测其吸光度。以试剂空白为参比。

（2）加 1 滴 2mol/L 盐酸于上述两只比色皿中，混匀并放置 1min。在 665nm 和 750nm 处再次测定其吸光度。

（3）处理结果。

酸化前　　　　　　　　　　　$A = A_{665} - A_{750}$

酸化后　　　　　　　　　　　$A_a = A_{665a} - A_{750a}$

用下式来计算叶绿素 a 的浓度：

$$叶绿素\ a(\mu g/L) = 29(A - A_a)\frac{V_{萃取液}(mL)}{V_{样品}(mL)} \tag{6-3}$$

注：665nm 处的吸光度减去 750nm 处的吸光度是为了校正浑浊液。

实验三　底泥中腐殖物质的分离与提取

一、目的要求

自然界中的腐殖物质是天然产物，存在于土壤、底泥、河流、海洋中，其组成复杂，有胡敏素、腐殖酸、富里酸等。本实验用稀酸和稀焦磷酸钠混合液提取底泥中的腐殖物质，提取液酸化后析出腐殖酸，而富里酸仍留在酸化液中，据此可将两者分离。

通过本实验加深对腐殖物质的感性认识，确定样品中腐殖酸和富里酸的含量。

二、仪器与试剂

1.分析天平。

2. 离心机、离心管。

3. 碘量瓶 250mL。

4. 量筒 100mL。

5. 干燥剂。

6. 玻璃蒸发皿 $\phi 5 \sim 6$cm。

7. 提取液：2mol/L 焦磷酸钠溶液和 0.2mol/L 氢氧化钠溶液等体积混合。

8. 底泥：风干后磨碎过 100 目筛备用。

9. 盐酸溶液 1mol/L。

10. 氢氧化钠 1mol/L。

三、实验步骤

1. 称 30g 底泥，放入 250mL 碘量瓶中，加入 100mL 提取液，在振荡器上振荡 10min，放置 43h，期间振荡两三次，到时将混合物均匀倒入两个离心管中离心 10min，离心完将上层溶液倒入 250mL 锥形瓶内，弃去管内泥渣。用 1mol/L 盐酸溶液把锥形瓶内溶液的 pH 值调至 3 左右。振荡 1h。到时离心 10min，将上层清夜（主要是富里酸）倒入另一个 250mL 锥形瓶里备用。离心管内残渣主要含腐殖酸，保留备用。

2. 取一个已烘至恒重的玻璃蒸发皿，称出其质量 G，移加 20mL 富里酸溶液，用 1mol/L 氢氧化钠溶液将其 pH 值调至 7，然后蒸干。在 105℃烘箱内烘至恒重，称出质量 W(g)。再取一个蒸发皿作空白。扣除 20mL 提取液中引入的盐类质量 Q(g)。

3. 取一张定量滤纸，放入称量瓶中，开盖放在 105℃烘箱内烘至恒重，盖好瓶盖，在天平上称出质量 A(g)，取出滤纸，放在玻璃漏斗内，用 pH 值等于 3 的蒸馏水把腐殖酸渣转移入漏斗内过滤，放回原称量瓶中，再烘至恒重称出质量 B(g)。

四、结果计算

按下式计算底泥中富里酸、腐殖酸含量：

$$富里酸含量(\%) = \frac{(W-G-Q) \times 5}{20} \times 100 \tag{6-4}$$

$$腐殖酸含量(\%) = \frac{(B-A) \times 5}{30} \times 100 \tag{6-5}$$

实验四 土壤的阳离子交换量

一、目的要求

通过测定表层和深层土的阳离子交换量，了解不同土壤阳离子交换量的差别。

二、仪器与试剂

1. 离心机、离心管。

2. 锥形瓶 100mL。

3. 量筒。

4. 移液管 10mL、25mL。

5. 碱式滴定管。

6. 试管。

7. 0.1mol/L 氢氧化钠标准溶液。

8. 0.5mol/L 氯化钡溶液。

9. 酚酞指示剂 1%。

10. 0.1mol/L 硫酸溶液。

11. 土壤样品：风干后磨碎过 200 目筛。

三、实验步骤

1. 取 4 个洗净烘干且质量相近的 50mL 离心管，在天平上称出质量（W，g。称准至 0.005g，下同）。往其中 2 个各加入 1g 左右表层土样品。另外 2 个加入 1g 左右深层土样品，做好相应记号。

2. 向各管中加入 20mL 氯化钡溶液，用玻璃棒搅拌 4min。在台秤上恒重。然后用离心机以 3000r/min 转速离心 10min，至上层溶液澄清，下层土紧密结实为止。倒尽上层溶液，然后再加入 20mL 氯化钡溶液。重复上述步骤一次。离心完后保留管内土层。

3. 向离心管内加 20mL 蒸馏水，用玻璃棒搅拌 1min，在台秤上恒重，再离心一次，倒尽上层清液。用天平称出各离心管质量（G，g）。

4. 向离心管中加入 25.00mL 0.1mol/L 硫酸溶液（此时不可再向离心管中加任何物质），搅拌 10min 后放置 20min，到时离心沉降。离心完后，把上清液分别倒入干燥的大试管中，再从中移取 10.00mL 溶液到锥形瓶内。

5. 向各锥形瓶中加入 10mL 蒸馏水和 1～2 滴酚酞指示剂，用标准 NaOH 溶液标定至终点，记下各样品消耗的标准溶液的体积数 B（mL）。

空白试验：移取 10.00mL 0.1mol/L H_2SO_4 溶液两份，同 5 操作，记下终点时消耗的标准 NaOH 溶液的体积数 A（mL）。

实验结果列于表 6-4。

表 6-4　实验结果记录表

土壤	表层土		深层土		A/mL		
	1	2	1	2		1	
干土质量/g							
W/g						2	
G/g							
m/g						平均	
B/mL							
交换量					氢氧化钠浓度		
平均交换量							

注：W——离心管的质量；

　　G——交换后离心管＋土样的质量（含水）；

　　m——加 H_2SO_4 前土壤的含水量（$m = G - W -$ 干土壤）；

　　B——消耗的标准溶液的体积；

　　A——0.1mol/L H_2SO_4 消耗量，即 NaOH 的体积（空白）。

四、结果计算

按下式计算土壤阳离子交换量

$$交换量(毫克当量/100 克土) = \frac{\left(A \times 2.5 - B \times \frac{25+m}{10}\right) \times N}{干土质量} \times 100 \qquad (6\text{-}6)$$

式中，N 为标准 NaOH 溶液的浓度。

讨论两种土壤阳离子交换量差别的原因。

实验五　底泥中磷的形态分析

一、目的要求

1.钼锑抗比色法测定磷的原理和方法。
2.底泥样品中总磷、有机态磷、无机态磷的测定方法。

二、原理

河流、湖泊底泥中释放出的磷是水体富营养化的主要因素，底泥中的磷可分为有机态磷和无机态磷两大类。其中有机态磷以磷脂、核酸、核素等含磷有机化合物为主；无机态磷以钙、铁、铝等磷酸盐为主。本实验对底泥中的总磷、有机态磷、无机态磷分别作测定。

总磷的分析采用高氯酸-硫酸法。高氯酸能氧化有机物质和分解矿物质，它有很强的脱水能力，从而有助于胶状硅的脱水。高氯酸还能与铁配合，在磷的比色测定中能抑制硅、铁的干扰，硫酸的存在可提高消化温度，同时防止消化过程中溶液被蒸干。样品在高氯酸-硫酸的作用下能完全分解，并转化成无机正磷酸进入溶液，然后再用钼锑抗比色法测定。

底泥中的有机态磷的分析是先将样品高温灼烧，使有机磷转化为无机磷，然后与未经灼烧的底泥样品分别用稀酸浸提，比色测定后所得的差值即为有机态磷。

底泥中无机态磷可用含氟化铵的稀酸溶液浸提，用钼锑抗比色法测定。酸性条件下能溶解底泥中大部分磷酸钙，氟离子又能与 3 价铁、铝离子形成配合物，促使磷酸铁、磷酸铝的溶解。

钼锑抗比色法测定磷的原理是：正磷酸盐溶液在一定的酸度下加酒石酸钾和钼酸混合液形成磷钼杂多酸 $H_3[P(Mo_3O_{10})_4]$，在 3 价锑存在时，抗坏血酸能使磷钼杂多酸变成磷钼蓝，其颜色在一定浓度范围内与磷酸的浓度成正比，可在 700nm 的波长下比色测定。

三、仪器与试剂

1.721 分光光度计。

2.振荡器。

3.离心机。

4.马弗炉。

5.可调式电炉。

6.浓硫酸。

7.70%～72%高氯酸。

8. 2,6-二硝基苯酚指示剂：称取 0.2g 2,6-二硝基苯酚 $[C_6H_3(HO_2)_2]$ 溶于 100mL 水中，其变色点的 pH 值约为 pH＝3；pH＜3 呈无色；pH＞3 呈黄色。

9. 4mol/L 氢氧化钠溶液。

10.0.5mol/L 硫酸溶液。

11.0.5%酒石酸锑钾溶液。

12.钼锑混合液：称取 10g 钼酸铵 $[(NH_4)_6Mo_7O_{24} \cdot 4H_2O]$ 溶于 4750mL 水中，徐徐加入 153mL 浓硫酸，边加边搅拌；再加入 100mL 0.5%酒石酸锑钾溶液，最后加水至 1L，充分摇匀，储存于棕色瓶中。

13.钼锑抗试剂：称取 1.5g 抗坏血酸溶于 100mL 钼锑混合液中，临用时配。

14. 0.5mol/L 氟化铵-0.5mol/L 盐酸溶液：称取 9.25g 氟化铵溶于 500mL 0.5mol/L 盐酸中。

15. 0.27mol/L 硼酸溶液：称取 4.95g 硼酸溶于 1000mL 水中。

16.磷标准储备液：称取在 105℃烘箱中烘过的磷酸二氢钾 0.21495g，溶于 400mL 水中，加浓硫酸 5mL，转入 1L 容量瓶中，加水至刻度，摇匀。磷的浓度为 50mg/L。

17.磷标准使用液：吸取 25mL 磷标准储备液，用水稀释至 250mL，其浓度为 5mg/L（此溶液不宜久存）。

18.底泥样品：从河流、湖泊中采集的底泥经风干、磨碎、过 100 目筛后装瓶保存。

四、实验步骤

1.曲线的绘制

分别吸取 10mg/L 磷标准使用液 0mL、1.00mL、2.00mL、3.00mL、4.00mL、5.00mL，注入 50mL 容量瓶中，加水至约 30mL，加 1～3 滴酚酞，滴加 4mol/L 氢氧化钠溶液直至溶液转为红色，再加 1 滴 0.5mol/L 硫酸使红色刚刚褪去，此时溶液 pH 值约为 3，然后加 5mL 钼锑抗试剂，用水定容后摇匀。各比色管中的磷的浓度分别为 0mg/L、0.10mg/L、0.20mg/L、0.30mg/L、0.40mg/L、0.50mg/L、0.60mg/L、0.80mg/L、1.00mg/L。室温下放置 30min 后，在 700nm 的波长下用 1cm 比色皿比色测定。以吸光度为纵坐标、浓度（mg/L）为横坐标绘制标准曲线。

2.底泥中总磷的测定

准确称取底泥样品 1g 左右置于 50mL 磨口锥形瓶中，以少量水湿润后，加浓硫酸

8mL，摇匀后，加70%～72%高氯酸10滴和几颗玻璃珠，摇匀，瓶口接一冷凝管。然后置于可调电炉上加热消煮。待消煮液转白时，继续加热20min，全部消煮时间为45～60min。同时要做试剂空白试验。将冷却的消煮液转入100mL容量瓶中缓缓摇动容量瓶，待冷却至室温后加水定容。取50mL于离心管中，以4000r/min的速度离心5min。

吸取上清液2.00mL（吸取量应根据含磷量而确定）加入50mL比色管中，用水稀释至约30mL，调节pH值为3，然后加钼锑抗试剂5mL。加水定容后摇匀。30min后以试剂空白的消煮液为参比作比色测定。根据测得的吸光度在坐标曲线上查出显色液磷的浓度。

3. 有机态磷的测定

准确称取底泥样品1g左右置于30mL瓷坩埚中，在马弗炉中550℃下灼烧1h，取出冷却后用100mL 0.05mol/L硫酸溶液转入200mL容量瓶中。另外准确称取1g左右的同一样品于另一200mL容量瓶中，加入100mL 0.05mol/L硫酸溶液。两瓶溶液摇匀后，分别将瓶塞松放在瓶口上，一起放入40℃恒温箱内保温1h，然后取出冷却至室温，加水定容，充分摇匀后，取出50mL于离心管中，以4000r/min的速度离心5min。吸取上清液10mL分别置于50mL比色管中，加水稀释至约30mL，调节pH值至3，然后再加钼锑抗试剂5mL，定容。30min后作比色测定。

4. 无机态磷的测定

准确称取底泥样品1g左右于50mL具塞锥形瓶中，加0.5mol/L氟化铵-0.5mol/L盐酸浸提剂50mL，盖紧塞子，在振荡器上振荡1.5h后将底泥浑浊液倒入离心管中，以400r/min的转速离心5min，吸取上清液5.00mL于50mL比色管中，加10mL 0.27mol/L硼酸及17mL水，摇匀后调节pH值至3，然后再加钼锑抗试剂5mL，定容。30min后作比色测定。

五、数据处理

$$样品中的磷含量(\text{mg/kg}) = \frac{CVV_2}{WV_1} \qquad (6\text{-}7)$$

式中　C——测定液中磷浓度，mg/L；

V_1——吸取离心液后上清液的体积，mL；

V_2——测定液的体积，mL；

V——样品制备溶液的体积，mL；

W——烘干的底泥质量，g。

由该式分别求出总磷、无机态磷含量，有机态磷含量为灼烧与未灼烧底泥样品含量的差值。

六、讨论

1. 钼锑抗比色法要求显色液中硫酸的浓度为0.115～0.165mol/L，酸度太低使显色反应液的稳定时间变短，酸度太高则显色变慢。

2. 室温低于20℃，当磷的浓度在0.4mg/L以上时，显色后的蓝色有沉淀生成，此时可放置在30～40℃的恒温箱中保温30min，待冷却至室温后比色。

3. 风干底泥样品要测定含水量，计算时，样品应扣除水分。

4.测定无机态磷时，加入硼酸可防止氟离子的干扰和对玻璃器皿的腐蚀。硼酸和氟离子的反应式为：

$$4F^- + H_3BO_3 + 3H^+ \longrightarrow (BF_4)^- + 3H_2O$$

七、思考题

1.测定底泥样品中含磷量的环境意义是什么？
2.简述钼锑抗比色法测定磷的原理。

实验六 对二甲苯、萘的辛醇-水分配系数的测定
（紫外分光光度法）

一、目的要求

1.了解测定有机化合物的辛醇-水分配系数的意义和方法。
2.掌握用紫外线分光光度法测定分配系数的操作技术。

二、原理

正辛醇是一种长链烷烃醇，在结构上与生物体内的碳水化合物和脂肪类似。因此，可用正辛醇-水分配系数来模拟研究辛醇-水体系，有机物的辛醇-水分配系数是衡量其脂溶性大小的重要理化性质。研究表明，有机物的分配系数与水溶解度、生物富集系数及土壤、沉积物质吸附系数均有很好的相关性。因此，有机物在环境中的迁移在很大程度上与它的分配系数有关。此外，有机药物和毒物的生物活性亦与其分配系数密切相关。所以，在有机物的危险性评价方面，分配系数的研究是不可缺少的。

化合物在辛醇相中的平衡浓度与水相中该化合物非离解形式的平衡浓度的比值，即为该化合物的辛醇-水分配系数。

$$K_{ow} = \frac{C_o}{C_w} \tag{6-8}$$

式中 C_o——该化合物在辛醇相中的平衡浓度；
      C_w——水相中的平衡浓度；
      K_{ow}——分配系数。

本实验通过测定水相中有机物平衡浓度，然后再根据分配前化合物在辛醇相中的浓度计算出分配后化合物在辛醇相中的平衡浓度，进而算出分配系数。

三、仪器与试剂

1.离心机。
2.恒温振荡器。
3.紫外-可见分光光度计。
4.正辛醇。
5.乙醇（95%）。
6.对二甲苯（A.R）。

7. 萘（A.R）。

四、实验步骤

1. 标准曲线的绘制

（1）对二甲苯

移取 1.00mL 对二甲苯于 10mL 容量瓶中，用乙醇稀释至刻度，摇匀。取该溶液 0.1mL 于 25mL 容量瓶中，再以乙醇稀释至刻度，摇匀，此时浓度为 $400\mu L/L$。在 5 只 25mL 容量瓶中各加入该溶液 0.10mL、0.20mL、0.30mL、0.40mL、0.50mL 于 10mL 比色管中，加水稀释至刻度，摇匀。在分光光度计上，选择波长为 278nm，以水为参比，测定标准系列的吸光度 A。以 A 对浓度 C 作图，即得标准曲线。

（2）萘

称取 0.2000g 萘，用乙醇溶解后转入 100mL 容量瓶并稀释至刻度，浓度为 $200\mu g/mL$，此溶液为储备液。使用液：将储备液稀释 20 倍得到 100mg/L 的溶液。用移液管分别吸取该溶液 0.10mL、0.20mL、0.30mL、0.40mL、0.50mL 于 10mL 比色管中，加水稀释至刻度，摇匀。在分光光度计上，选择波长为 278nm，以水为参比，测定标准系列的吸光度 A。以 A 对浓度 C 作图，即得标准曲线。

2. 分配系数的测定

（1）对二甲苯

移取 0.40mL 对二甲苯于 10mL 容量瓶中，用正辛醇稀释至刻度，配成浓度为 $4\times 10^4\mu g/L$ 的溶液。取此溶液 1.00mL 于具塞 10mL 离心管中，加水稀释至刻度，塞紧塞子，平放并固定在恒温振荡器上（25±5)℃振荡 2h。然后离心分离，用滴管小心吸去上层辛醇相，在 227nm 下测定水相吸光度，由标准曲线查出其浓度。平行做三份，每次做试剂空白试验。

（2）萘

称取 0.0700g 萘，用正辛醇溶解后转入 10mL 容量瓶并稀释至刻度，配成 700mg/mL 的溶液。取此溶液 1.00mL 于具塞 10mL 离心管中，加水稀释至刻度，塞紧塞子，平放并固定在恒温振荡器上（25±5)℃振荡 2h。然后离心分离，用滴管小心吸去上层辛醇相，在 278nm 下测定水相吸光度，由标准曲线查出其浓度。平行做三份，每次做试剂空白试验。

五、数据处理与讨论

分配系数按下式计算：

$$K_{ow}=\frac{C_oV_o-C_aV_a}{C_aV_a} \tag{6-9}$$

式中　　C_o——辛醇相初始浓度；

　　　　C_a——平衡后水相中的浓度；

　　V_o 和 V_a——辛醇相和水相的体积，将所得 K_{ow} 值取以 10 为底物对数即 $\lg K_{ow}$。

正辛醇黏度较大，在移取时应让粘在管壁上的辛醇基本流下为止。

比色皿在使用前后，应用乙醇洗干净，以免残存化合物吸附在比色皿上。

实验七　氧传递系数的测定

一、目的要求

1.通过测定自来水和废水中氧的传递系数，了解氧的传递与废水性质的相关性。
2.掌握氧传递系数的测定方法。

二、基本概念

天然或人工曝气作用下，空气中氧从气相传递到液相，取决于流体的物理特性和流体流动状况，在相间传质过程中，传质极限是以达到相间平衡为度量。相间平衡决定物质传递的极限。传递速率则决定在一定相间接触时间内所有传递的物质量。相间平衡取决于物质组成以及外界的温度和压力。传递速率则视扩散与平衡状态的偏离程度和两相接触方式等因素而定。

传质过程包括：①大气中氧通过扩散接近气液界面膜，然后穿过气液界面膜中的气膜一侧。因穿过气膜时阻力很小，故传质速度快。②氧分子通过扩散穿过气液界面膜中的液膜一侧。在一般情况下，这一步是速率控制步骤。③通过扩散和对流等使氧传递到主体溶液中去。因此，其传递速率方程为：

$$\frac{\mathrm{d}C}{\mathrm{d}t} = K \frac{A}{V}(C_s - C) \tag{6-10}$$

式中　C——时间 t 时液体中氧的浓度，mg/L；

$\quad C_s$——一定温度下氧的饱和浓度，mg/L；

$\quad A$——界面面积，m^2；

$\quad K$——液膜传递系数，m/h。

人工曝气系统的界面面积很难计算，因此常用总传质系数表示：

$$\frac{\mathrm{d}C}{\mathrm{d}t} = K_L\alpha(C_s - C) \tag{6-11}$$

式中，$K_L\alpha$ 为总传递速率系数，对上式积分，得 $\ln(C_s - C) = -K_L\alpha t +$ 常数。

式中的 C_s 可查表得到，C 是测定值，由此可作出 $\ln(C_s - C)$ 对 t 的直线图，直线斜率为 $-K_L\alpha$。

当水中存在耗氧物质时，还需要考虑这些物质的耗氧速率 R，不稳定状态下的传递速率方程可写成

$$\frac{\mathrm{d}C}{\mathrm{d}t} = K_L\alpha(C_s - C) - R \tag{6-12}$$

或

$$C = C_s - \frac{1}{K_L\alpha}\left(\frac{\mathrm{d}C}{\mathrm{d}t} + R\right) \tag{6-13}$$

因此，以 C 对 $\dfrac{\mathrm{d}C}{\mathrm{d}t} + R$ 作图，所得直线斜率为 $-\dfrac{1}{K_L\alpha}$，截距为 C_s。

耗氧速率 R 是单位时间内耗氧数量，某些场合下也称为呼吸速率，其单位是 $\mathrm{mg/(L \cdot h)}$。耗氧速率的测定方法有多种，其中以溶解氧法较为简便。其过程为向水中充氧到一定的溶解氧水平，然后停止充氧，测定溶解氧的下降值，所得关系曲线的斜率即为耗氧速率 R。

三、仪器与试剂

1. 曝气槽：高 30cm、直径 20cm 塑料槽，底部设有多孔空气扩散管，顶部有开孔盖板。
2. 空气泵：流量 1～2L/min。
3. 溶解氧测定仪：JYD-1 型。
4. 转子流量计：流量 1～3L/min。
5. 测量瓶：500mL。
6. 电磁搅拌器。
7. 秒表。
8. 氮气钢瓶。

四、实验步骤

1. 电极矫正

把电极放入盛有水的样品室的水面空气上（液面离电极约 3cm）。开启电源开关，并把选择开关旋至"温度"挡，读出溶液温度值。查表找出在该温度下的饱和溶液氧值。把选择开关旋至中间"测定"挡，轻轻摇动样品室并调节校正（CAL）电位器，使仪器显示为纯水在该温度下的饱和溶解氧值。取出电极用蒸馏水洗净备用。

2. 自来水曝气实验

（1）曝气池内注入自来水至水面离盖子 3cm 为止，盖好盖子，将氧电极插入盖板的圆孔内。

（2）开启溶解氧测定仪开关，将测量旋钮旋至温度挡，读出水温，然后再旋至"DO"测量挡。

（3）把三通阀旋向"空气"，启动空气泵电源，调节放空阀使流量计处于 2L/min 刻度处，再关闭空气泵电源。

（4）把三通阀再旋向"氮气"，开启氮气钢瓶总阀，调节减压阀控制流量，向水中通氮。当溶解氧（DO）小于 0.5mL/L 时，停止通氮。

（5）将三通阀再旋向"空气"，接通空气泵电源，立即计时，并注意调节放空阀，使流量计处于 2L/min 处。在曝气时间为 1min、3min、5min、7min、10min、15min、20min 时，记录 DO 值。

3. 废水代替自来水

接 2（1）、2（2）、2（5）步骤测定不同曝气时间的溶解氧值。

4. 废水耗氧速率的测定

继上述 3 后继续通气 1h，停止通空气，将曝气槽内的水快速放入测量瓶中直至瓶颈部。把套有胶塞的氧电极插在瓶颈上。多余的水样自胶塞溢流孔向上溢出。调节胶塞的斜度驱出可能存在的气泡，再塞住溢流孔。启动电磁搅拌器，用秒表计时，测定溶解氧。以后每隔 3min 测一次溶解氧值，共测 10 次。测定后，小心取下电极，清洗后放回仪器样品室。

五、数据处理

1. 实验记录见表 6-5。

表 6-5   实验数据记录表

自来水		废水			
		充氧		耗氧	
t/min	C/(mg/L)	t/min	C/(mg/L)	t/min	C/(mg/L)
平均温度/℃		平均温度/℃		平均温度/℃	
$K_L\alpha =$		$K_L\alpha =$		$K_L\alpha =$	

2.结果计算。

(1) 由被测水样的温度查出该温度下饱和溶解氧值 C_s。

(2) 由自来水结果，计算 $C_s - C$，以 $\ln(C_s - C)$ 对时间 t 作图，由直线斜率求 $K_L\alpha$。

(3) 由废水实验结果求出耗氧速率 R_0，作 C-t 图，由图求出一系列 $\dfrac{dC}{dt}$ 值，作 C-$\left(\dfrac{dC}{dt}+R\right)$ 图，由直线斜率求废水的 $K_L\alpha$ 值。

六、问题讨论

1.氧通过曝气法向水中传递的速度大小与哪些因素有关?

2.由废水与自来水的总传质系数计算的修正系数 α 在好氧生物废水处理工程中的应用有何意义?

$$\alpha = \frac{\text{废水中的 } K_L\alpha}{\text{自来水中的 } K_L\alpha}$$

第二节 综合性设计性实验

实验一 活性染料在水溶液中的光化学降解

一、目的要求

在大气和水环境中，光化学降解是污染物迁移、转化的一个重要途径。

本实验通过测定活性艳蓝 X-BR 在 H_2O_2-水溶液中光降解反应的表现速率常数与光降解半衰期，了解、掌握在溶液相中光化学反应动力学测定的一般方法。

二、原理

本实验以阳光为光源经阳光照射，活性艳蓝在 H_2O_2-H_2O 溶液中发生褪色反应，原理可能如下。在太阳光的紫外光作用下，H_2O_2 发生光解，生成·OH 自由基。

$$H_2O_2 + h\nu(\lambda < 360nm) \longrightarrow 2 \cdot OH$$

·OH 自由基具较强的氧化性，可与活性艳蓝反应，破坏了染料中的可见光区生色团，使之褪色。实验表明，活性染料的光褪色反应为假一级反应，在不同时间取光照的活性染料溶液，测定其浓度，用一级反应动力学方法处理则可得活性艳蓝在水溶液中的光褪色反应速率常数和半衰期。

三、仪器与试剂

1. 活性艳蓝 X-BR 配成 1.00mL/mL 储备液备用。
2. H_2O_2（A.R，30%），经测定，其浓度为 9.43mol/L。
3. 分光光度计。
4. 10mL 比色管：15 支。
5. 移液管：5.00mL 与 10.00mL。
6. 比色管架。
7. 辐射计。

四、实验步骤

1. 标准曲线的绘制

用移液管分别取 0.20mL、0.40mL、0.60mL、0.80mL、1.00mL 活性艳蓝 X-BR 的储备液于 10mL 容量瓶内，用水稀释至刻度。用分光光度计，于 596nm 波长下，以水为参比，分别测定上述溶液的吸光度 A，以 A 对浓度 C（mg/L）作图，即得标准曲线。

2. 活性艳蓝 X-BR 在含有 H_2O_2 的水溶液中的光降解

（1）把比色管架在实验楼顶部平台的凳子上放好，调整架子，使阳光与架平面垂直。

（2）用移液管取活性艳蓝 X-BR 储备液 14.50mL 于 250mL 棕色容量瓶内，并移取 6.00mL H_2O_2（30%）于同一瓶内，立即用水稀释至刻度，同时测定溶液的吸光度，让阳光垂直照射。

（3）把 10mL 上述活性艳蓝溶液加入 3 组（每组 5 支）比色管内，其中一组用铝箔包好避光，做暗反应对比，另外两组做光降解平行试验。光降解组的比色管放在比色管架上，让阳光垂直照射。

（4）在不同时间间隔取 3 支比色管（1 支避光、2 支光照），测其吸光度，并由标准曲线求出其浓度。取样时间为 1h、2h、3h、4h、5h，同时记下光强，在光照期间，应不时调整比色管架，以保证阳光垂直照射比色管。

五、数据处理

在此实验条件下，活性艳蓝 X-BR 的光降解反应为一级反应，则有

$$\ln \frac{C_t}{C_0} = -K_P t \tag{6-14}$$

式中　C_0——活性艳蓝 X-BR 的初始浓度，mg/L；

　　　C_t——活性艳蓝 X-BR 光照 t 小时的浓度，mg/L；

　　　t——光照时间，h；

　　　K_P——光褪色反应速率常数，h^{-1}。

因此，以 $\ln \dfrac{C_t}{C_0}$ 对 t 作图应为一直线，用最小二乘法可求出 $\ln \dfrac{C_t}{C_0}$ 与 t 的直线回归方程。

$$y = a + bx$$

a、b 和相关系数 R 可按下式计算

$$b = \frac{\sum(xy) - \dfrac{\sum x \sum y}{n}}{\sum x^2 - \dfrac{(\sum x)^2}{n}} \tag{6-15}$$

$$a = \frac{\sum y - b \sum x}{n} \tag{6-16}$$

$$R = b \sqrt{\frac{\dfrac{\sum x^2 - \dfrac{(\sum x)^2}{n}}{n-1}}{\dfrac{\sum y^2 - \dfrac{(\sum y)^2}{n}}{n-1}}} \tag{6-17}$$

b 为直线斜率，即为反应速率常数 K_P。由此可由下式计算活性艳蓝 X-BR 在水溶液中的光解半衰期 $t_{1/2}$

$$t_{1/2} = \frac{\ln 2}{K_P} \tag{6-18}$$

根据实验结果，作出暗反应与光照的 $\ln \dfrac{C_t}{C_0}$-t 相关图，并计算 a、b、R 和 $t_{1/2}$ 值。

六、思考题

光强是影响光化学反应速率的主要因素。试与其他同学的实验结果 K_P、$t_{1/2}$ 比较，并解释有差别的原因。

实验二　河流污染调查与评价

一、目的要求

1. 从能维持水生生物生存的角度，评价城镇小河流的水质情况。
2. 通过对某河流的实测数据，用水质指数法进行现状评价。

二、概述

多数大城市水系往往有限，像海湾、港口和河流及一些城市小河网等水系并不多。随着城市的不断发展和扩大，许多小河被封闭，有的甚至逐渐变成了排污沟，不仅如此，由于城市废水、工业废水以及其他活动所产生的废水源源不断地流入这些河流，使这些河流的负荷更加沉重。这不仅对人们的健康有威胁，而且降低了人们在这些地方养鱼、游泳和进行其他水上运动的价值。

河流污染的研究应包括调研由测量所得到的河流的各种物理和化学特性。这些测量可以用来评价这些河流的水质是否达到人类可以使用的标准；是否达到能维持水生生物正常生存的标准。同样，这种调研也可以用于寻找随着时间和地点的不同而使这些特性发生变化的规律。从而可能与水的流速、气候、河道周围陆地的利用以及各种废水和废物的排入等因素的影响联系起来。

通过调查和查看原始的监测数据，运用数学方法进行归纳整理。一般采用指数方法表示污染程度。这种方法表示静态水质污染情况，给人以直观简明的数量概念，水质指数的形式多种多样，但它们的主要特点是用各种污染物的相对污染值，进行数学上的归纳与统计，从而得出一个较简单的数值。用它代表水的污染程度，并以此作水污染分级和分类的依据。

三、调查计划

1. 绘图

首先要得到一张河流及流域的区域和地形图，从中能够知道土地的利用情况、工厂的排污点和废水处理厂的位置等信息。据此选择一系列试验项目和采样点，尤其是那些已知的或可疑的排污点处。为了解这些排污点对水质的影响，常常选择其上游和下游的位置。当然，这些位置应是比较合适的，并且容易进出的。

2. 时间的选择

由于水的流速和水的应用随时间而变，要计划一个快速的调查方案，适合于学生能在有限的时间内沿河流进行水质评价。当河流受到潮汐影响时，需要考虑时差的"滞后"因素。这种情况下在河口进行快速调查更为实用。

3. 调查项目

调查项目在水质评价中具有重要意义，并且这些项目的测定比较简单，能够由学生在合适时间内完成。

现场调查中必测项目为：温度、溶解氧、电导率与 pH 值。采样带回实验室的测定项目为：总磷、BOD、叶绿素 a、固体悬浮物、氨态氮、氰、酚及重金属砷、镉、汞、铬等。

四、样品的采集、保存与测定

在河流中心离河面约 15cm 处直接测量或采集水样，水样中不应含有悬浮物质，水样可以装在玻璃瓶和塑料容器中，按表 6-6 保存。

测定方法按《环境监测分析方法》一书中的统一分析方法进行测定。

表 6-6　采样体积和样品保存的建议

测量项目	采样体积[①]/mL	保存方法	最长保存时间
温度	1000	现场测定[②]	0
		冷藏,4℃	24h
盐度	100	现场测定[②]	0
		冷藏,4℃	6h
pH	25	现场测定[②]	0
溶解氧		现场测定[②]	0
BOD	1000	冷藏,4℃	6h
		冷藏,4℃	7h
浊度	100	现场测定[②]	0
残渣	250	冷藏,4℃	7d
磷	50	冷藏,4℃	7d
氨	400	冷藏,4℃,用 H_2SO_4 调节 pH<2	24h
总重金属	500	冷藏,4℃,用 HNO_3 调至 pH<2	6个月
酚类	500	冷藏,4℃,用 H_2SO_4 调至 pH<4,加 1g $CuSO_4$	24h
有效氮	1000	冷藏,4℃	<6h
叶绿素	350	冷藏 4℃	6h
油和脂	1000	冷藏,4℃,用 H_2SO_4 调至 pH<2	24h

① 一次测定最小的推荐体积。
② 样品不能保存,如不能现场测定,则必须在采样点附近立即测定。

五、评价方法

1.选择评价标准：根据评价目的、要求选择合适的评价标准。

2.选择评价参数：根据评价要求与学生时间做出选择。

3.水质指数计算。

（1）计算污染物分指数

$$I_i = \frac{C_i}{C_{0i}} \tag{6-19}$$

式中　I_i——某种污染物分指数；

C_i——第 i 种污染物的实测浓度，mg/L；

C_{0i}——第 i 种污染物的评价标准，mg/L。

（2）求综合污染指数：选择下列计算方法之一进行计算，也可用模糊集理论计算。

a. 叠加法

$$P_i = \sum_{i=1}^{k} \quad I_i = \sum_{i=1}^{k} \frac{C_i}{C_{0i}} \quad (i=1,2,3,4,\cdots,k) \tag{6-20}$$

b. 加权平均法

$$P_i = \frac{1}{k} \sum_{i=1}^{k} (W_i I_i) \quad (i=1,2,3,4,\cdots,k) \tag{6-21}$$

c. 平均法

$$P_i = \frac{1}{k} \sum_{i=1}^{k} I_i = \frac{1}{k} \sum_{i=1}^{k} \frac{C_0}{C_{0i}} \quad (i=1,2,3,4,\cdots,k) \tag{6-22}$$

d. 兼顾极值法

$$P = \sqrt{\frac{(I_{i最大})^2 + (I_{i平均})^2}{2}} \quad （均值方根） \tag{6-23}$$

$$P = \sqrt{\frac{I_{i最大} + I_{i平均}}{2}} \quad （算数平均） \tag{6-24}$$

$$P = \sqrt{I_{i最大} \, I_{i平均}} \quad （几何平均） \tag{6-25}$$

4. 污染程序分级：按水质质量分级标准进行划分。

六、调查报告与评价结果

调查报告应包括下列几项。

1. 概况

（1）以前类似的研究；

（2）所研究地域的实况；

（3）所研究水质参数的性质；

（4）研究目的。

2. 实验部分

（1）采样点、采样时间及采样方法；

（2）分析方法：简要说明方法的名称与参考文献。

3. 结果

这部分应概括数据及观察到的现象，结果以图和表表示。为了检验结果，需做足够多的文字叙述，对结果的精密度以及所用方法的重大偏差应有所说明。

4. 讨论

这部分应叙述所得结果对水质及河流利用的意义。包括：

（1）表示采样点和邻近主要发展状况的粗略地图；

（2）表示整个河流河道水质参数变化的图解；

（3）与水质标准进行比较；

（4）河流污染现状评价；

（5）讨论参数之间的相关性；

（6）影响水质的一些因素的确证；

（7）河流稀释容量的估计。

5. 结 论

这部分包括对水质标准的一般评价与现状评价，为进一步研究和水质管理提出建议。

实验三 河流底泥对重金属吸附

一、目的要求

1. 通过河流底泥对重金属的吸附与脱附，了解重金属在水体中的迁移、转化规律。

2. 通过实验验证弗罗因德利希（Freundlich）经验公式及朗格缪尔（Langmuir）吸附公式，并了解底泥-溶液界面上的吸附作用机理。

二、基本概念

吸附是物质在表面或界面上累积或浓集的过程。吸附通常用表面张力或单位面积的能力来解释。固相内部的分子在各个方向都受到同等的力，而在表面的分子受到不平衡的力，因此，其他的分子就被吸附到表面，这种吸附认为是物理吸附或范德华吸附。吸附也可以是由于固体与被吸附物质之间的化学作用（化学键、氢键与静电力）。底泥的组成极为复杂，因而吸附作用常常是多种作用的综合结果。在不同情况下的各类吸附可能是其中一种作用起主要作用。

有一些影响吸附的因素在研究污染物的迁移、转化时要特别注意。底泥的物理化学性质如组成（黏土、有机质含量）、黏度、阳离子交换容量（CEC）是影响重金属吸附的重要因素。一般，河流中被吸附的重金属浓度越高，其吸附速度和吸附量都会增大。河水中被吸附的重金属的溶解度与 pH 值、氧化还原电位，它们也影响吸附容量。本实验仅讨论在其他条件恒定时，溶液浓度与吸附量的关系。

吸附现象通常以实验数据为依据，用弗罗因德利希（Freundlich）经验公式及朗格缪尔（Langmuir）等温吸附线来表示，Langmuir 等温吸附线是基于被吸附分子（考虑单分子吸附层）的浓集和扩散之间的平衡而得出的，即

$$X/M = \frac{abc}{1+ac} \tag{6-26}$$

它化为一次方程的形式是：

$$\frac{1}{X/M} = \frac{1}{b} + \frac{1}{ab} \times \frac{1}{c} \tag{6-27}$$

式中　X——被吸附物质的质量；

　　　M——吸附剂的质量；

　　　c——被吸附物质的平衡浓度；

　a、b——常数。

Freundlich 等温吸附线的方程常用来描述土壤与底泥中粒子的大范围的吸附，是一种经验方程：

$$X/M = Kc/n \tag{6-28}$$

式中，K 和 n 都是经验常数，它们与温度、吸附剂性质和所要吸附的物质有关。

近年来，人们的研究证明，重金属在黏土矿物上的吸附遵循 Freundlich 等温式，在腐殖酸与水合氧化物上的吸附遵循 Langmuir 等温式。

三、仪器与试剂

1. CHA-S 型气浴恒温振荡器；
2. 原子吸收分光光度计；
3. 锥形瓶、移液管、烧杯、漏斗、容量瓶等；
4. 铜标准储备溶液（10mg/mL）：用 $CuCl_2 \cdot 2H_2O$（A.R）配制；
5. 镉标准储备溶液（10mg/mL）：用 $CdCl_2 \cdot 5H_2O$（A.R）配制；
6. 1mol/L HCl 溶液；
7. 0.1mol/L NaOH 溶液；
8. 标准铜溶液：100mg/L；
9. 标准镉溶液：10mg/L。

四、实验步骤

1. 底泥的收集与预处理：采集的底泥在 80℃ 下干燥至恒重，研磨并筛选 250～400 目（0.063～0.037mm）备用。

2. 将 6 个干燥锥形瓶编号，各加入底泥 1g（称准至 1mg），在烧杯中按表 6-7 配制成一系列重金属浓度不同的模拟河水，调节 pH 值至 3.0～4.0，分别加入上述锥形瓶中，加水至 100mL。

表 6-7　模拟河水配制表

瓶号	1	2	3	4	5	6
Cu/(10mg/mL)	0	0.20	0.50	1.00	1.50	2.00
Cd/(10mg/mL)	0	0.20	0.50	1.00	1.50	2.00

3. 于 25℃ 恒温气浴中振荡 25h，以达到吸附平衡，然后取出过滤，滤液保存在量筒中备用。

4. 用原子吸收分光光度法测定吸附平衡后的浓度 c，测定方法参阅《环境仪器分析》下册实验部分。

五、数据处理

1. 铜与镉的标准工作曲线

（1）原子吸收分光光度法测定条件见表 6-8。

表 6-8　测定条件

元素	波长/nm	狭缝/nm	灯电流/mA	燃烧器高度/mm	火焰条件	
					空气	乙炔
Cu	324.8	0.1	4	5～6	600L/h	1.2L/min
Cd						

（2）根据表 6-9 绘制标准曲线

表 6-9 实验记录表

铜标准溶液/(mg/L)					
铜标准溶液吸光度					
镉标准溶液/(mg/L)					
镉标准溶液吸光度					

原子吸收测定在 0.1mol/L HCl 介质中进行。

2. 模拟河水平衡后重金属浓度（c）的测定

由于平衡后各滤液中重金属的浓度不相同，部分样品的浓度超过原子吸收测定的线性范围，因而需要对样品进行不同程度的稀释，然后进行原子吸收测定，再根据工作曲线算出 c。见表 6-10。

表 6-10 实验采样表

样号	1	2	3	4	5	6
取滤液量/mL						
加 1mol/L HCl/mL						
定容体积/mL						
稀释倍数						
吸光度 A						
平衡浓度 c						

3. 吸附平衡结果与计算（表 6-11）

表 6-11 实验结果处理表

元素	反应瓶	1	2	3	4	5	6	结果
铜	底泥重/g							
	c_0/(mg/L)							
	c/(mg/L)							$n=$
	(X/M)/(mg/L)							$K=$
	$\lg c$							$X/M=$
	$\lg(X/M)$							

续表

元素	反应瓶	1	2	3	4	5	6	结果
	底泥重/g							
镉	c_0/(mg/L)							$n=$
	c/(mg/L)							$K=$
	(X/M)/(mg/L)							$X/M=$
	$\lg c$							
	$\lg(X/M)$							

（1）根据 c 及 c_0 计算各种浓度下的吸附量 X/M。

（2）作吸附量 X/M 对平衡浓度 c 的吸附等温线，由 $\lg(X/M)$-$\lg c$ 图的斜率及截距求常数 n 与 K。

六、讨论

1. 比较底泥对 Cu 与 Cd 的吸附，并讨论影响吸附的主要因素。

2. 总结本实验中产生误差的原因。

实验四　沉积物与悬浮物中痕量金属形态的逐级提取方法

一、目的要求

1. 通过沉积物中铬的形态分析，掌握颗粒物中微量重金属形态逐级提取方法。

2. 加深对颗粒态重金属的形态分析与水体中重金属的迁移转化、归宿相关性的识，以及了解它在环境容量研究与污水处理中的应用意义。

二、基本概念

在天然水中，重金属污染物大多以沉积物为其最终归宿。相对水而言，底质沉积物固相浓缩重金属的倍数可高达数千至数万倍。有毒金属的生物有效性及金属在溶液和沉积物中的循环均依赖于它们在沉积物中的存在形式。

水环境中颗粒态金属，是指与悬浮物和沉积物结合的金属。这些颗粒态金属，除一部分来自岩石及矿物风化的碎屑产物外（未受污染的水体中这往往是主要的），相当一部分是在水体中（特别是在污染严重的水体中）由溶解态金属通过吸附、沉淀、共沉淀及生物作用转变而来的。这些是目前对水环境中颗粒态金属形态划分的主要依据。

水体悬浮物与沉积物中金属的存在形态可区分为：①因沉积物或其主要成分（如黏土矿物、铁锰水合氧化物、腐殖酸及二氧化硅胶体等）对微量金属的吸附作用而形成的"可交换态"（或称"吸附态"）；②与沉积物中的碳酸盐联系在一起的部分微量金属称为"与碳酸盐结合态"；③与铁锰水合氧化物共沉淀，或被铁锰水合氧化物吸附，或其本身即为氢氧化物沉淀的这部分微量金属称为"与铁锰氧化物结合态"；④与硫化物及有机质结合的金属称为"与有机质结合态"；⑤包含于矿物晶格中而不可能释放到溶液中去的那部分金属称为"残渣态"。

至今，对于颗粒态金属形态的分析，化学提取法是主要和最基本的，其次是使用某些结构分析仪器。化学提取法有两种类型：一种是只利用一种选择性试剂的一步提取法；另一种是用几种不同作用的提取剂连续对样品进行提取的逐步提取法。在众多的逐步提取法中，1979 年 Tessler 提出的分析程序受到重视和广泛应用。他对所提出的方法进行过论证，在测定各级提取液中痕量金属的含量时，也同时测定其中的硅、铝、钙、硫、有机碳及无机碳含量，并对提取后的残渣进行 X 射线衍射分析，证明每一步浸取都有较好的选择性。

三、仪器与试剂

1. 分光光度计。
2. 电动离心机。
3. 离心管：50mL。
4. 水浴锅。
5. 控温电炉。
6. 锥形瓶：100mL。
7. 容量瓶：50mL、100mL。
8. 烧杯：50mL。
9. 移液管：1mL、2mL、5mL、10mL。
10. 1mol/L $MgCl_2$ 溶液：pH＝7。
11. 1mol/L NaAc 溶液：用 HAc 调节至 pH＝5。
12. 0.04mol/L $NH_2OH-HCl$ 溶液：称取 27.8g $NH_2OH-HCl$ 溶解于 100mL 25％的 HAc 水溶液中。
13. 30％H_2O_2：分析纯。
14. 3.2mol/L NH_4Ac：称取 20.16g NH_4Ac 溶解于 100mL 的 20％（体积分数）HNO_3 中。
15. 浓硝酸、浓硫酸、浓磷酸：优级纯。
16. (1＋1) 磷酸溶液：加热至沸腾，并滴加高锰酸钾至微红。
17. 5％$H_2SO_4-H_3PO_4$ 混合液：取硫酸、磷酸各 5mL，慢慢倒入水中，稀释至 100L，加热至沸腾，并加高锰酸钾溶液至微红色。
18. 0.1％甲基橙指示剂。
19. 0.1mol/L NaOH 及 0.1mol/L HNO_3 溶液。
20. 0.5％（质量密度）$KMnO_4$ 溶液。
21. 20％（质量密度）尿素溶液。
22. 2％（质量密度）亚硝酸钠溶液。
23. 1mg/L Cr^{6+} 标准溶液：用 50mL Cr^{6+} 储备液稀释。
24. 0.5％二苯碳酸二肼丙酮显色剂：称取 0.5g 二苯碳酰二肼，溶于丙酮中，并稀释至 100mL，临时配制。
25. 底泥：风干后过 100 目筛。

四、实验步骤

1. 可交换态铬

称 1.00g 左右底泥（标准至 0.001g）两份，分别放入两个质量接近的离心管中。往管内各加入 8mL 1mol/L $MgCl_2$ 溶液，在室温下振摇 1h。把离心管置于离心机对称位置上离心 10min，上清液合并入 100mL 锥形瓶中。离心管内残留物供下述实验用。

2. 碳酸盐结合态铬

往离心管中加入 8mL 1mol/L NaAc（pH＝5），在室温下连续振摇 1h，离心 10min。上清液移入 100mL 锥形瓶中，再用 10mL 蒸馏水洗残留物一次，离心分离出的上清液合并到提取液中，离心管内残留物供下述实验用。

3. 铁锰氧化物结合态铬

往离心管中加入 20mL 0.04mol/L NH_2OH-HCl 溶液，在 (96 ± 3)℃下间歇振摇 6h，离心 10min，上清液移入 100mL 锥形瓶中，再用 20mL 蒸馏水洗一次，离心分离出的上清液合并到提取液中，残留物供下述实验用。

4. 硫化物与有机质结合态铬

往离心管中加入 3mL 0.02mol/L HNO_3 与 5mL 30％的 H_2O_2，并用 HNO_3 调节 pH＝2，在 (85 ± 2)℃下加热 2h 并间歇摇动；继之再加 3mL 30％的 H_2O_2（用 HNO_3 调节至 pH＝2），同上于 (85 ± 2)℃下处理 3h；冷却后，加入 5mL 3.2mol/L NH_4Ac，稀释至 20mL，并连续振摇 30min，离心 10min，上清液移入 100mL 锥形瓶中，用 20mL 蒸馏水洗一次，离心分离出的上清液并到提取液中，残留物供下述实验使用。

5. 残渣态铬

（1）用 10mL 水把离心管内残留物定量地洗入 100mL 锥形瓶中，加浓磷酸与浓硫酸各 1.52mL，盖上表面皿或小漏斗，置于电炉上加热至冒白烟，取下稍冷却。重复滴加 2～3 滴浓硫酸，再置于电炉上加热至冒大量白烟，至试样变白、消解液呈黄绿色为止。

（2）取下锥形瓶，用水冲洗表面皿或漏斗和瓶壁，将消解液连同残渣移入 50mL 离心管内，离心分离。上清液移入 100mL 容量瓶中，用水冲洗离心管，并用玻璃棒搅动残渣，再离心分离，上清液合并入 100mL 容量瓶中，稀释至刻度。

6. 标准曲线的绘制

分别吸取 0.00mL、2.00mL、4.00mL、6.00mL、8.00mL、10.00mL 1mg/L 标准铬溶液于 50mL 容量瓶中，各加入 5.0mL 5％ H_2SO_4-H_3PO_4 混合液，用水稀释至刻度。加 1mL（1＋1）磷酸，摇匀；加 1mL 二苯碳酸二肼丙酮显色剂，迅速摇匀，10min 后用 3cm 比色皿于波长 540nm 处，以试剂空白为参比测定吸光度。以吸光度为纵坐标、铬含量为横坐标绘制标准曲线。

7. 测定

（1）消化处理：向上述 1～4 步操作的提取液中，分别加入浓磷酸、浓硫酸各 1.5mL，盖上表面皿或小漏斗，置于电炉上加热至冒白烟、溶液清亮。移入 100mL 容量瓶中，加水到刻度线处。

（2）氧化处理：从上述各消化处理后的提取液中吸取适量试样（含铬应落在标准曲线范围内）于 50mL 烧杯内，加 20mL 蒸馏水，以甲基橙为指示剂，用氢氧化钠和硫酸调节至刚呈红色，再多加一滴（1＋1）硫酸，并用水调整至 30mL 左右，滴加 1～2 滴 0.5％的高锰酸钾至溶液呈紫红色，置于水浴上加热 15min 左右，若紫红色褪去可再加 1 滴。冷却后，加 20％尿素 10mL，边摇动边逐滴加入 2％$NaNO_2$ 以分解过量的高锰酸钾与氧化过程中可能产生的二氧化锰。

（3）显色：把上述氧化处理后的试液移入 50mL 容量瓶中，加入 5mL 5％ H_2SO_4-H_3PO_4 混合液并用水稀释至刻度线处。继之加入 1mL（1＋1）磷酸，摇匀，再加 1mL 显色剂，迅速摇匀。以下按标准曲线相同的条件测定吸光度并同时进行空白试验。

五、数据处理

1. 绘制标准曲线（表 6-12）

表 6-12　实验结果记录表（a）

Cr^{6+} 加入量/μg						
吸光度						

2. 计算

根据各形态的吸光度由标准曲线查出铬含量，并计算出每千克底泥含铬的毫克数（mg/kg）。见表 6-13。

表 6-13　实验结果记录表（b）

形态	可交换态		碳酸盐态		铁锰氧化物态		硫化物有机质态		残渣态	
	1	2	1	2	1	2	1	2	1	2
吸光度										
Cr^{6+}/μg										
含铬量/（mg/kg）										
平均含铬量/（mg/kg）										

六、问题讨论

1. 由试验结果说明该试验底泥中铬的主要存在形态。

2. 结合本实验底泥中铬的形态分析，讨论铬的吸附释放行为与影响因素。

实验五　实验数据的微计算机处理（A）

一、目的要求

1. 通过对本节实验三的数据进行微计算机处理，加深对底泥的吸附作用及机理的理解。

2. 进一步熟悉和掌握个人计算机的使用。

3. 掌握 Freundlich 等温式的计算。

二、实验

1. 打开计算机电源后进入 DOS 系统。

2. 根据所用的编辑语言进入相应的编程环境，编程。

根据 Freundlich 等温式 $X/M = Kc^{\frac{1}{n}}$ 进行编程。通常把此方程转化为常用对数形式

$$\lg(X/M) = \lg K + \frac{1}{n}\lg c \tag{6-29}$$

上述方程为一元线性方程，如果令 $y = \lg(X/M)$，$a = \lg K$，$b = \frac{1}{n}$，$x = \lg c$ 可表示为

$$y = a + bx$$

用最小二乘法求出上述线性回归方程的 a 与 b，即可求出 K、n，实验的好与坏可用相关系数 R 是否接近 1 来判断，a、b、R 的计算式参看本节实验一。

3. 要求

输出的结果应含本节实验三的表格。

给出 Freundlich 吸附等温式，完成本节实验三的实验报告。

实验六　实验数据的微计算机处理（B）

一、目的要求

1. 通过对本节实验一的数据进行微计算机处理，进一步熟悉和掌握个人计算机的使用。
2. 掌握光降解一级动力学的计算。

二、实验

1. 打开计算机电源后进入 DOS 系统。
2. 根据所用的编程语言进入相应的编程环境，编程。

在此实验条件下，活性艳蓝的光降解反应为假一级反应，动力学方程可表示为

$$\ln\frac{C_t}{C_0} = -K_P t \tag{6-30}$$

可表示为

$$y = a + bx$$

用最小二乘法求出上述线性回归方程的 a 与 b，即可求出 K_P（计算式参看本节实验一），实验的好与坏可用相关系数 R 是否接近 1 来判断。

3. 要求如下：

（1）用最小二乘法求出工作曲线的线性回归方程。

（2）用最小二乘法求出光降解一级动力学方程的线性回归方程。

（3）输出的结果应含有 C_0、t、C_t 和 K_P、R。

（4）完成本节实验一的实验报告。

第七章 环境工程微生物

第一节 基础实验

实验一 消毒与灭菌

一、实验目的

1. 了解高压蒸汽灭菌的基本原理及应用范围。
2. 学习高压蒸汽灭菌的操作方法。

二、实验原理

高压蒸汽灭菌是将待灭菌的物品放在一个密闭的加压灭菌锅内，通过加热，使灭菌锅套间的水沸腾而产生蒸汽。待水蒸气急剧地将锅内的冷空气从排气阀中驱尽，然后关闭排气阀，继续加热，此时由于蒸汽不能溢出，而增加了灭菌器内的压力，从而使沸点增高，达到高于100℃的温度，导致菌体蛋白质凝固变性而达到灭菌的目的。

在同一温度下，湿热的杀菌效力比干热大。其原因有三：一是湿热中细菌菌体吸收水分，蛋白质较易凝固，因蛋白质含水量增加，所需凝固的温度降低；二是湿热的穿透力比干热大；三是湿热的蒸汽有潜热存在。1g 水在 100℃时，由气态变为液态时可放出 2.26kJ 的热量。这种潜能，能迅速提高被灭菌物体的温度，从而增加灭菌效力。

在使用高压蒸汽灭菌锅灭菌时，灭菌锅内冷空气的排除是否完全极为重要，因为空气的膨胀压大于水蒸气的膨胀压，所以，当水蒸气中含有空气时，在同一压力下，含空气蒸汽的温度低于饱和蒸汽的温度。

一般培养基用 0.1MPa（0.59kg/cm²）112.6℃灭菌 15min，但为了保证效果，可将其他成分先进行 121.3℃ 20min 灭菌，然后以无菌操作手续加入灭菌的糖溶液。又如盛于试管内的培养基以 0.1MPa 121.5℃灭菌 20min 即可，而盛于大瓶内的培养基最好以 0.1MPa 122℃灭菌 30min。

实验中常用的非自控高压蒸汽灭菌锅有卧式和手提式两种，其结构和工作原理相同。本实验以手提式高压蒸汽灭菌锅为例，介绍其使用方法。有关自控高压蒸汽灭菌锅的使用可参照厂家说明书。

三、仪器与试剂

1. 牛肉膏蛋白胨培养基。
2. 培养皿（6套一包）。
3. 手提式高压蒸汽灭菌锅。

四、实验步骤

1.首先将高压蒸汽灭菌锅内层锅取出，再向外层锅内加入适量的水，使水面与三脚架相平为宜。

切勿忘记加水，同时加水量不可过少，以防灭菌锅烧干而引起炸裂事故。

2.放回内层锅，并装入待灭菌物品。注意不要装得太挤，以免妨碍蒸汽流通而影响灭菌效果。锥形瓶与试管口端均不要与桶壁接触，以免冷凝水淋湿包口的纸而透入棉塞。

3.加盖，并将盖上的排气软管插入内层锅的排气槽内，再以两两相对称的方式同时旋紧相对的两个螺栓，使螺栓松紧一致，勿使漏气。

4.用电炉或煤气加热，并同时打开排气阀，使水沸腾以排除锅内的冷空气。待冷空气完全排尽后，关上排气阀，让锅内的温度随蒸汽压力增加而逐渐上升。当锅内压力升到所需压力时，控制热源，维持压力至所需时间。本实验用 0.1MPa 121.5℃灭菌 20min。

灭菌的主要因素是温度而不是压力，因此锅内冷空气必须完全排尽后，才能关上排气阀，维持所需压力。

5.灭菌所需时间到后，切断电源或关闭煤气，让灭菌锅内温度自然下降，当压力表的压力降至"0"时，打开排气阀，旋松螺栓，打开盖子，取出灭菌物品。

压力一定要降到"0"时，才能打开排气阀，开盖取物。否则就会因锅内压力突然下降，使容器内的培养基由于内外压力不平衡而冲出锥形瓶口或试管口，造成棉塞沾染培养基而发生污染，甚至灼伤操作者。

6.将取出的灭菌培养基放入 37℃恒温箱培养 24h，经检查若无杂菌生长，即可使用。

五、结果表示

检查培养基灭菌是否彻底。

六、思考题

高压蒸汽灭菌开始之前，为什么要将锅内冷空气排尽？灭菌完毕后，为什么待压力降低"0"时才能打开排气阀，开盖取物？

实验二　培养基的配制

一、实验目的

1.明确培养基的配制原理。
2.掌握配制培养基的一般方法和步骤。
3.掌握细菌、放线菌、酵母菌及霉菌四大类微生物培养基的配制。

二、实验原理

培养基是人工配制的适合微生物生长繁殖或积累代谢产物的营养基质，用以培养、分离、鉴定、保存各种微生物或积累代谢产物。

各类微生物对营养的要求不尽相同，因而培养基的种类繁多。培养细菌常用牛肉膏蛋白胨培养基（表 7-1），培养放线菌常用高氏 I 号培养基（表 7-2），培养霉菌常用马铃薯培养基（表 7-3）或察氏培养基（表 7-4），培养酵母菌常用麦芽汁培养基或马铃薯葡萄糖培养基。另外还有固体、液体、加富、选择、鉴别等培养基之分。在这些培养基中，就营养物质而言，一般不外乎碳源、氮源、无机盐、生长因子及水等几大类。琼脂只是固体培养基的支持物，一般不为微生物所利用。它在 96℃ 以上熔化成液体，而在 45℃ 左右开始凝固成固体。在配制培养基时，根据各类微生物的特点，就可以配制出适合不同种类微生物生长发育所需要的培养基。

培养基除了满足微生物所必需营养物质外，还要求有一定的酸碱度和渗透压。霉菌和酵母菌的 pH 偏酸；细菌、放线菌的 pH 为微碱性。所以每次配制培养基时，都要将培养基的 pH 值调到一定的范围。

表 7-1　牛肉膏蛋白胨培养基配方

名称	牛肉膏	蛋白胨	NaCl	水	pH 值
量	3.0g	10.0g	5.0g	1000mL	7.4～7.6

表 7-2　高氏 I 号培养基配方

名称	可溶性淀粉	NaCl	KNO_3	$K_2HPO_4 \cdot 3H_2O$	$MgSO_4 \cdot 7H_2O$	$FeSO_4 \cdot 7H_2O$	琼脂	水	pH 值
量	20g	0.5g	1g	0.5g	0.5g	0.01g	15～25g	1000mL	7.4～7.6

表 7-3　马铃薯培养基配方

名称	马铃薯（去皮）	葡萄糖（或蔗糖）	琼脂	水	pH 值
量	200g	20g	15～25g	1000mL	自然

表 7-4　察氏培养基配方

名称	蔗糖	$NaNO_3$	K_2HPO_4	KCl	$MgSO_4 \cdot 7H_2O$	$FeSO_4 \cdot 7H_2O$	琼脂	水	pH 值
量	30g	2g	1g	0.5g	0.5g	0.01g	15～25g	1000mL	自然

三、试剂与仪器

1. 试剂

牛肉膏、蛋白胨、NaCl、琼脂、1mol/L NaOH、1mol/L HCl、KNO_3、$K_2HPO_4 \cdot 3H_2O$、$MgSO_4 \cdot 7H_2O$、$FeSO_4 \cdot 7H_2O$、马铃薯、蔗糖等。

2. 仪器

试管、锥形瓶、烧杯、量筒、玻璃棒、培养基分装器、天平、牛角匙、pH 试纸（pH 值 5.5～9.0）、棉花、牛皮纸、记号笔、麻绳、纱布等。

四、实验步骤

1. 牛肉膏蛋白胨培养基配制方法

（1）称量

按培养基配方比例依次准确地称取牛肉膏、蛋白胨、NaCl 放入烧杯中。牛肉膏常用玻璃棒挑取，放在小烧杯或表面皿中称量，用热水溶化后倒入烧杯；也可按在称量纸上，称量后直接放入水中，这时如稍微加热，牛肉膏便会与称量纸分离，然后立即取出纸片。

蛋白胨很易吸湿，在称取时动作要迅速。另外，称药品时严防药品混杂，一把牛角匙用于一种药品，或称取一种药品后，洗净，擦干，再称取另一药品。瓶盖也不要盖错。

（2）溶化

在上述烧杯中先加入少于所需要的水量，用玻璃棒搅匀，然后，在石棉网上加热使其溶解，将药品完全溶解后，补充水到所需的总体积。如果配制固体培养基，将称好的琼脂放入已溶的药品中，再加热溶化，最后补足所损失的水分。

在琼脂溶化过程中，应控制火力，以免培养基因沸腾而溢出容器。同时，需不断搅拌，以防琼脂糊底烧焦。配制培养基时，不可用铜或铁锅加热溶化，以免离子进入培养基中，影响细菌生长。

（3）调 pH

在未调 pH 前，先用精密 pH 试纸测量培养基的原始 pH，如果偏酸，用滴管向培养基中逐滴加入 1mol/L NaOH，边加边搅拌，并随时用 pH 试纸测其 pH，直至 pH 值达 7.6。反之，用 1mol/L HCl 进行调节。

对于有些要求 pH 较精确的微生物，其 pH 的调节可用酸度计进行。

pH 不要调过头，以避免回调而影响培养基内各离子的浓度。配制 pH 低的琼脂培养基时，若预先调好 pH 并在高压蒸汽下灭菌，则琼脂因水解不能凝固。因此，应将培养基的成分和琼脂分开灭菌后再混合，或在中性 pH 条件下灭菌，再调整 pH。

（4）过滤

趁热用滤纸或多层纱布过滤，以利某些实验结果的观察。一般在无特殊要求的情况下可以省去（本实验无须过滤）。

（5）分装（图 7-1）

按实验要求，可将配制的培养基分装入试管内或锥形瓶内。

① 液体分装。分装高度以试管高度的 1/4 左右为宜。分装锥形瓶的量则根据需要而定，

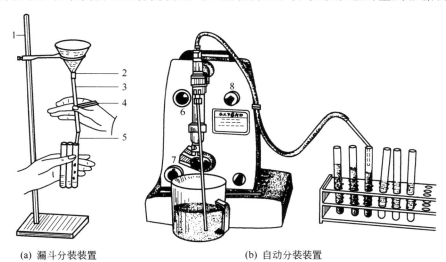

(a) 漏斗分装装置　　　　　　(b) 自动分装装置

图 7-1　培养基的分装

1—铁架台；2—漏斗；3—乳胶管；4—弹簧夹；5—玻璃管；6—流速调节；7—装量调节；8—开关

一般以不超过锥形瓶容积的一半为宜，如果是用于振荡培养，则根据通气量的要求酌情减少；有的液体培养基在灭菌后，需要补加一定量的其他无菌成分，如抗生素等，则装量一定要准确。

② 固体分装。分装试管，其装量不超过管高的1/5，灭菌后制成斜面。分装锥形瓶的量以不超过锥形瓶容积的一半为宜。

③ 半固体分装。试管一般以试管高度的1/3为宜，灭菌后垂直待凝。

分装过程中，注意不要使培养基沾在管（瓶）口上，以免沾污棉塞而引起污染。

（6）加塞

培养基分装完毕后，在试管口或锥形瓶口上塞上棉塞（或泡沫塑料塞及试管帽等），棉塞的作用有两方面：一方面阻止外界微生物进入培养基，防止由此而引起的污染；另一方面保证有良好的通气性能，使培养在里面的微生物能够从外界源源不断地获得新鲜无菌空气。因此棉塞质量的好坏对实验的结果有着很大的影响。一只好的棉塞，外形应像一只蘑菇，大小、松紧都应适当。加塞时棉塞总长度的3/5应在口内，2/5在口外。棉塞的制作见图7-2。

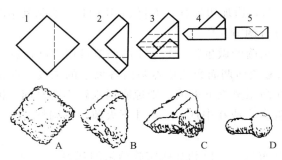

图 7-2　棉塞的制作

（7）包扎

加塞后，将全部试管用麻绳捆好，再在棉塞外包一层牛皮纸，以防止灭菌时冷凝水润湿棉塞，其外再用一道麻绳扎好。用记号笔注明培养基名称、组别、配制日期。锥形瓶加塞后，外包牛皮纸，用麻绳以活结形式扎好，使用时容易解开，同样用记号笔注明培养基名称、组别、配制日期。

（8）灭菌

将上述培养基以 0.103MPa、121℃、20min 高压蒸汽灭菌。

（9）搁置斜面

将灭菌的试管培养基冷至50℃左右（以防斜面上冷凝水太多），将试管口端搁在玻璃棒或其他合适高度的器具上，搁的斜面长度以不超过试管总长的一半为宜。

（10）无菌检查

将灭菌培养基放入37℃的温室中培养24～48h，以检查灭菌是否彻底。

2.高氏Ⅰ号培养基配制方法

（1）称量和溶化

按配方先称取可溶性淀粉放入小烧杯中，并用少量冷水将淀粉调成糊状，再加入少于所需水量的沸水中，继续加热，使可溶性淀粉完全溶化。然后再称取其他各成分依次逐一溶化。对微量成分 $FeSO_4 \cdot 7H_2O$ 可先配成高浓度的储备液，按比例换算后再加入，方法是先在 100mL 水中加入 1g 的 $FeSO_4 \cdot 7H_2O$ 配成 0.01g/mL 的溶液，再在 1000mL 培养基中加

1mL 的 0.01g/mL 的储备液即可。待所有药品完全溶解后，补充水分到所需的总体积。如要配制固体培养基，其溶化过程同牛肉膏蛋白胨培养基配制方法。

（2）pH 调节、分装、包扎、灭菌及无菌检查

同牛肉膏蛋白胨培养基配制方法。

3.马铃薯培养基配制方法

取去皮马铃薯 200g，切成小块，放入 1500mL 的烧杯中煮沸 30min，注意用玻璃棒搅拌以防糊底。然后用双层纱布过滤，取滤液加糖（酵母菌用葡萄糖，霉菌用蔗糖），加热煮沸后加入琼脂，继续加热溶化并补足失水。再按前所述，进行分装、加塞、包扎、0.1MPa 灭菌 20min。

4.察氏培养基配制方法

方法同牛肉膏蛋白胨培养基配制。

五、思考题

培养基配好后，为什么必须立即灭菌？如何检查灭菌后的培养基是无菌的？

实验三　光学显微镜的操作及微生物个体形态的观察

一、实验目的

1.了解普通光学显微镜的构造和原理，掌握显微镜的操作和保养方法。
2.观察、识别几种细菌、放线菌和蓝细菌的个体形态，学会生物图的绘制。

二、显微镜的结构、光学原理及其操作方法

1.显微镜的结构和光学原理

显微镜是观察微观世界的重要工具。随着现代科学技术的发展，显微镜的种类越来越多，用途也越来越广泛。微生物学实验中最常用的是普通光学显微镜，其结构分为机械装置和光学系统两部分。显微镜的结构如图 7-3 所示。

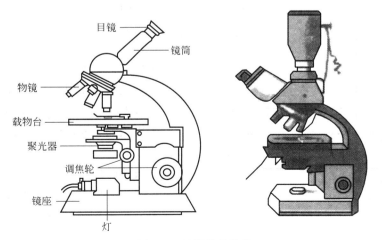

目镜
镜筒
物镜
载物台
聚光器
调焦轮
镜座
灯

图 7-3　显微镜的结构

（1）机械装置

① 镜筒　镜筒上端装目镜，下端接转换器。镜筒分单筒和双筒两种。单筒有直立式（长度为160mm）和后倾斜式（倾斜45°）两种。双筒全是倾斜式的，其中一个筒有屈光度调节装置，以备两眼视力不同者调节使用；两筒之间可调距离，以适应两眼宽度不同者调节使用。

② 转换器　转换器装在镜筒的下方，其上有3～5个孔，不同规格的物镜分别安装在各孔下方，螺旋拧紧。

③ 载物台　载物台为方形（多数）和圆形的平台，中央有一通光孔，孔的两侧装有标本夹。载物台上还有移动器（其上有刻度标尺），标本可纵向（y轴）和横向（x轴）移动，可分别用移动手轮调节，使观察者能观察到标本片不同位置的目的物。

④ 镜臂（主体）　镜臂支撑镜筒、载物台、聚光器和调节器。镜臂有固定式和活动式（可改变倾斜度）两种。

⑤ 镜座　镜座为马蹄形，支撑整台显微镜，其上装有灯源（有的用反光镜，也在此处）。

⑥ 调节器　为焦距的调节器（手轮），有粗调节器和微调节器各一个（组合安装）。可调节物镜和所需观察的标本片之间的距离。调节器有装在镜臂上方或下方两种，装在镜臂上方的是通过升降镜臂来调焦距，装在镜臂下方的是通过升降载物台来调焦距，新型的显微镜多半装在镜臂下方。

（2）光学系统及其光学原理

① 目镜　一般的光学显微镜均备有2～3个（对）不同规格的目镜，例如5倍（5×）、10倍（10×）和15倍（15×）。高级显微镜除了上述3种外，还有20倍（20×）的。

② 物镜　物镜装在转换器的孔上，物镜一般包括低倍镜（4×、10×、20×）、高倍镜（40×）和油镜（100×）。物镜的性能由数值孔径（numberical aperture，NA）决定，数值孔径（NA）$= n\sin(\frac{\alpha}{2})$，其意为玻片和物镜之间的折射率（$n$）乘以光线投射到物镜上的最大夹角（$\alpha$）的一半的正弦。光线投射到物镜的角度越大，显微镜的效能越大，该角度的大小决定于物镜的直径和焦距。n为物镜与标本间的折射率，是影响数值孔径的因素之一，空气的折射率（n）$=1$，水的折射率（n）$=1.33$，香柏油的折射率（n）$=1.52$，用油镜时光线入射角（$\frac{\alpha}{2}$）为60°，则 $\sin60°=0.87$。油镜的作用如图7-4所示。

以空气为介质时：NA$=1×0.87=0.87$；

以水为介质时：NA$=1.33×0.87=1.16$；

以香柏油为介质时：NA$=1.52×0.87=1.32$。

显微镜的性能主要取决于分辨力（resolving power）的大小，也叫分辨率，是指显微镜能分辨出物体两点间的最小距离，可用下式表示：

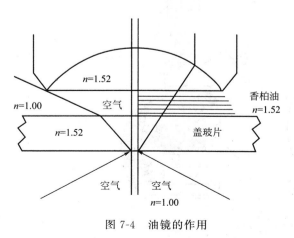

图 7-4　油镜的作用

$$\delta = 0.61 \frac{\lambda}{NA} \tag{7-1}$$

分辨力的大小与光的波长、数值孔径等有关。因为普通光学显微镜所用的照明光源不可能超过可见光的波长范围（约 $400\sim770$nm），所以试图通过缩短光的波长去提高物镜的分辨力是不可能的。影响分辨力的另一因素是数值孔径，数值孔径又与镜口角（α）和折射率有关，当 $\sin\left(\frac{\alpha}{2}\right)$ 最大时，$\left(\frac{\alpha}{2}\right)=90°$，就是说进入透镜的光线与光轴成 $90°$ 角，这显然是不可能的，所以 $\sin\left(\frac{\alpha}{2}\right)$ 的最大值总是小于 1。而各种介质的折射率是不同的，所以可利用不同介质的折射率去相应地提高显微镜的分辨力。

物镜上标有各种字样，如："1.25""100×""160/0.17""oil""0.16"等，其中"1.25"为数值孔径；"100×"为放大倍数；"160/0.17"中 160 表示镜筒长，0.17 表示要求盖玻片的厚度；"oil"表示油镜（即 oil immersion）；"0.16"为工作距离。

显微镜的总放大倍数为物镜放大倍数和目镜放大倍数的乘积。

③ 聚光器　聚光器安装在载物台的下面，反光镜反射来的光线通过聚光器被聚集成光锥照射到标本上，可增强照明度，提高物镜的分辨率。聚光器可上、下调节，它中间装有光圈可调节光亮度，当转换物镜时需调节聚光器，合理调节聚光器的高度和光圈的大小，可得到适当的光照和清晰的图像。

④ 滤光片　自然光由各种颜色的光组成，例如只需某一波长的光线，可选用合适的滤光片，以提高分辨率，增加反差和清晰度。滤光片有紫、青、蓝、绿、黄、橙、红等颜色。根据标本颜色，在聚光器下加相应的滤光片。

2. 显微镜的操作方法

（1）低倍镜的操作

① 置显微镜于固定的桌上。窗外不宜有障碍视线之物。

② 旋动转换器，将低倍镜移到镜筒正下方的工作位置。

③ 转动反光镜（有内源灯的可直接使用）向着光源处采集光源，同时用眼对准目镜（选用适当放大倍数的目镜）仔细观察，使视野亮度均匀。

④ 将标本片放在载物台上，使观察的目的物置于圆孔的正中央。

⑤ 将粗调节器向下旋转（或载物台向上旋转），眼睛注视物镜，以防物镜和载玻片相碰。当物镜的尖端距载玻片约 0.5cm 处时停止旋转。

⑥ 左眼对着目镜观察，将粗调节器向上旋转，如果见到目的物，但不十分清楚，可用细调节器调节，至目的物清晰为止。

⑦ 如果粗调节器旋得太快，使超过焦点，必须从第⑤步重调，不应在正视目镜情况下调粗调节器，以防没把握的旋转使物镜与载玻片相碰，易损坏镜头。在此过程中，必须同时利用载物台上的移片器，可使观察范围更广。

⑧ 观察时两眼同时睁开（双眼不感疲劳）。使用单筒显微镜时应习惯用左眼观察，以便于绘图。

（2）高倍镜的操作

① 先用低倍镜找到目的物并移至中央。

② 旋动转换器，换至高倍镜。

③ 观察目的物，同时微微上下转动细调节器，直至视野内见到清晰的目的物为止。显微镜在设计过程中都是共焦点的，即低倍镜对焦后，换至高倍镜时，一般都能对准焦点，能看到物像。若有点模糊，用细调节器调节就清晰可见。

（3）油镜的操作

① 先按低倍镜到高倍镜的操作步骤找到目的物，并将目的物移至视野正中央。

② 在载玻片上滴一滴香柏油（或液体石蜡），将油镜移至正中使镜面浸没在油中，刚好贴近载玻片。在一般情况下，转过油镜即可看到目的物，如不够清晰，可来回调节细调节器，就可看清目的物。

③ 油镜观察完毕，用擦镜纸将镜头上的油揩净，另用擦镜纸蘸少许二甲苯揩拭镜头，再用擦镜纸揩干。

三、显微镜的保养

1. 镜头的清洁

用吹风机吹去或用软刷拭去镜头上的灰尘、指印、污垢等，用镜头纸或者软布蘸取少量酒精和乙醚的混合液轻轻擦拭。

2. 塑料表面的清洁

使用软布蘸取清水清洗即可，油漆表面使用硅布蘸取乙醚清洗。

3. 存放

长时间不用时，要用塑料罩盖好，储存在干燥的地方，物镜和目镜要单独存放于干燥的器皿中。

4. 定期检查

定期检查保养，保持显微镜性能稳定。

四、细菌、放线菌及蓝细菌的个体形态观察

1. 仪器和材料

（1）显微镜、擦镜纸、香柏油或液体石蜡、二甲苯。

（2）示范片：细菌三形（球状、杆状、螺旋状）、弧状（硫酸盐还原菌）、丝状（浮游球衣菌等）、细菌鞭毛及细菌荚膜、放线菌、颤蓝细菌、微囊蓝细菌或念珠蓝细菌等。

2. 实验内容和操作方法

（1）严格按光学显微镜的操作方法，依低倍、高倍及油镜的次序逐个观察杆状、球状、弧状及丝状的细菌示范片，用铅笔分别绘出各种细菌的形态图。

（2）同法逐个观察放线菌的示范片，绘出其形态图。

（3）同法逐个观察颤蓝细菌、微囊蓝细菌或念珠蓝细菌等，绘出其形态图。

五、思考题

1. 使用油镜时，为什么要先用低倍镜观察？

2. 要使视野明亮，除采用光源外，还可采取哪些措施？

实验四　细菌的简单染色和革兰氏染色

微生物（尤其是细菌）细胞小而透明，在普通光学显微镜下与背景的反差小而不易识别，为了增加色差，必须进行染色，以便对各种形态及细胞结构进行识别。细菌的染色方法很多，按其功能差异可分为简单染色法和鉴别染色法。前者仅用一种染料染色，此法比较简便，但一般只能显示其形态，不能辨别构造。后者常需要两种以上的染料或试剂进行多次染色处理，以使不同菌体和构造显示不同颜色而达到鉴别的目的。鉴别染色法包括革兰氏染色法、抗酸性染色法和芽孢染色法，以革兰氏染色法最为重要。有关革兰氏染色法的机制和此法的重要意义在细菌的理化性质章节已进行了阐明。

在显微镜下观察微生物样品时，必须将其制成片，这是显微技术中一个重要的环节。常用的方法有压滴法、悬滴法和固定等。

一、实验目的

1. 了解细菌的涂片及染色在微生物学实验中的重要性。
2. 学习细菌染色的基本操作技术，从而掌握微生物的一般染色法和革兰氏染色法。

二、染色原理

微生物细胞是由蛋白质、核酸等两性电解质及其他化合物组成的。所以，微生物细胞表现出两性电解质的性质。两性电解质兼有碱性基和酸性基，在酸性溶液中解离出碱性基，呈碱性，带正电；在碱性溶液中解离出酸性基，呈酸性，带负电。经测定，细菌等电点（pI）在 $2\sim5$ 之间，即细菌在 pH 为 $2\sim5$（不同种类的差异）时，大多以两性离子存在；而当细菌在中性（pH＝7）、碱性（pH＞7）或偏酸性（pH 值为 $6\sim7$）的溶液中时，细菌带负电荷，所以容易与带正电荷的碱性染料结合，故用碱性染料染色的为多。碱性染料有亚甲蓝、甲基紫、结晶紫、碱性品红、中性红、孔雀绿和番红等。

微生物体内各结构与染料结合力不同，故可用各种染料分别染微生物的各结构以便观察。

三、实验器皿、试剂、材料

1. 器皿：显微镜、接种环、载玻片、煤气灯（或酒精灯）。
2. 试剂：草酸铵结晶紫染液、革兰氏碘液、体积分数为 95% 的乙醇、质量浓度为 5g/L 的沙黄染色液等。
3. 材料：枯草杆菌、大肠杆菌。

四、实验内容和步骤

1. 细菌的简单染色

（1）涂片

取干净的载玻片于实验台上，在正面边角做个记号，并滴一滴无菌蒸馏水于载玻片的中央，灼烧接种环，待冷却后从斜面挑取少量菌种（大肠杆菌或枯草杆菌）与玻片上的水滴混匀后，在载玻片上涂布成一均匀的薄层，涂布面不宜过大。涂片过程如图 7-5 所示。

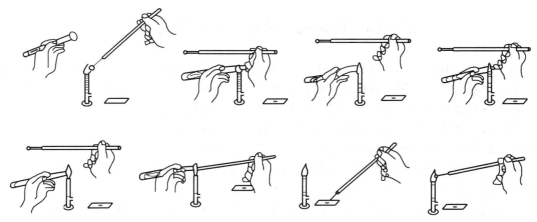

图 7-5　细菌涂片过程

（2）干燥（固定）

干燥过程最好在空气中自然晾干，为了加速干燥，可在微小火焰上方烘干。烘干后再在火焰上方快速通过 3～4 次，使菌体完全固定在载玻片上。但不宜在高温下长时间烤干，否则急速失水会使菌体变形。

（3）染色

滴加草酸铵结晶紫染色液染色 1～2min（或石炭酸复红等其他染料），染色液量以盖满菌膜为宜。

（4）洗

倾去染液，斜置载玻片，用水冲去多余染液，直至流出的水呈无色为止。

（5）干燥

用微热烘干或自然晾干。

（6）镜检

按显微镜的操作步骤观察菌体形态，及时记录，并进行形态图的绘制。

2. 细菌的革兰氏染色

各种细菌经革兰氏染色法染色后，能区分成两大类：一类最终染成紫色，称革兰氏阳性细菌（Gram positive bacteria，G^+）；另一类最终被染成红色，称革兰氏阴性菌（Gram negative bacteria，G^-）。其过程如下（图 7-6）。

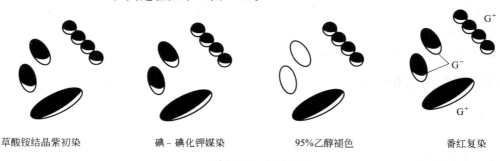

草酸铵结晶紫初染　　碘 - 碘化钾媒染　　95%乙醇褪色　　番红复染

（G^+ 为紫色，G^- 为红色）

图 7-6　革兰氏染色结果示意图

（1）涂片、固定

同简单染色法。

（2）初染

滴加草酸铵结晶紫染液染色 1～2min，水洗。

（3）媒染

滴加革兰氏碘液，染 1～2min，水洗。

（4）脱色

滴加体积分数为 95％的乙醇，约 45s 后即水洗；或滴加体积分数为 95％的乙醇后将玻片摇晃几下即倾去乙醇，如此重复 2～3 次后即水洗。

（5）复染

滴加沙黄液（番红），染 2～3min，水洗并使之干燥。

（6）镜检

同简单染色，并根据呈现的颜色判断该菌属是 G^+ 细菌还是 G^- 细菌，也可与已知菌对照。观察时先用低倍镜观察，发现目的物后用油镜观察。

3.注意事项

（1）涂片所用载玻片要洁净无油污迹，否则影响涂片。

（2）挑菌量应少些，涂片宜薄，过厚重叠的菌体则不易观察清楚。

（3）染色过程中勿使染色液干涸。用水冲洗后，应甩去玻片上的残水以免染色液被稀释而影响染色效果。

（4）革兰氏染色液成败的关键是脱色时间是否合适，如脱色过度，革兰氏阳性菌也可被脱色而被误认为是革兰氏阴性菌。而脱色时间过短，革兰氏阴性菌则会被误认为是革兰氏阳性菌。脱色时间的长短还受涂片的厚薄、脱色时玻片的晃动程度等因素的影响。

五、思考题

1.涂片为什么要固定？固定时应注意什么问题？

2.革兰氏染色法中若只做 1～4 步，而不用番红染液复染，能否分辨出革兰氏染色结果？为什么？

3.通过学习革兰氏染色，你认为它在微生物学中有何实践意义？

实验五 环境微生物的检测

一、实验目的

1.了解周围环境中微生物的分布情况。

2.懂得无菌操作在微生物实验中的重要性。

3.了解四大类微生物的菌落特征。

二、实验原理

在我们周围的环境中存在着种类繁多的、数量庞大的微生物。土壤、江河湖海、尘埃、空气、各种物体的表面以及人和动物体的口腔、呼吸道、消化道等都存在着各种微生物。由于它们体积微小，人们用肉眼无法观察到它们个体的存在。但是只要稍加留意，我们就可以在发霉的面包、朽木上看到某些微生物群体。这些现象表明，自然界只要有微生物可以利用的物质和环境条件，微生物就可以在其上生长繁殖。据此，我们在实验室里就可以用培养基来培养微生物。

培养基是人工配制的、适合微生物生长繁殖和产生代谢产物用的混合养料。其中含有微生物所需要的六大营养要素：碳源、氮源、无机盐、生长因子、气体和水分。此外，根据不同的微生物的要求，在配制培养基时还需用酸液或碱液调节至适宜的 pH。配制好的培养基必须进行灭菌。所谓灭菌是指采用各类的物理或化学因素，使物体内外的所有微生物丧失其生长繁殖能力的措施。经过灭菌后的物体是无菌的。消毒是与灭菌完全不同的概念，它是指用较温和的物理因素杀死物体表面和内部病原微生物的一种常用的卫生措施。

灭菌的方法较多，广泛使用的是高温灭菌，其中最常用的是高压蒸汽灭菌法。此法是把待灭菌的物品放在一个可密闭的加压蒸汽灭菌锅中进行的。在 102.9kPa 的蒸汽压力下，温度可达 121℃。一般只要维持 15～20min，就可杀死一切微生物的营养体和它们的各种孢子。

微生物的接种技术是生物科学研究中的一项最基本操作技术。为了确保纯种不被杂菌污染，在整个接种过程中，必须进行严格的无菌操作。在实验过程中必须牢固树立无菌概念，经常保持实验台及周围环境的清洁，严格无菌操作，避免杂菌的污染，这是保证实验成功的必要条件。

如将微生物接种到适合其生长的固体培养基表面，在适宜的温度下（一般细菌 37℃，霉菌等 28℃），培养一段时间（一般 24～48h）后，少量分散的菌体或孢子就可生长繁殖成肉眼可见的细胞群体，此即菌落。如平板上的菌落是由单个细胞（或单个孢子）生长繁殖而成的，就是一个纯种细胞群或克隆；若培养后大量菌落聚集在一起形成的，为菌苔。不同种的微生物可形成大小、形态各异的菌落，根据微生物菌落形态的不同，可初步鉴别出四大类微生物：细菌、放线菌、酵母菌和霉菌。

细菌的菌落呈圆形、较小而薄、透明或不透明、质地"细腻"，有的具有色泽，有的边缘不整齐，有的表面湿润、光滑，有的表面干燥、有褶皱。此外，细菌常因分解含氮化合物而产生臭味。

酵母菌的菌落通常比细菌菌落大、圆形、厚、不透明、色素单一，多为乳白色，少数为橙色或红色。酵母菌因普遍能发酵含碳有机物产醇，故菌落多伴有酒香味。

放线菌菌落小而致密，或坚硬，或呈粉状。不少放线菌还产生特殊的土腥味。

霉菌菌落大而疏松，或大而紧密。气生菌丝会发育形成一定形状、构造和色泽的籽实器官，所以菌落表面往往有肉眼可见的构造和颜色。

三、实验材料

人体表和空气中的微生物。

四、试剂与仪器设备

1.试剂

牛肉膏蛋白胨琼脂培养基、酵母膏葡萄糖培养基（YPD）、高氏Ⅰ号培养基和察氏培养基。

2.仪器设备

恒温培养箱、无菌平皿、电炉、酒精灯、火柴、无菌棉签和记号笔。

五、实验操作

1. 熔化培养基

将装有无菌培养基的锥形瓶置水浴中煮沸，待培养基熔化后取出，当冷至 50～60℃ 时，进行下一步。

2. 倒平板

有持皿法和叠皿法，操作要点如下：

（1）持皿法

① 无菌培养皿叠放在酒精灯左侧，以便拿取。

② 点燃酒精灯。

③ 在酒精灯旁，左手握锥形瓶底部，倾斜锥形瓶，右手旋松棉塞，用右手小指与小鱼际（即小指边缘）夹住棉塞并将其拔出（切勿将棉塞放在桌上），随之将瓶口在火焰上过一下（不可灼烧，以防爆裂），以杀死可能沾在瓶口的杂菌。然后将锥形瓶从左手换至右手（用拇指、食指和中指拿住锥形瓶的底部）。操作中瓶口应保持在火焰 2～3cm 处，瓶口始终向着火焰，以防空气中微生物的污染。左手拿起一套平皿，用无名指和小指托住皿底，用中指和拇指夹住皿盖，食指于皿盖上为支点，在火焰旁，打开皿盖，让锥形瓶伸入，随后倒入培养基。一般倒入 15mL 左右培养基即可铺满整个皿底。盖上皿盖，置水平位置待凝。然后将锥形瓶移至左手，瓶口再次过火并塞紧瓶盖。

（2）叠皿法

此法适于在超干净台上操作，基本步骤同持皿法。不同之处是左手不必持皿，而是将平皿叠放在酒精灯的左侧并靠近火焰。按上述方法用右手拿锥形瓶，左手打开最上面的皿盖，倒入培养基，盖上皿盖后即移至水平位置待凝。再依次倒下面的平皿。操作中瓶口始终向着火焰，以防空气中微生物的污染。

3. 贴标签

待培养基完全凝固后，在皿底贴上标签，注明检测类型、组别及日期（也可用记号笔书写在皿底）。

4. 检测方法

环境中微生物种类多样，检测方法也各异，现选几种列举如下：

（1）空气

检测实验室空气中的微生物时，只要打开无菌平板的皿盖，让其暴露在空气中一段时间（5～10min），然后将皿盖盖上即可。

（2）桌面

检测实验台桌面上的微生物时，可用一根无菌棉签，先在无菌平板的一个区域内湿润和试划几下，然后用其擦抹桌面等物体表面，再以此棉签在平板的另一区域做来回划线接种（图 7-7）。本操作应以无菌操作要求进行，即在火焰旁用左手拿起平板，用中指、无名指和小指托住皿底部，用食指和大拇指夹住皿盖并开成一条缝，右手持棉签在培养基表面划线接种，无菌棉签湿润和试划区可作为无菌对照。

（3）头发

移去放在桌面上的无菌平板的皿盖，使头发部位位于平板的上方，并用手指拨动头发数

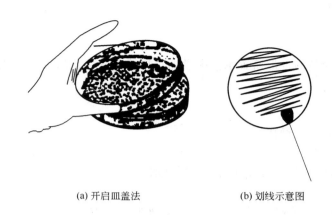

(a) 开启皿盖法　　　　　　(b) 划线示意图

图 7-7　含菌棉签平板划线示意图

次，再盖上皿盖即可。

（4）手指

可用未洗的手指先在无菌平板的培养基一侧（约一半的面积）做划线接种，并在皿底做好标记。然后用肥皂、流水洗手，用洗净的手指于平板培养基的另一侧做同样的划线接种，盖好皿盖。待培养后比较两杂菌生长的情况。

（5）口腔

打开无菌平板培养基的皿盖，使口对着平板培养基的表面，以咳嗽或打喷嚏的方式接种，然后盖上皿盖。

5. 培养

将以上各种检测平板倒置于 28℃ 培养箱中培养，至下周实验时观察并计数各平板上的菌落数。

6. 观察

注意观察不同类型菌落的大小、外形和颜色等特征，将观察结果记录在实验报告上。

7. 清洗

观察记录完毕后，将含菌平板放在沸水中煮 30min 以上，杀死培养基表面生长的各种微生物，然后清洗并晾干培养皿。

六、思考题

如何描述菌落的形态特征？

实验六　真核微生物个体形态的观察

一、实验目的

1. 进一步熟悉和掌握显微镜的操作方法。

2. 观察几种真核微生物的个体形态，掌握生物图的绘制方法。

3.学习用压滴法制作标本片。

二、实验器皿与材料

1.器皿：显微镜、载玻片、盖玻片、滴管等。

2.材料：酵母菌、霉菌、藻类标本片，藻类培养液及活性污泥混合液等。

三、实验内容和操作方法

1.主要内容

真核微生物（eukaryote）包括酵母菌（yeast）、霉菌（mold）、原生动物（protozoa）、微型后生动物（metazoa）和藻类（algae）5 大类。

酵母菌是一个通俗名称，一般泛指能发酵糖类的各种单细胞真菌。其细胞宽度（直径）约 $2\sim6\mu m$，长度 $5\sim30\mu m$，有的则更长。个体形态有球状、卵圆、椭圆、柱状和香肠状等。

霉菌是丝状真菌的一个俗称。霉菌有隔的（多细胞）和无隔的（单细胞）菌丝体组成，霉菌菌丝可分为基质菌丝、气生菌丝，并有进一步分化形成的繁殖菌丝（可产生孢子）。霉菌菌丝直径一般为 $3\sim10\mu m$，比细菌、放线菌的直径宽几倍到十几倍。

原生动物是一类不进行光合作用的单细胞的真核微生物。原生动物的形态多种多样，有游泳型的和固着型的两种。游泳型的如漫游虫、楯纤虫等；固着型的如小口钟虫、大口钟虫和等枝虫等。

微型后生动物是多细胞的比较原始的微型动物。常见的有轮虫、线虫、体虫等。

藻类是单细胞或多细胞的能进行光合作用的真核原生生物，细胞中含一个或多个叶绿体。藻类分布很广，大多是水生，少数陆生。常见的有绿藻、硅藻等。

2.方法和步骤

（1）用低倍镜观察根，注意其假根与孢囊部分。

（2）用低倍镜和高倍镜观察酵母菌、其他霉菌、藻类等标本片。

用压滴法制作藻类培养液、活性污泥混合液的标本片，制作方法见图 7-8。取一片干净的载玻片放在实验台上，用滴管吸取试管中藻类培养液（或活性污泥混合液）于载玻片的中央，用干净的盖玻片覆盖在液滴上（注意不要有气泡）即成标本片，用低倍镜和高倍镜观察，样品中的微生物种类丰富，要充分利用显微镜的移片夹的移动，注意观察菌胶团、丝状细菌、原生动物和微型后生动物等微生物组成。

图 7-8 用压滴法制作标本示意图

四、思考题

1.试区别活性污泥中的几种固着型纤毛虫。

2.用压滴法制作标本片时要注意什么问题？

实验七　粪大肠菌群的测定

粪大肠杆菌是总大肠菌群的一部分，主要来自粪便。由于总大肠菌群既包括了来源于人类和其他温血动物粪便的粪大肠杆菌，还包括了其他非粪便的杆菌，故不能直接反映水体近期是否受到粪便污染。而粪大肠杆菌能更准确地反映水体受粪便污染的情况，是目前国际上通行的监测水质是否受粪便污染的指示菌，在卫生学上有更重要的意义。

一、实验目的

在测定总大肠杆菌的基础上，学会粪大肠杆菌的测定方法。

二、实验原理

粪大肠杆菌在44.5℃下培养24h，仍能生长并发酵乳糖产酸产气，是一类粪源性大肠菌群，也称为耐热性大肠菌群，包括埃希氏菌属和克雷伯氏菌属。实验中通过提高培养温度的方法，造成不利于来自自然环境的大肠菌群生长的条件，从而使培养出来的菌主要为来自粪便的大肠埃希氏菌（包括克雷伯氏菌属）。

三、实验方法和步骤

测定粪大肠杆菌的方法与总大肠菌群的方法大致相同，也分多管发酵法和滤膜法两种，区别仅在于培养温度的不同。粪大肠杆菌的检测多在总大肠菌群的检测基础上进行。

1. 多管发酵法

（1）器材和培养基

① 器材　所用的器材除包括测定总大肠菌群所用的仪器设备外，还要精确的恒温培养箱，能确保温度维持在（44.5±0.2）℃。

② 培养基　乳糖蛋白胨培养液：制法和成分与总大肠菌群多管发酵法相同。EC培养液：蛋白胨20.0g，乳糖5.0g，三号胆盐1.5g，K_2HPO_4 4.0g，KH_2PO_4 1.5g，NaCl 5.0g，蒸馏水1000mL，灭菌后pH值为6.9。分装于有小导管的试管中，包装后灭菌，115℃（相对蒸汽压力0.072MPa）下，灭菌20min，取出后置于阴冷处备用。

（2）方法与步骤

① 根据水样污染程度，确定稀释度。

② 按总大肠菌群多管发酵法接种水样。

③ 培养：在37℃下培养24h（±2h），用接种环从产酸、产气或只产酸的发酵管中取一环分别接种于EC培养液中，置于（44.5±0.2）℃温度下培养（如水浴培养，水面应超过试管内液面）。

④ 结果观察：若产酸产气或产酸不产气，均表示有粪大肠菌群存在，即为阳性。按总大肠菌群多管发酵法结果计算方法，换算成每升的粪大肠菌群数。

2. 滤膜法

检测粪大肠菌群的滤膜法有多种，其水样过滤等步骤与总大肠菌群滤膜法相同，仅是培养基、培养时间和培养温度有所不同。此处介绍两种培养温度的M-TEC法。其特异性和准确性均较佳。

（1）器材与培养基

① 器材：所用的器材与测定总大肠菌群所用的仪器设备相同。

② 培养基［（M-TEC）培养基］：蛋白胨 5.0g，酵母浸膏 3.0g，乳糖 10.0g，K_2HPO_4 3.3g，KH_2PO_4 1.0g，NaCl 7.5g，十二烷基硫酸钠 0.2g，脱氧胆酸钠 0.1g，质量浓度 16g/L 溴甲酚紫 80mL，溴酚红 80mL，琼脂 15g，蒸馏水 1000mL，pH 值 7.3。包装后灭菌，115℃（相对蒸汽压力 0.072MPa）下灭菌 20min，取出后置于阴冷处备用。

（2）方法与步骤

滤膜过滤一定体积的水量后，平置于平板的表面，载菌面向上。先在 37℃ 下预培养 2h，再移至（44.5±0.2）℃ 下培养 23～24h，粪大肠菌群菌落呈黄色。必要时将可疑菌落接种于乳糖蛋白胨培养液中培养，观察是否产气，计算出 1L 水样中存在的粪大肠菌群数。

四、实验结果

按实验结果查检索表，得出粪大肠菌群数，以每毫升的个数计。

五、思考题

1.粪大肠菌群数和总大肠菌群数的测定有何异同？

2.为什么说（44.5±0.2）℃ 温度下培养出来的粪大肠菌群更能代表水质受粪便污染的情况？

实验八　富营养化湖泊中藻量的测定（叶绿素 a 法）

一、实验目的

湖泊富营养化是由于水体受氮、磷的污染，导致藻类旺盛生长的结果。此类水体的藻类叶绿素 a 浓度常大于 10μg/L。本实验通过测定不同水体中藻类的叶绿素 a 的浓度，可以得知其富营养化的程度。

二、基本原理

"叶绿素 a 法"是生物监测浮游藻类的一种方法。根据叶绿素的光学特性，叶绿素可分为叶绿素 a、叶绿素 b、叶绿素 c、叶绿素 d、叶绿素 e5 类，其中叶绿素 a 存在于所有的浮游藻类中，叶绿素 a 是最重要的一类。叶绿素 a 的含量，在浮游藻类中大约占有机质干重的 1%～2%，是估算藻类生物量的一个良好指标。

三、实验器材

1.仪器

分光光度计（波长选择大于 750nm，精度为 0.5～2nm）、台式离心机、冰箱、真空泵（最大压力不超过 300kPa）、匀浆器（或小研钵）等。

2.其他器皿和试剂

（1）蔡氏细菌过滤器、滤膜（0.45μm，直径 47mm）。

（2）$MgCO_2$ 悬浊液（1g $MgCO_2$ 细粉悬浮于 100mL 蒸馏水中）

（3）体积分数为 90% 的丙酮溶液（90 份丙酮＋10 份蒸馏水）。

（4）水样，即两种不同污染程度的湖水（A、B）各 2L。

四、方法和步骤

1. 清洗玻璃仪器

整个实验中所使用的玻璃仪器应全部用洗涤剂清洗干净，避免酸性条件引起叶绿素 a 的分解。

2. 过滤水样

在蔡氏细菌过滤器上装好滤膜，取两种湖水各 50～500mL 减压过滤。待水样剩余若干毫升之前加入 0.2mL $MgCO_3$ 悬浊液，摇匀直至抽干水样。加入 $MgCO_3$ 可促进藻细胞滞留在滤膜上，同时还可防止提取过程中叶绿素 a 被分解。如果过滤后的载藻滤膜不能马上进行提取处理，则应将其置于干燥器内，放冷暗处 4℃ 保存，放置时间最多不能超过 48h。

3. 提取

将滤膜放于匀浆器或小研钵内，加 2～3mL 体积分数为 90% 的丙酮溶液，匀浆，以破碎藻细胞。然后用移液管将匀浆液移入带有刻度的离心管中，用 5mL 90% 的丙酮冲洗 2 次，最后补加体积分数为 90% 的丙酮于的离心管中，使管内总体积为 10mL。塞紧塞子并在管外部罩上遮光物，充分振荡，放入冰箱内避光提取 18～24h。

4. 离心

提取完毕后离心（3500r/min）10min，取出离心管，用移液管将上清液移入刻度离心管中，塞上塞子，再离心 10min。准确记录提取液的体积。

5. 测定光密度

藻类叶绿素 a 具有其独特的吸收光谱（663nm），因此可用分光光度法测其含量。用移液管将提取液移入 1cm 比色皿中，以体积分数为 90% 的丙酮溶液作为空白，分别在 750nm、663nm、645nm、630nm 波长下测提取液的光密度（OD）。此过程中，必须控制样品提取液的 OD_{663} 值在 0.2～1.0 之间，如不在此范围内，应调换比色皿，或改变过滤水样量。OD_{663} 小于 0.2 时，应改用较宽的比色皿或增加水样量；OD_{663} 大于 1.0 时，可稀释提取液或减少过滤水样量，再使用 1cm 比色皿比色。

6. 叶绿素 a 浓度计算

将样品提取液在 663nm、645nm、630nm 波长下的光密度值（OD_{663}、OD_{645}、OD_{630}）分别减去在 750nm 下的光密度值（OD_{750}），此值为非选择性本底物光吸收校正值。叶绿素 a 的浓度（ρ_a）（单位：$\mu g/L$）计算公式如下：

（1）样品提取液中叶绿素 a 浓度

$$\rho_{a,提取液}=11.64(OD_{663}-OD_{750})-2.16(OD_{645}-OD_{750})+0.1(OD_{630}-OD_{750}) \quad (7-2)$$

（2）水样中叶绿素 a 浓度

$$\rho_{a,水样}=\frac{\rho_{a,提取液}V_{丙酮}}{V_{水样}} \quad (7-3)$$

式中　$\rho_{a,提取液}$——样品提取液中叶绿素 a 的浓度，$\mu g/L$；

$V_{丙酮}$——体积分数为 90% 的丙酮体积，mL；

$V_{水样}$——过滤水样体积，mL。

五、实验结果

将测定结果记录于表 7-5 中。

表 7-5　藻类叶绿素 a 的测定结果

水样	OD_{750}	OD_{663}	OD_{645}	OD_{630}	叶绿素 a/(μg/L)
A 湖水					
B 湖水					

根据测定结果，参照表 7-6 中指标评价被测水样的富营养化程度。

表 7-6　湖泊富营养化的叶绿素 a 评价标准

指标　　　类型	贫营养型	中营养型	富营养化型
叶绿素 a/(μg/L)	<4	4~10	10~100

六、思考题

1. 比较两种水样的叶绿素 a 浓度，并判断它们的污染程度。

2. 如何保证水样叶绿素 a 浓度测定结果的准确性？主要应注意哪几方面的问题？

第二节　综合性设计性实验

实验一　总大肠菌群的测定

总大肠杆菌群的检验也称大肠杆菌群的检验。总大肠杆菌群数是指每升水中含有的大肠杆菌群的近似值。通常可根据水中总大肠杆菌群的数量来判断水源是否被粪便所污染，并可间接推测水源受肠道病原菌污染的可能性。

一、实验目的

1. 了解总大肠菌群的数量指标在环境领域的重要性，学会总大肠杆菌的检验方法。

2. 通过检验过程，了解大肠菌群的生化特性。

二、实验原理

人的肠道中主要存在 3 大类细菌：①大肠菌群（G^- 菌）；②肠球菌（G^+ 菌）；③产气荚膜杆菌（G^+ 菌）。由于大肠菌群的数量大，在体外存活时间与肠道致病菌相近，且检验方法比较简便，故被定为检验肠道致病菌的指示菌。

总大肠菌群包括肠杆菌科中的埃希氏菌属（*Escherichia*，模式种：大肠埃希氏菌）、柠檬酸细菌属（*Citrobacter*）、克雷伯氏菌属（*Klebsiella*）及肠杆菌属（*Enterobacter*）。这 4

属菌都是兼性厌氧、无芽孢的革兰氏阴性杆菌（G⁻菌），它们的生化反应特点已在微生物的生理章节中介绍。

我国《生活饮用水卫生标准》（GB 5749—2006）中微生物指标由 2 项增至 6 项，增加了大肠埃希氏菌和耐热大肠菌群等指标，修订了总大肠菌群的指标：饮用水中总大肠杆菌 ［MPN/（100mL）或 CFU］不得检出；大肠埃希氏菌 ［MPN/（100mL）或 CFU］不得检出；耐热大肠杆菌 ［MPN/（100mL）或 CFU］不得检出。当水样检出总大肠菌群时，应进一步检验大肠埃希氏菌或耐热大肠菌群；水样未检出总大肠杆菌时，不必检验大肠埃希氏菌或耐热大肠菌群。

再生水回用于景观水体的水质指标规定：人体非直接接触的再生水总大肠菌群 1000 个/L；人体非全身性接触的再生水总大肠菌群 500 个/L。城市杂用水水质标准：用于冲厕、道路清扫、消防、城市绿化、车辆冲洗、建筑施工，总大肠菌群≤3 个/L。对于那些只经过加氯消毒即供作生活饮用水的水源水，其总大肠菌群平均每升不得超过 1000 个；经过净化处理及加氯消毒后供作生活饮用水的水源水的总大肠菌群平均每升不得超过 10000 个。

大肠菌群的检测方法主要有多管发酵法和滤膜法。前者被称为水的标准分析法，即将一定量的样品接种到乳糖发酵管，根据发酵反应的结果，确证大肠菌群的阳性管数后在检索表中查出大肠菌群的近似值。后者是一种快速的替代方法，能测定大体积的水样，但只局限于饮用水或较洁净的水，目前在一些大城市的水厂常采用此法。

三、试剂和材料

1.革兰氏染色液一套：草酸铵结晶紫、革兰氏碘液、体积分数为 95％的乙醇、番红染液。

2.自来水（或受粪便污染的河、湖水）400mL。

3.化学药品：蛋白胨、乳糖、磷酸氢二钾、琼脂、无水亚硫酸钠、牛肉膏、氯化钠、质量浓度 16g/L 的溴甲酚紫乙醇溶液、质量浓度 50g/L 的碱性品红乙醇溶液、质量浓度 20g/L 的伊红水溶液、质量浓度 5g/L 的亚甲蓝水溶液。

4.其他：质量浓度 100g/L 的 NaOH、体积分数 10％的 HCl（原液为 36％）、精密 pH 试纸（6.4～8.4）等。

四、实验仪器

显微镜、锥形瓶（500mL）1 个、试管（18mm×180mm）6 支或 7 支、大试管（容积 150mL）2 支、移液管 1mL 2 支及 10mL 1 支、培养皿（φ90mm）10 套、接种环、试管架 1 个。

五、实验步骤

（一）实验前准备工作

1.配培养基

（1）乳糖蛋白胨培养基（供多管发酵法的复发酵用）

① 配方：蛋白胨 10g、胆盐 3g、乳糖 5g、氯化钠 5g、质量浓度 16g/L 的溴甲酚紫乙醇溶液 1mL、蒸馏水 1000mL、pH 值为 7.2～7.4。

② 制备：按配方分别称取蛋白胨、胆盐、乳糖及氯化钠，加热溶解于 1000mL 蒸馏水中，调整 pH 值为 7.2～7.4，加入质量浓度 16g/L 的溴甲酚紫乙醇溶液 1mL，充分混匀后分装于试管内，每管 10mL，另取一小导管装满培养基倒放入试管内。塞好棉塞，包装后灭菌，115℃（相对蒸汽压力 0.072MPa）下灭菌 20min，取出后置于阴冷处备用。

（2）三倍浓缩乳糖蛋白胨培养基（供多管发酵法的初发酵用）

按上述乳糖蛋白胨培养液浓缩三倍配制，分装于试管中，每管 5mL；分装于大试管中，每管 50mL，然后在每管内倒放装满培养基的小导管。塞好棉塞，包装后灭菌，灭菌条件同上。

现市场上有售配制好的乳糖发酵培养基（脱水培养基），使用非常方便。

（3）品红亚硫酸钠培养基（即远藤氏培养基）

该培养基供多管发酵法的平板划线用。

① 配方：蛋白胨 10g、乳糖 10g、磷酸氢二钾 3.5g、琼脂 20g、蒸馏水 1000mL、无水亚硫酸钠 5g 左右、质量浓度 50g/L 的碱性品红乙醇溶液 20mL。

② 制备：先将琼脂加入 900mL 蒸馏水中加热溶解，然后加入磷酸氢二钾及蛋白胨，混匀使之溶解，加蒸馏水补足至 1000mL，调整 pH 值为 7.2～7.4，趁热用脱脂棉或绒布过滤，再加入乳糖，混匀后定量分装于锥形瓶内，包装后灭菌，灭菌条件同上。

（4）伊红-亚甲蓝培养基

① 配方：蛋白胨 10g、乳糖 10g、磷酸氢二钾 2g、琼脂 20～30g、蒸馏水 1000mL、质量浓度 20g/L 的伊红水溶液 20mL、质量浓度 5g/L 的亚甲蓝水溶液 13mL。

② 制备：按品红亚硫酸钠的制备过程制备。

灭菌条件：0.072MPa（115℃，15～20min）。

与乳糖蛋白胨培养液一样，市场上也有售配制好的伊红-亚甲蓝培养基（脱水培养基），使用十分方便。

2. 水样的采集和保藏

（1）自来水水样的采集

① 取样：先将水龙头用火焰烧灼 3min 灭菌，然后再放水 5～10min 后用无菌瓶取样，在酒精灯旁打开水样瓶盖（或棉花塞），取所需的水量后盖上瓶盖（或棉塞），速送实验室检测。

② 余氯的处理：若经氯处理的水中含余氯，会减少水中细菌的数目，采样瓶在灭菌前须加入硫代硫酸钠，以便取样时消除氯的作用。硫代硫酸钠的用量视采样瓶的大小而定。若是 500mL 的采样瓶，加入质量浓度 15g/L 的硫代硫酸钠溶液 1.5mL（可消除余氯质量浓度为 2mg/L 的 450mL 水样中的全部氯量）。

（2）河水、湖水、井水、海水的采集

河水、湖水、井水、海水的采集要用特制的采样器，水样采集后，将水样瓶取出，若是测定好氧微生物，应立即改换无菌棉花塞。

3. 水样的处置

水样采取后，迅速送回实验室立即检验，若来不及检验放在 4℃ 冰箱内保存。若缺乏低温保存条件，应在报告中注明水样采集与检验相隔的时间，若较清洁的水可在 12h 内检验，污水要在 6h 内结束检验。

（二）测定

1. 多管发酵法

多管发酵法（MPN法）适用于饮用水、水源水，特别是浑浊度高的水中大肠菌群的测定。

（1）生活饮用水的测定步骤

① 初发酵实验　在2支各装有50mL三倍浓缩乳糖蛋白胨培养液的大发酵管中，以无菌操作各加入水样100mL；在10支各装有5mL三倍浓缩乳糖蛋白胨培养液的发酵管中，以无菌操作各加入10mL水样。混匀后置于37℃恒温箱中培养24h，观察其产酸产气的情况。

情况分析：

a.若培养基红色没变为黄色，即不产酸；小导管没有气体，即不产气，为阴性反应，表明无大肠菌群存在。

b.若培养基由红色变为黄色，小导管有气体产生，即产酸又产气，为阳性反应，说明有大肠菌群存在。

c.培养基由红色变为黄色说明产酸，但不产气，仍为阳性反应，表明有大肠菌群存在。

d.若小导管有气体，培养基红色不变，也不浑浊，说明操作技术上有问题，应重做实验。

以上结果为阳性者，说明水样可能被粪便污染，需进一步检验。

② 确定性实验　用平板划线分离，将经培养24h后产酸（培养基呈黄色）产气或产酸不产气的发酵管取出，无菌操作，用接种环挑取一环发酵液于品红亚硫酸钠培养基（或伊红-亚甲蓝培养基）平板上划线分离，共3个平板。置于37℃恒温箱内培养18～24h，观察菌落特征。如果平板上长有如下特征的菌落，并经涂片和进行革兰氏染色，结果为革兰氏阴性的无芽孢杆菌，则表明有大肠菌群存在。

a.品红亚硫酸钠培养基平板上的菌落特征：紫红色，具有金属光泽的菌落；深红色，不带或略带金属光泽的菌落；淡红色，中心色较深的菌落。

b.在伊红-亚甲蓝培养基平板上的菌落特征：深紫黑色，具有金属光泽的菌落；紫黑色，不带或略带金属光泽的菌落；淡紫红色，中心色较深的菌落。

③ 复发酵实验　无菌操作，用接种环挑取具有上述菌落特征、革兰氏染色阴性的菌落于装有10mL普通浓度的发酵培养基内，每管可接种同一平板上（即同一初发酵管）的1～3个典型菌落的细菌。于37℃恒温箱内培养24h，有产酸产气者证实有大肠菌群存在，该发酵管被判为阳性管。根据阳性管数及实验所用的水样量，即可运用数理统计原理计算出每升（或每100mL）水样中总大肠菌群的最大可能数目（most probable number，MPN），可用下式计算：

$$MPN = \frac{1000 \times 阳性管数}{阴性管数水样体积(mL) \times 全部水样体积(mL)} \tag{7-4}$$

MPN的数据并非水中实际大肠菌群的绝对浓度，而是浓度的统计值。为了使用方便，现制成检索表。所以根据证实有大肠菌群存在的阳性管（瓶）数可直接查检索表，即得结果。

（2）水源水中总大肠菌群的测定步骤（一）

①　稀释水样　根据水源水的清洁程度确定水样的稀释倍数，除严重污染外，一般稀释度可定为 10^{-1} 和 10^{-2}，稀释方法用实验三中所述的 10 倍稀释法（均需无菌操作）。

②　初发酵实验　无菌操作，用无菌移液管各吸取 1mL 10^{-2}、10^{-1} 的稀释水样及 1mL 原水样，分别注入装有 10mL 普通浓度乳糖蛋白胨培养基的发酵管中，另取 10mL 原水样注入装有 5mL 三倍浓缩乳糖蛋白胨培养基的发酵管中（注：如果为较为清洁的水样，可再取 100mL 水样注入装有 50mL 三倍浓缩的乳糖蛋白胨培养基发酵瓶中）。置于 37℃ 恒温箱中培养 24h 后观察结果。以后的测定步骤与生活饮用水的测定方法相同。根据证实有大肠菌群存在的阳性管数或瓶数查检索表，报告每升水样中的总大肠菌群数。

（3）水源水中总大肠菌群的测定步骤（二）

①　稀释水样　将水样做 10 倍稀释。

②　初发酵实验　于各装有 5mL 三倍浓缩乳糖蛋白胨培养液的 5 个试管中，各加 10mL 水样；装有 10mL 乳糖蛋白胨培养液的 5 个试管中，各加入 1mL 水样；另外装有 10mL 乳糖蛋白胨培养液的 5 个试管中，各加入 1mL 10^{-1} 浓度的水样。3 个梯度，共计 15 管。将各管充分混匀，置于 37℃ 恒温培养箱中培养 24h。

接下去的平板分离和复发酵实验的检验步骤与生活饮用水的测定方法相同。即可求得每 100mL 水样中存在的总大肠菌群数，乘以 10 即为 1L 水中的总大肠菌群数。

2. 滤膜法

滤膜法适用于测定饮用水和低浊度的水源水，此结果是从所用的滤膜培养基上直接数出的菌落数。

（1）实验原理

滤膜是一种微孔薄膜，直径一般为 35mm，厚度 0.1mm，孔径 $0.45 \sim 0.65 \mu m$，能滤过大量水样并将水中含有的细菌截留在滤膜上，然后将滤膜贴在选择性培养基上，经培养后，直接计数滤膜上生长的典型大肠菌群菌落，算出每升水样中含有的总大肠菌群数。

（2）仪器与材料

除了需要多管发酵法的仪器和材料以外，还需要：过滤器、抽滤设备、无菌镊子、滤膜（直径 3.5cm 或 4.7cm）等。

（3）培养基

①　品红亚硫酸钠培养基（乙）：蛋白胨 10g，酵母浸膏 5g，牛肉膏 5g，乳糖 10g，磷酸氢二钾 3.5g，琼脂 20g，无水亚硫酸钠 5g 左右，质量浓度 50g/L 碱性品红乙醇溶液 20mL，蒸馏水 1000mL，pH 值 7.2～7.4。

灭菌条件：0.072MPa（115℃，15～20min）。

②　乳糖蛋白胨培养液（与多管发酵法相同）。

③　乳糖蛋白胨半固体培养基：蛋白胨 10g，牛肉膏 5g，酵母浸膏 5g，乳糖 10g，琼脂 5g，蒸馏水 1000mL，pH 值 7.2～7.4。

灭菌条件：0.072MPa（115℃，15～20min）。

（4）操作步骤

首先做好准备工作，而后才是过滤水样。准备工作主要是滤膜和滤器的灭菌。滤膜灭菌时，将滤膜放入烧杯中，加入蒸馏水，置于沸水浴中煮沸灭菌（间歇灭菌）3 次，每次 15min，前两次煮沸后需更换蒸馏水洗涤 2～3 次，以除去残留溶剂。滤器灭菌使用高压灭菌锅 121℃ 灭菌，相对蒸汽压力 0.105MPa，20min。

过滤水样时，用无菌镊子夹住滤膜边缘部分，将粗糙面向上，贴在滤器上，稳妥地固定好滤器，将 333mL 水样（如果水样中含菌量多，可减少过滤水样）注入滤器中，加盖，打开滤器阀门，在 −500Pa 压力下抽滤。水样滤毕，再抽气 5s，关上滤器阀门，取下滤器，用镊子夹住滤膜边缘移放在品红亚硫酸钠培养基平板上，滤膜截留细菌面向上，滤膜应与培养基完全贴紧，两者间不得留有气泡，然后将平皿倒置，放入 37℃ 恒温培养箱内培养 22～24h 后观察结果。挑取具有大肠菌群菌落特征的菌落（菌落特征见上述多管发酵法）进行涂片、革兰氏染色、镜检。

将具有大肠菌群菌落特征、革兰氏染色阴性、无芽孢杆菌接种到乳糖蛋白胨培养基或乳糖蛋白胨半固体培养基上。经 37℃ 培养，前者于 24h 产酸产气者，或后者经 6～8h 培养后产气者，则判定为大肠菌群。根据滤膜上生长的大肠菌群菌落数和过滤的水样体积，即可计算出每升水样中的大肠菌群数，如过滤的水样体积为 333mL，即将平板上长出的大肠菌群菌落总数乘以 3，得出实验结果。

对于不同来源和不同水质特征的水样，采用滤膜法测定总大肠菌群应考虑过滤不同体积的水样，以便得到较好的实验数据。

六、思考题

1. 测定水中总大肠菌群数有什么实际意义？为什么选用大肠菌群作为水的卫生指标？
2. 如果自行改变测试条件，进行水中总大肠菌群数的测定，该测试结果能作为正式报告采用吗？为什么？

实验二　鱼类毒性试验

一、实验目的

工业废水性质复杂，其中有不少有毒物质常不易用化学方法测得，且这些物质单独存在的有毒程度和混合后的有毒程度也往往难以弄清楚。废水的毒性在很大程度上受到它们各成分之间的相互影响和存在于水中的某些无机盐类的影响。因此，工业废水对鱼类的毒性有时常须通过生物试验来确定。本实验的目的就是学习检验工业废水对鱼类毒性的基本方法。

二、实验器材和实验条件

1. 实验器材

（1）实验容器

实验容器应用玻璃制成，其大小依试样的体积而定。而试样体积又应根据在每次实验中鱼的大小和数目而定，但容器的深度必须大于 15cm，以限制试样中的气体或挥发成分的散失速度。此速度随暴露面积与液体的体积比而变化。如用普通大小 5～7cm 长的鱼做实验，则用直径 25～30cm、高 30cm 或大于 30cm、容积 20L 左右的广口瓶可养鱼约 10 条。一般每个实验需要 6～12 个实验容器。

（2）驯养箱

可用容积约 50～200L 的玻璃箱。驯养时的水温须与实验温度接近，因此，该箱应置于适宜的恒温室内或具有恒温设备。为了保证水中有足够的溶解氧，须有曝气装置，在近箱底处由几个曝气板或扩散器将压缩空气扩散入水中。空气的扩散率不应太大。

（3）实验鱼

不同的鱼类对毒物的敏感性不一样。所以如有条件，应采用废水所排入的水体的地方鱼种进行实验，否则可采用白鲢、鲤鱼和金鱼等。实验鱼应大小一致，鱼体健康，最大鱼的体长应不超过最小鱼的 1.5 倍，平均体长一般可在 5～7cm 之间，不宜大于 7cm。

实验鱼应至少在与实验相似的条件下（特别是水温）驯养一星期，最好 10 天以上。在驯养期间至少一星期给食 3 次，最好每天 1 次。但在实验前的两天时间内不要给食。

在实验前 4 天，实验鱼在驯养箱中的死亡率或发生严重疾病事故率不应超过 10%，否则此实验鱼组即认为不适于应用，须等疾病事故率和死亡率充分降低后再用。实验鱼移入实验容器时必须没有疾病症状外观和行动上没有反常现象。

（4）实验用水（即稀释水）

用作稀释废水或驯养的实验用水应取自废水排出口上游未被污染的河段。如条件不许可，则可从别的水源采取水质和溶解氧与排放水体相似的水代作实验用水，或将一般天然水根据情况用蒸馏水稀释或加入适量的化学药物配制而成。代用水中的钙、镁、硫酸盐及溶解固体的含量与接受废水的水体中相应物质的含量之差别不得超过 25%。最好将代用水的 pH 值、碱度及硬度调节至与接受废水的水体尽量相同。

2. 实验条件

（1）水温

养鱼的水温一般可取 20～28℃（温水鱼）。

（2）溶解氧

试样中的溶解氧含量不应低于 4～5mg/L，稀释水可预先进行曝气以提高溶解氧含量，但不要过饱和。实验过程中，如需要曝气，则可用纯氧或压缩空气通过 5mm 直径的玻璃管口慢慢通入试样中，以免挥发性有毒物质过多地损失，并避免影响鱼类的生活。

（3）实验鱼数目及质量

一般至少用 10 条鱼进行实验，可平均放在两个或多个盛有同样浓度的废水或稀释试样的容器中。每个实验最好平行做两组，在初步探索性实验中，实验鱼数可少于 10 条，但至少要 2 条。

鱼在容器中的质量不应超过 2g/L（试样），最好 1g/L 或少于 1g/L。一般来说，对于平均大小为 5～7cm 的鱼，每条至少需用 1L 水。

三、实验步骤

1. 稀释废水

用稀释水对废水进行不同程度的稀释，一般宜做 5 个稀释比。

2. 放实验鱼

对于原废水及每一稀释试样各养鱼 10 条。另外，应在同样条件下单独用稀释水作为实验溶液，放入实验鱼，与废水对照做控制实验。在任一控制实验中，不应有超过 10% 的死亡率，至少应有 90% 实验鱼保持外观健康，否则实验结果不能认为可靠。

实验鱼应用柔软材料制的细网或湿手小心移放。

实验鱼在实验期间不要给食，但如实验延续时间超过 10d 时，则可以给食。

3.试样的更换

容器内的试样可每 24h（或较短间隔）更换 1 次。更换时可将实验鱼用湿网很快地移入盛有新鲜试样的实验容器内。一般说，如能每 24h 或不到 24h 换水 1 次，常可不必进行人工曝气。

为了测定试样中的溶解氧（可用虹吸法直接从实验容器内采取试样）而取出试样后，应用与取出的试样同时制备而放在另一容器中的试样补充。溶解氧也可用溶解氧测定仪直接测定。

4.观察

在实验鱼放入实验容器 24h、48h 时，观察鱼的死亡数字并做记录，鱼在起初 4～8h 内的反应也应仔细观察和记录作为继续实验的指导。在观察中，如鱼的呼吸及其他动作——自然的或由轻微机械刺激（针刺或用玻璃棒压鱼尾部）而生的反应在 5min 内不能测出，则该实验鱼可被认为已死亡，死鱼应立即移走。

5.物理及化学分析

物理及化学分析主要包括水温、溶解氧及 pH 值等几项，其他如碱度、酸度及硬度，则根据废水的性质，需要时也应做测定。溶解氧的测定是为了了解鱼的死亡是否是由缺氧而引起的。

水的理化测定，一般在放入鱼之前及鱼死亡以后或在毒性试验完毕以后进行。但某些项目如溶解氧需要经常进行测定。

另外，如有可能，也应测定水中毒物含量。

6.计算

在半对数纸上，以对数坐标标出试验浓度，以数学坐标标出实验鱼成活率，连接各点（基本上可成一直线），然后用内插法求出 24h 及 48h 50% 成活率的废水浓度。此 50% 实验鱼能成活的浓度称为半忍受限，可用 TL_m 表示，半忍受限只可用来相对地比较毒物的毒性，显然不能代表毒物的安全浓度。如果要从半忍受限推算安全浓度，必须采用适当的安全系数，下面是一个较为常用的计算公式，式中 0.3 和指数 2 都是安全系数，可作为参考：

$$安全浓度 = \frac{48TL_m \times 0.3}{\left(\frac{24TL_m}{48TL_m}\right)^2}(mg/L) \tag{7-5}$$

式中　$48TL_m$——48h 半忍受限，mg/L；

　　　$24TL_m$——24h 半忍受限，mg/L。

【例题】　表 7-7 为某次毒性试验的结果。求出水中毒物的安全浓度。

表 7-7　毒性试验记录表

废水浓度（体积分数）/%	实验鱼数目/条	实验鱼成活数/条	
		24h	48h
10.0	10	0	0
7.5	10	3	0
5.6	10	8	1
4.2	10	10	6
3.2	10	10	9

注：废水所含毒物的浓度为 10mg/L。

【解】 把表 7-7 所列实验结果转化后点在半对数纸上，并由此得出：

$$24TL_m = 6.7\%$$
$$48TL_m = 4.4\%$$

因为废水毒物浓度 = 10mg/L

$$24TL_m = \frac{6.7 \times 10}{100} = 0.67(mg/L)$$

$$48TL_m = \frac{4.4 \times 10}{100} = 0.44(mg/L)$$

按安全浓度公式，得：

$$毒物安全浓度 = \frac{0.44 \times 0.3}{\left(\frac{0.67}{0.44}\right)^2} = 0.06(mg/L)$$

应用公式求出安全浓度后，最好再进一步进行验证试验，特别是当废水是挥发性的或不含稳定性毒物时。验证试验一般用 10 条以上的鱼，在较大的容器中用计算所得的安全浓度进行一个月或几个月的动水试验，并设对照组做比较。如有中毒症状发生，则应降低浓度再试验。验证试验中证明确实某浓度对鱼类是安全时，可定为鱼的安全浓度。在验证试验中须投喂饵料，并保证鱼的适宜环境，进行溶解氧、pH 等测定。

实验三 细菌菌落总数的测定

细菌菌落总数（colony form unit，菌落形成单位，CFU）是指 1mL 水样在营养琼脂培养基中，于 37℃培养 24h 后所生长的腐生性细菌菌落总数。它是有机物污染程度的一个重要指标，也是卫生指标。在饮用水中所测得的细菌菌落总数除说明水被生活废物污染的程度外，还指示该饮用水能否饮用。但水源水中的细菌菌落总数不能说明污染的来源。因此，结合大肠菌群数来判断水的污染源和安全程度就更全面。

我国现行《生活饮用水卫生标准》（GB 5749—2006）规定：细菌菌落总数在 1mL 自来水中不得超过 100 个。

一、实验目的

1. 学会细菌菌落总数的测定。
2. 了解水质与细菌菌落数之间的相关性。

二、实验原理

细菌种类很多，有各自的生理特性，必须用适合它们生长的培养基才能将它们培养出来。然而，在实际工作中不易做到，所以通常用一种适合大多数细菌生长的培养基培养腐生性细菌，以它的菌落总数表明有机物污染程度。水中细菌总数与水体受有机污染的程度成正相关，因此细菌总数常作为评价水体污染程度的一个重要指标。细菌总数越大，说明水体被污染得越严重。

三、试剂和材料

1. 革兰氏染色液一套：草酸铵结晶紫、革兰氏碘液、体积分数为 95% 的乙醇、番红染液。

2. 自来水（或受粪便污染的河、湖水）400mL。

3. 化学药品：蛋白胨、乳糖、磷酸氢二钾、琼脂、无水亚硫酸钠、牛肉膏、氯化钠、质量浓度 16g/L 的溴甲酚紫乙醇溶液、质量浓度 50g/L 的碱性品红乙醇溶液、质量浓度 20g/L 的伊红水溶液、质量浓度 5g/L 的亚甲蓝水溶液。

4. 其他：质量浓度 100g/L 的 NaOH、体积分数 10% 的 HCl（原液为 36%）、精密 pH 试纸（6.4～8.4）等。

四、实验仪器

1. 高压蒸汽灭菌锅。

2. 干热灭菌箱。

3. 培养箱：控温 36℃±1℃。

4. 显微镜或菌落计数器。

5. 其他玻璃器皿：锥形瓶、试管、大试管、移液管、培养皿、接种杯等。

五、实验步骤

1. 生活饮用水

以无菌操作方法，用无菌移液管吸取 1mL 充分混匀的水样注入无菌培养皿中，倾注入约 10mL 已熔化并冷却至 50℃ 左右的营养琼脂培养基，平放于桌上迅速旋摇培养皿，使水样与培养基充分混匀，冷凝后成平板。每个水样做 3 个平板。另取一个无菌培养皿倒入培养基作空白对照。将以上所有平板倒置于 37℃ 恒温培养箱内培养 24h，计菌落数。算出 3 个平板上长的菌落总数的平均值，即为 1mL 水样中的细菌总数。

2. 水源水

（1）稀释水样

在无菌操作条件下，吸取 1mL 充分混匀的水样，注入盛有 9mL 灭菌生理盐水的试管中，混匀成 1：10 稀释液。

吸取 1：10 稀释液 1mL 注入盛有 9mL 灭菌生理盐水的试管中，混匀成 1：100 稀释液，按同法依次稀释成 1：1000、1：10000 稀释液等备用。如此递增稀释一次，必须更换一支 1mL 灭菌吸管。以 10 倍稀释法稀释水样，视水体污染程度确定稀释倍数。

（2）取水样至培养皿

用无菌移液管吸取 3 个适宜浓度的稀释液 1mL（或 0.5mL）加入无菌培养皿内，再倒培养基，冷凝后倒置于 37℃ 恒温培养箱中培养。

（3）计菌落数

将培养 24h 的平板取出计菌落数。取在平板上有 30～300 个菌落的稀释倍数计数。

六、菌落计数及报告方法

进行平皿菌落计数时，可用肉眼观察，也可用放大镜和菌落计数器计数。记下同一浓度的 3 个平板（或 2 个）的菌落总数，计算平均值，再乘以稀释倍数即为 1mL 水样中的细菌菌落总数。

1.平板菌落数的选择

计数时应选取菌落数在30～300个/皿之间的稀释倍数进行计数。若其中一个平板上有较大片状菌落生长时，则不宜采用，而应以无片状菌落生长的平板作为该稀释度的平均菌落数；若片状菌落约为平板的一半，而另一半平板上菌落数分布很均匀，则可按半个平板上的菌落计数，然后乘以2作为整个平板的菌落数。

2.稀释度的选择

（1）实验中，当只有一个稀释度的平均菌落数符合此范围（30～300个/皿）时，则以该平均菌落数乘以稀释倍数报告（表7-8例1）。

表7-8　稀释度选择及菌落总数报告方式

例	不同稀释度的平均菌落数			两个稀释度菌落数之比	菌落总数/(CFU/mL)	报告方式/(CFU/mL)
	10^{-1}	10^{-2}	10^{-3}			
1	1365	164	20	—	16400	16000 或 1.6×10^4
2	2760	295	46	1.6	37750	38000 或 3.8×10^4
3	2890	271	60	2.2	27100	27000 或 2.7×10^4
4	无法计数	4650	513	—	513000	510000 或 5.1×10^5
5	27	11	5		270	270 或 2.7×10^2
6	无法计数	305	12		30500	31000 或 3.1×10^4

（2）当有两个稀释度的平均菌落数均在30～300之间时，则应视两者菌落数之比值来决定，若比值小于2，应报告两者之平均数；若大于2则报告其中较小的菌落数（表7-8例2及例3）。

（3）当所有稀释度的平均菌落数均大于300时，则应按稀释度最高的平均菌落数乘以稀释倍数报告（表7-8例4）。

（4）当所有稀释度的平均菌落数均小于30时，则应按稀释度最低的平均菌落数乘以稀释倍数报告（表7-8例5）。

（5）当所有稀释度的平均菌落数均不在30～300之间时，则以最接近300或30的平均菌落数乘以稀释倍数报告（表7-8例6）。

3.菌落数的报告

菌落数在100以内时按实有数据报告，大于100时，采用两位有效数字，在两位有效数字后面的位数，以四舍五入方法计算。为了缩短数字后面的零数，可用10的指数来表示（表7-8报告方式栏）。在报告菌落数为"无法计数"时，应注明水样的稀释倍数。

七、思考题

1.测定水中细菌菌落总数有什么实际意义？

2.根据我国饮用水水质标准，讨论你这次的检验结果。

参考文献

[1] 奚旦立，孙裕生.环境监测 [M].第 4 版.北京：高等教育出版社，2010.

[2] 国家环境保护总局《水和废水监测分析方法》编委会.水和废水监测分析方法 [M].第 4 版增补版.北京：中国环境科学出版社，2002.

[3] 国家环境保护总局《空气和废气监测分析方法》编委会.空气和废气监测分析方法 [M].第 4 版.北京：中国环境科学出版社，2003.

[4] 奚旦立.环境监测实验 [M].北京：高等教育出版社，2015.

[5] 刘玉婷，王淑莹.环境监测实验 [M].北京：化学工业出版社，2007.

[6] 邓晓燕，初永宝，赵玉美.环境监测实验 [M].北京：化学工业出版社，2015.

[7] 陈建荣，王方园，王爱军.环境监测实验教程 [M].北京：科学出版社，2015.

[8] 中国环境监测总站.土壤元素的近代分析方法 [M].北京：中国环境科学出版社，1992.

[9] 中华人民共和国环境保护部.全国土壤污染状况调查分析测试方法技术规定.北京：环发〔2008〕39 号.

[10] 卞文娟，刘德启.环境工程实验 [M].南京：南京大学出版社，2011.

[11] 李军，王淑莹.水科学与工程实验技术 [M].北京：化学工业出版社，2002.

[12] 李金城，李艳红，张琴.环境科学与工程实验指南 [M].北京：中国环境科学出版社，2009.

[13] 尹奇德，王利平，王琼.环境工程实验 [M].武汉：华中科技大学出版社，2009.

[14] 张莉，余训民，祝启坤.环境工程实验指导教程——基础型、综合设计型、创新型 [M].北京：化学工业出版社，2011.

[15] 尹奇德，王利平，王琼.环境工程实验 [M].武汉：华中科技大学出版社，2009.

[16] 章非娟，徐竟成.环境工程实验 [M].北京：高等教育出版社，2006.

[17] 郝瑞霞，吕鉴.水质工程学实验与技术 [M].北京：北京工业大学出版社，2006.

[18] 李燕城，吴俊奇.水处理实验设计与技术 [M].2 版.北京：中国建筑工业出版社，2015.

[19] 尹奇德，马乐凡，夏畅斌.Fe^{2+} EDTA 溶液络合-铁还原脱除烟气中 NO [J].生态环境，2006，15 (02)：257-260.

[20] 雷中方，刘翔.环境工程学实验 [M].北京：化学工业出版社，2007.

[21] 尹奇德，廖阊彧，谭翠英.城市污泥中微量铜的催化光度法测定 [J].生态环境，2005，14 (3)：319-320.

[22] 彭党聪.水污染控制工程实践教程.[M].第 2 版.北京：化学工业出版社，2011.

[23] 黄学敏，张承中.大气污染控制工程实践教程 [M].北京：化学工业出版社，2003.

[24] 尹奇德，夏畅斌，何湘柱.污泥灰对 Cd（Ⅱ）和 Ni（Ⅱ）的吸附作用研究 [J].材料保护，2008，41 (06)：80-82.

[25] 陈泽堂.水污染控制工程实验 [M].北京：化学工业出版社，2003.

[26] 尹奇德，廖阊彧，谭翠英.催化光度法测定城市污泥中的痕量镍 [J].分析科学学报，2006，22 (3)：363-364.

[27] 王琼，胡将军，邹鹏.三维电极电化学烟气脱硫 [J].化工进展，2005，24 (11)：1292-1295.

[28] 邹鹏，宋碧玉，王琼.壳聚糖絮凝剂的投加量对污泥脱水性能的影响 [J].工业水处理，2005，25 (05)：35-37.

[29] 董德明，朱利中.环境化学试验 [M].北京：高等教育出版社，2002.

[30] 戴树桂.环境化学 [M].第 2 版.北京：高等教育出版社，2006.

[31] 邹鹏，王琼，胡将军.活性炭颗粒填充三维电极电化学烟气脱硫的研究 [J].环境污染与防治，2006，

28 (3)：191-193.

[32] 董志权.大气污染控制工程 [M].北京：机械工业出版社，2006.

[33] 王建宏，陈家庆，朱玲，等.环境工程设计型实验教学实践与研究 [J].实验科学与技术，2011，09 (1)：150-152.

[34] 李兆华，康群，胡细全.环境工程实验指导 [M].武汉：中国地质大学出版社，2004.

[35] 陆光立.环境污染控制工程实验 [M].上海：上海交通大学出版社，2004.

[36] 高廷耀，顾国维，周琪.水污染控制工程 [M].第 3 版.北京：高等教育出版社，2007.

[37] 成官文，梁斌，黄翔峰.水污染控制工程设计指南 [M].北京：化学工业出版社，2011.

[38] 樊青娟，刘广立.水污染控制工程实验教程 [M].北京：化学工业出版社，2009.

[39] 郝吉明，马广大，王书肖.大气污染控制工程 [M].北京：高等教育出版社，2010.

[40] 蒲恩奇.大气污染治理工程 [M].北京：高等教育出版社，2004.

[41] 张自杰，林荣忱，金儒霖.排水工程 [M].第 4 版.北京：中国建筑工业出版社，2000.

[42] 同济大学给排水教研室.水污染控制工程实验 [M].上海：上海科学技术出版社，1981.

[43] 李燕城，吴俊奇.水处理实验技术 [M].北京：中国建筑工业出版社，2004.

[44] 赵庆祥.污泥资源化技术 [M].北京：化学工业出版社，2002.

[45] 李碧.MBBR 工艺的研究现状与应用 [J].中国环保产业，2009 (1)：20-23.

[46] 刘凤喜，李志东，李娜，等.MBBR 与活性污泥法用于石化废水回用的比较研究 [J].环境科学与管理，2007，32 (12)：127-130.

[47] 顾夏声.水处理微生物学 [M].第 3 版.北京：中国建筑工业出版社，1998.

[48] 郭静，阮宜纶.大气污染控制工程 [M].北京：化学工业出版社，2008.

[49] 蒋建国.固体废物处理处置工程 [M].北京：化学工业出版社，2005.

[50] 张小平.固体废物污染控制工程 [M].北京：化学工业出版社，2010.

[51] 李国学.固体废物处理与资源化 [M].北京：中国环境科学出版社，2005.

[52] 赵由才，龙燕，张华.生活垃圾卫生填埋技术 [M].第 2 版.北京：化学工业出版社，2004.

[53] 杨国清.固体废物处理工程 [M].第 2 版.北京：科学出版社，2007.

[54] 王绍文，梁富智，王纪曾.固体废弃物资源化技术与应用 [M].北京：冶金工业出版社，2003.

[55] 饶佳家，陈柄灿，孙兴福，等.生物法处理挥发性有机废气的研究 [J].环境污染治理技术与设备，2004，5 (9)：56-60.

[56] 刘玉红，羌宁，都基峻，等.生物洗涤法治理含苯酚废气研究 [J].环境科学研究，2004，17 (4)：51-53.